化工原理课程系列教学用书

Process Design for
Unit Operations of Chemical Engineering

化工单元操作课程设计

贾绍义　柴诚敬　主编

U0218394

天津大学出版社
TIANJIN UNIVERSITY PRESS

内容提要

本书包括七章,即绪论、搅拌装置的设计、换热器的设计、蒸发装置的设计、塔设备的设计、流化床干燥装置的设计及结晶器的设计。书中对所论及的化工单元操作设计,除讨论流程方案的确定原则、设备选型、工艺尺寸的设计原理和程序外,还介绍了一些成熟的 CAD 设计软件及辅助设备的计算或选型。

本书为高等院校化工、制药、环境等专业的教材,亦可作为相关领域科研、设计、生产管理部门科技人员的参考书。

图书在版编目(CIP)数据

化工单元操作课程设计/贾绍义,柴诚敬主编. —天津:天津大学出版社,2011.9 (2023.8 重印)
ISBN 978-7-5618-4112-9

Ⅰ.①化…　Ⅱ.①贾…②柴…　Ⅲ.①化工单元操作 – 课程设计 – 高等学校 – 教材　Ⅳ.①TQ02

中国版本图书馆 CIP 数据核字(2011)第 171347 号

出版发行	天津大学出版社
地　　址	天津市卫津路 92 号天津大学内(邮编:300072)
网　　址	publish. tju. edu. cn
电　　话	营销部:022-27403647
印　　刷	天津泰宇印务有限公司
经　　销	全国各地新华书店
开　　本	185mm×260mm
印　　张	15.25
字　　数	381 千
版　　次	2011 年 9 月第 1 版
印　　次	2023 年 8 月第 9 次
定　　价	35.00 元

前　言

本书是与天津大学出版社出版的《化工原理》(第 2 版)教材和化学工业出版社出版的普通高等教育"十一五"国家级规划教材,暨面向 21 世纪的课程教材《化工流体流动与传热》、《化工传质与分离过程》(第 2 版)相配套的教科书,旨在通过课程的优化整合,提高学生的工程实践能力和创新能力,以培养适应新世纪需要的高等化工专门人才。

在本书的编写过程中,编者吸收了多年来教学改革的经验和工程实践的成果,力求在内容和体系上有新意。与传统的《化工原理课程设计》教材相比,本书更注重理论对于工程设计的指导作用,引入技术经济分析评价的概念,强调在设计过程中采用现代化的设计手段和方法,力求达到过程参数和设备参数的优化,使学生初步建立"效益"观念。

在选材上,编者本着"加强基础、增强专业适用性、培养创新能力"的主导思想,考虑到制药工程新专业的需要,增加了"搅拌"和"结晶"两个单元操作的设计;在处理方法上,注重理论与实践的密切结合,设计示例多具有工业生产或科研实践的背景,有利于培养学生的工程观点和分析解决工程实际问题的能力,开发智力,增强创新意识。全书包括了化工及药品生产中最常用的换热器、搅拌装置、蒸发装置、板式塔、填料塔、流化床干燥装置、结晶器的设计。参加本书编写的人员及分工如下:

主编　　贾绍义　柴诚敬
分章　　第 1 章　绪论　　　　　　　　　柴诚敬
　　　　第 2 章　搅拌装置的设计　　　　刘明言
　　　　第 3 章　换热器的设计　　　　　杨晓霞
　　　　第 4 章　蒸发装置的设计　　　　马红钦
　　　　第 5 章　塔设备的设计　　　　　贾绍义
　　　　第 6 章　流化床干燥装置的设计　王　军
　　　　第 7 章　结晶器的设计　　　　　张　缨

对上述所有的单元操作设计,除讨论流程方案的确定原则、设备选型、工艺尺寸的设计原理和程序外,还介绍了一些成熟的 CAD 设计软件及辅助设备的计算或选型。所介绍的单元操作都有设计示例,并附设计任务数则,可供不同专业课程设计时选用。

本书可作为高等院校化工、制药、环境等相关专业的课程设计教材,也可供有关部门从事科研、设计及生产管理的工程科技人员参考。

由于编者的水平有限,书中错误和不妥之处在所难免,恳请读者批评指正。

编　者
2011 年 8 月

目　录

第1章 绪 论

工程设计是工程建设的灵魂,又是科研成果转化为现实生产力的桥梁和纽带,它决定着工业现代化的水平。设计是一项政策性很强的工作,它涉及政治、经济、技术、环保、法规等诸多方面,而且还会涉及多专业、多学科的交叉、综合和相互协调,是集体性的劳动。先进的设计思想、科学的设计方法和优秀的设计作品是工程设计人员应坚持的设计方向和追求的目标。

1.1 课程设计的目的要求和内容

1.1.1 课程设计的目的要求

课程设计是本课程教学中综合性和实践性较强的教学环节,是理论联系实际的桥梁,是使学生体察工程实际问题复杂性、学习化工设计基本知识的初次尝试。通过课程设计,要求学生能综合运用本课程和前修课程的基本知识,进行融会贯通的独立思考,在规定的时间内完成指定的化工设计任务,从而得到化工工程设计的初步训练。通过课程设计,要求学生了解工程设计的基本内容,掌握化工设计的程序和方法,培养学生分析和解决工程实际问题的能力。同时,通过课程设计,还可以使学生树立正确的设计思想,培养实事求是、严肃认真、具有高度责任感的工作作风。在当前大多数学生结业工作以论文为主的情况下,通过课程设计培养学生的设计能力和严谨的科学作风就更为重要了。

课程设计不同于平时的作业,在设计中需要学生自己做出决策,即自己确定方案、选择流程、查取资料、进行过程和设备计算并要对自己的选择做出论证和核算,经过反复的分析比较,择优选定最理想的方案和合理的设计。所以,课程设计是增强工程观念、培养提高学生独立工作能力的有益实践。

通过课程设计,应该训练学生提高如下几个方面的能力。

①熟练查阅文献资料、搜集有关数据、正确选用公式。当缺乏必要数据时,尚需要自己通过实验测定或到生产现场进行实际查定。

②在兼顾技术先进性、可行性、经济合理性的前提下,综合分析设计任务要求,确定化工工艺流程,进行设备选型并提出保证过程正常、安全运行所需的检测和计量参数,同时还要考虑改善劳动条件和环境保护的有效措施。

③准确而迅速地进行过程计算及主要设备的工艺设计计算。

④用精炼的语言、简洁的文字、清晰的图表来表达自己的设计思想和计算结果。

1.1.2 课程设计的内容

课程设计一般包括如下内容。

(1)设计方案简介 根据设计任务书所提供的条件和要求,通过对现有生产的现场调查或对现有资料的分析对比,选定适宜的流程方案和设备类型,初步确定工艺流程。对给定或选定的工艺流程、主要设备的型式进行简要的论述。

(2)主要设备的工艺设计计算　包括工艺参数的选定、物料衡算、热量衡算、设备的工艺尺寸计算及结构设计。

(3)典型辅助设备的选型和计算　包括典型辅助设备的主要工艺尺寸计算和设备型号规格的选定。

(4)带控制点的工艺流程简图　以单线图的形式绘制,标出主体设备和辅助设备的物料流向以及主要化工参数测量点。

(5)主体设备设计条件图　图面上应包括设备的主要工艺尺寸、技术特性表和管口表。

完整的课程设计报告由说明书和图纸两部分组成。设计说明书中应包括所有论述、原始数据、计算、表格等,编排顺序如下:

①标题页(见附录 1 所示的标题页示例);

②设计任务书;

③目录;

④设计方案简介;

⑤工艺流程草图及说明;

⑥工艺计算及主体设备设计;

⑦辅助设备的计算及选型;

⑧设计结果概要或设计一览表;

⑨对本设计的评述;

⑩附图(带控制点的工艺流程简图、主体设备设计条件图);

⑪参考文献;

⑫主要符号说明。

1.2　化工生产工艺流程设计

一个化工厂设计包括化工工艺设计、非标施工图设计、总图运输设计、土建设计、公用工程(供水、供电、供气及采暖通风等)设计、外管设计、机修与电修等辅助车间设计、工程概算及预算等非工艺设计等,其中化工工艺设计是核心。

化工工艺设计的内容包括原料路线和技术路线的确定、工艺流程设计、物料与能量衡算、工艺设备的设计或选型、车间布置设计、管路设计、非工艺项目的考虑、设计文件(包括说明书、附图或附表)的编制。

化工生产工艺流程设计是所有化工装置设计中最先着手的工作,由浅入深、由定性到定量逐步分阶段依次进行,而且它贯穿设计的整个过程。工艺流程设计的目的是在确定生产方法之后,以流程图的形式表示出由原料到成品的整个生产过程中物料被加工的顺序以及各股物料的流向,同时表示出生产中所采用的化学反应、化工单元操作及设备之间的联系,据此可进一步制定化工管道流程和计量—控制流程。它是化工过程技术经济评价的依据。

1.2.1 工艺流程图中常见的图形符号

1. 常见设备图形符号

设备示意图用细实线画出设备外形和主要内部特征。目前,设备的图形符号已有统一规定,如表 1-1 所示。

表 1-1 工艺流程图中装备、机器图例(HG20519.32.92)(摘录)

类别	代号	图 例		
塔	T	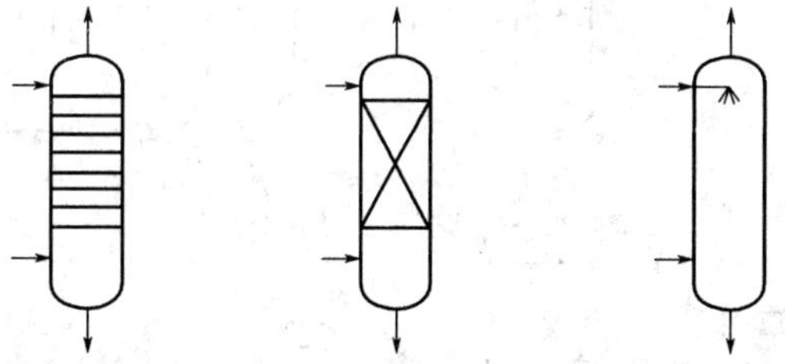 板式塔	填料塔	喷洒塔
反应器	R	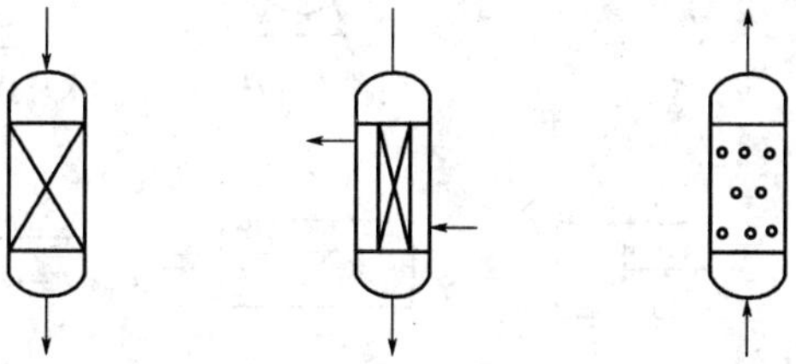 固定床反应器	列管式反应器	流化床反应器
换热器	E	换热器(简图)	固定管板式列管换热器	U 形管式换热器
		浮头式列管换热器	套管式换热器	釜式换热器
工业炉	F	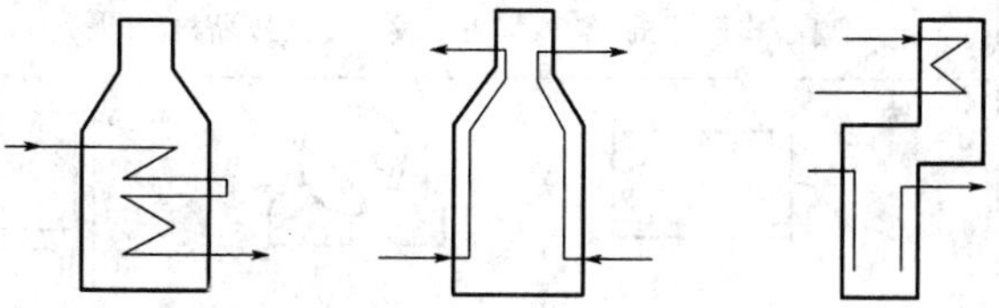 圆筒炉	圆筒炉	箱式炉

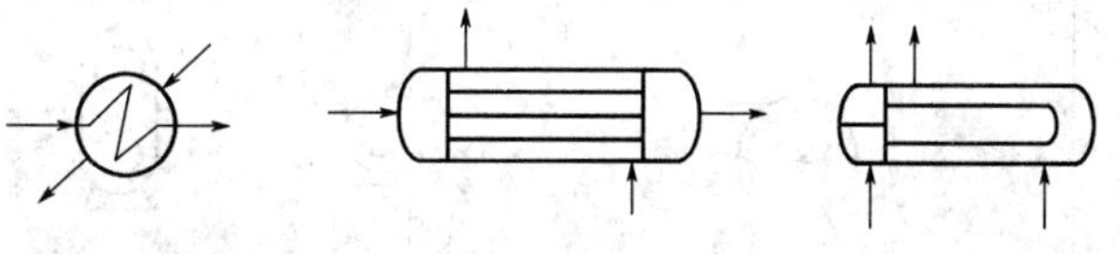

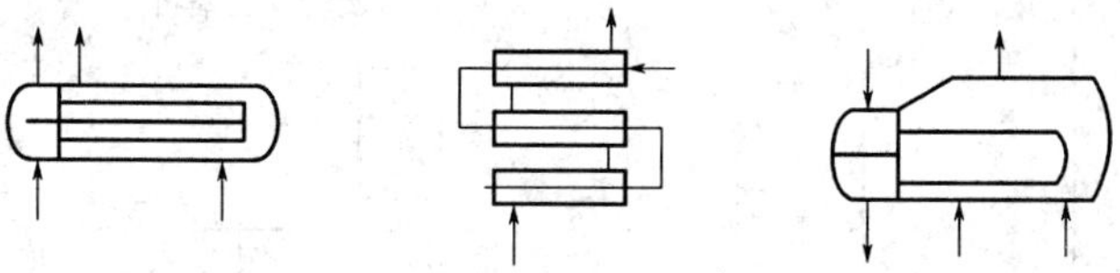

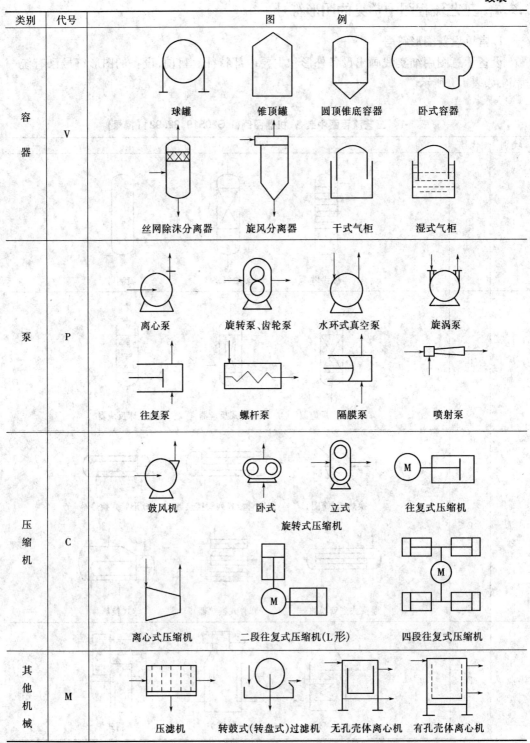

类别	代号	图　例
容器	V	球罐　　锥顶罐　　圆顶锥底容器　　卧式容器 丝网除沫分离器　　旋风分离器　　干式气柜　　湿式气柜
泵	P	离心泵　　旋转泵、齿轮泵　　水环式真空泵　　旋涡泵 往复泵　　螺杆泵　　隔膜泵　　喷射泵
压缩机	C	鼓风机　　卧式　　立式　　往复式压缩机 旋转式压缩机 离心式压缩机　　二段往复式压缩机(L形)　　四段往复式压缩机
其他机械	M	压滤机　　转鼓式(转盘式)过滤机　　无孔壳体离心机　　有孔壳体离心机

图上应标注设备的位号及名称。设备分类代号见表1-2。

表 1-2　设备分类代号

设 备 类 别	代　号	设 备 类 别	代　号
塔	T	火炬、烟囱	S
泵	P	容器(槽、罐)	V
压缩机、风机	C	起重运输设备	L
换热器	E	计量设备	W
反应器	R	其他机械	M
工业炉	F	其他设备	X

2. 工艺流程图中管件、阀门的图形符号

常用管件、阀门的图形符号见表1-3。

表 1-3　常用的管件和阀门符号(HG20519.32.92) (摘录)

名　　称	图　例	名　　称	图　例
Y 形过滤器		文氏管	
T 形过滤器		喷射器	
锥形过滤器		截止阀	
阻火器		节流阀	
消音器		角 阀	
闸 阀		止回阀	
球 阀		直流截式阀	
隔膜阀		底 阀	
蝶 阀		疏水阀	
减压阀		放空管	
旋塞阀		敞口漏斗	
三通旋塞阀		同心异径管	
四通旋塞阀		视 镜	
弹簧式安全阀		爆破膜	
杠杆式安全阀		喷淋管	

3.仪表参量代号、仪表功能代号和仪表图形符号

仪表参量代号见表1-4,仪表功能代号见表1-5,仪表图形符号见表1-6。

表1-4　仪表参量代号

参　量	代号	参　量	代号	参　量	代号
温度	T	质量(重量)	m(W)	厚度	δ
温差	ΔT	转速	N	频率	f
压力(或真空)	P	浓度	C	位移	S
压差	ΔP	密度(相对密度)	γ	长度	L
质量(或体积)流量	G	分析	A	热量	Q
液位(或料位)	H	湿度	Φ	氢离子浓度	pH

表1-5　仪表功能代号

功　能	代号	功　能	代号	功　能	代号
指　示	Z	积　算	S	连　锁	L
记　录	J	信　号	X	变　送	B
调　节	T	手动控制	K		

表1-6　仪表图形符号

符号	◯	⊖	 ♀	↑	�	 ⊟	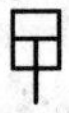 ⊟	 Ⓢ	Ⓜ	⊗	 ⊡	 ⊥
意义	就地安装	集中安装	通用执行机构	无弹簧气动阀	有弹簧气动阀	带定器气动阀	活塞执行机构	电磁执行机构	电动执行机构	变送器	转子流量计	孔板流量计

4.流程图中的物料代号

表1-7是流程图中的物料代号。

表1-7　物料代号

物料代号	物料名称	物料代号	物料名称
A	空气	$L\bar{O}$	润滑油
AM	氨	LS	低压蒸汽
BD	排污	MS	中压蒸汽
BF	锅炉给水	NG	天然气
BR	盐水	N	氮
CS	化学污水	$\bar{O}$	氧
CW	循环冷却水上水	PA	工艺空气
DM	脱盐水	PG	工艺气体
DR	排液、排水	PL	工艺液体
DW	饮用水	PW	工艺水
F	火炬排放气	R	冷冻剂
FG	燃料气	$R\bar{O}$	原料油
$F\bar{O}$	燃料油	RW	原水
FS	熔盐	SC	蒸汽冷凝水

物料代号	物料名称	物料代号	物料名称
GŌ	填料油	SL	泥浆
H	氢	SŌ	密封油
HM	载热体	SW	软水
HS	高压蒸汽	TS	伴热蒸汽
HW	循环冷却水回水	VE	真空排放气
IA	仪表空气	VT	放空气

注:物料代号中如遇英文字母"O"应写成"Ō";在工程设计中遇到本规定以外的物料时,可予以补充代号,但不得与上列代号相同。

5. 流程图中图线的画法

图线宽度的规定画法见表1-8。

表1-8 工艺流程图中图线的画法

类 别	图线宽度/mm		
	0.9 ~ 1.2	0.5 ~ 0.7	0.15 ~ 0.3
带控制点工艺流程图	主物料管道	辅助物料管道	其他
辅助物料管道系统图	辅助物料管道总管	支管	其他

1.2.2 工艺流程设计

按照设计阶段的不同,先后设计方框流程图与工艺流程草图、工艺物料流程图、带控制点的工艺流程图。后者列入施工图设计阶段的设计文件中。

1. 方框流程图与工艺流程草(简)图

为便于进行物料衡算、能量衡算及有关设备的工艺计算,在设计的最初阶段,首先要绘制方框流程图,定性地标出物料由原料转化为产品的过程、流向以及所采用的各种化工过程及设备。

工艺流程草(简)图是一个半图解式的工艺流程图,为方框流程图的一种变体或深入,带有示意的性质,仅供工艺计算时使用,不列入设计文件。

2. 工艺物料流程图

在完成物料计算后便可绘制工艺物料流程图,它以图形与表格相结合的形式来表达物料计算结果,使设计流程定量化,为初步设计阶段的主要设计成品,其作用如下:

①作为下一步设计的依据;

②为接受审查提供资料;

③可供日后操作参考。

工艺物料流程图中的设备应采用标准规定的设备图形符号表示,不必严格按比例绘制,但图上需标注设备的位号及名称。

设备位号的第一节字母是设备代号,其后是设备编号,一般由3位数字组成,第1位数字是设备所在的工段(或车间)代号,第2、3位数字是设备的顺序编号。例如设备位号T218表示第二车间(或工段)的第18号塔器。

8

工艺物料流程图中需附上物料平衡表,包括物料代号、物料名称、组成、流量(质量流量和摩尔流量)等。有时还列出物料的某些参数,如温度、密度、压力、状态、来源或去向等。

3. 带控制点的工艺流程图

在设备设计结束、控制方案确定之后,便可绘制带控制点的工艺流程图(此后,在进行车间布置的设计过程中,可能会对流程图作一些修改)。图中应包括如下内容。

1)物料流程

物料流程包括:

①设备示意图,其大致依设备外形尺寸比例画出,标明设备的主要管口,适当考虑设备合理的相对位置;

②设备流程号;

③物料及动力(水、汽、真空、压缩机、冷冻盐水等)管线及流向箭头;

④管线上的主要阀门、设备及管道的必要附件,如疏水器、管道过滤器、阻火器等;

⑤必要的计量、控制仪表,如流量计、液位计、压力表、真空表及其他测量仪表等;

⑥简要的文字注释,如冷却水、加热蒸汽来源,热水及半成品去向等。

2)图例

图例是将工艺物料流程图中画的有关管线、阀门、设备附件、计量－控制仪表等图形用文字予以说明。

3)图签

图签是写出图名、设计单位、设计人员、制图人员、审核人员(签名)、图纸比例尺、图号等项内容的一份表格,其位置在流程图的右下角。

带控制点的工艺流程图一般是由工艺专业和自控专业人员合作绘制出来的。作为课程设计只要求能标绘出测量点位置即可。附录2所示流程示例,是在带控制点的工艺流程图基础上经适当简化后绘出的。

1.2.3 工艺流程设计的基本原则

工程设计本身存在一个多目标优化问题,同时又是政策性很强的工作,设计人员必须有优化意识,必须严格遵守国家的有关政策、法律规定及行业规范,特别是国家的工业经济法规、环境保护法规、安全法规等。一般地说,设计者应遵守如下一些基本原则。

1)技术的先进性和可靠性

掌握先进的设计工具和方法,尽量采用当前的先进技术,实现生产装置的优化集成,使其具有较强的市场竞争能力。同时,对所采用的新技术要进行充分的论证,以保证设计的科学性和可靠性。

2)装置系统的经济性

在各种可采用方案的分析比较中,技术经济评价指标往往是关键要素之一,力求以最小的投资获得最大的经济效益。

3)可持续及清洁(低碳)生产

树立可持续及清洁生产意识,在所选定的方案中,应尽可能利用生产装置产生的废弃物,减少废弃物的排放,乃至达到废弃物的"零排放",实现"绿色生产工艺"。

4）过程的安全性

在设计中要充分考虑到各个生产环节可能出现的危险事故（燃烧、爆炸、毒物排放等），采取有效的安全措施，确保生产装置的可靠运行及人员健康和人身安全。

5）过程的可操作性及可控制性

生产装置应便于稳定可靠操作。当生产负荷或一些操作参数在一定范围内波动时，应能有效快速进行调节控制。

6）行业性法规

例如，药品生产装置的设计，要符合《药品生产质量管理规范》（即 GMP）。

1.3 主体设备设计条件图

主体设备是指在每个单元操作中处于核心地位的关键设备，如传热中的换热器，蒸发中的蒸发器，蒸馏和吸收中的塔设备（板式塔和填料塔），干燥中的干燥器等。一般，主体设备在不同单元操作中是不相同的，即使同一设备在不同单元操作中其作用也不相同，如某一设备在某个单元操作中为主体设备，而在另一单元操作中则可能变为辅助设备。例如，换热器在传热中为主体设备，而在精馏或干燥操作中就变为辅助设备。泵、压缩机等也有类似情况。

主体设备设计条件图是将设备的结构设计和工艺尺寸的计算结果用一张总图表示出来，通常由负责工艺的人员完成，它是进行装置施工图设计的依据。图面上应包括如下内容。

（1）设备图形 指主要尺寸（外形尺寸、结构尺寸、连接尺寸）、接管、人孔等。

（2）技术特性 指装置设计和制造检验的主要性能参数。通常包括设计压力、设计温度、工作压力、工作温度、介质名称、腐蚀裕度、焊缝系数、容器类别（指压力等级，分为类外、一类、二类、三类 4 个等级）及装置的尺度（如罐类为全容积、换热器类为换热面积等）。

（3）管接口表 注明各管口的符号、公称尺寸、连接尺寸、密封面形式和用途等。

（4）设备组成一览表 注明组成设备的各部件的名称等。

本书附录 3 示例展现了主体设备设计条件图的主要内容。

应予指出，以上设计全过程统称为设备的工艺设计。完整的设备设计，应在上述工艺设计基础上再进行机械强度设计，最后提供可供加工制造的施工图。这一环节在高等院校的教学中，属于化工机械专业的专业课程，在设计部门则属于机械设计组的职责。

由于时间所限，本课程设计仅要求提供初步设计阶段的带控制点的工艺流程图和主体设备的设计条件图。

1.4 化工过程技术经济评价的基本概念

在化工、制药、轻工和食品等工业中，为达到同一工程的目的，可以采取多种方案和手段。不同的技术方案往往各具独特的技术、经济或其他特性。据二十余年来国际化工界的统计，平均每 15 分钟就能开发出一个工艺上可行的新工艺过程，但在实践中能被工业接受的仅有1/5。为了从这些可供选择的众多工艺方案中选取技术上先进合理、经济上有充分的市场条件、具有旺盛竞争生命力的方案，就需要对这些方案进行技术上和经济上的综合研究、分析、比较，即进行技术经济评价。

技术经济评价是化工规划、设计、施工和生产管理中的重要手段和方法，经过反复修改和多次重新评价，最终可确定最佳的方案，达到化工过程最优化的目的。在现代过程设计中,经济分析和评价就像一条主线贯穿在各个步骤中。每个化工工作者都应掌握最基本的技术经济概念与分析评价方法。

1.4.1　技术评价指标

评价一个化工过程技术的可行性、先进性和可靠性,主要根据如下几项指标:

①产品的质量和销路;

②原料的质量、价格、加工难易程度、运输性能及供应的可靠性;

③原料的消耗定额(产品的回收率);

④能量消耗定额和品位;

⑤过程设备的总数目和总质量,工艺过程在技术上的复杂性,操作控制的难易程度等;

⑥劳动生产率;

⑦环境保护及生产的安全性。

1.4.2　经济评价指标

所谓经济评价,是指在开发投资项目的技术方案中,用技术经济观点和方法来评价技术方案的优劣,它是技术评价的继续和确认。一般经济评价包括如下项目:

①基本建设投资额;

②化工产品的成本;

③投资的回收期或还本期;

④经济效益——利润和利润率;

⑤其他经济学指标。

建设投资和产品成本是进行设计方案经济分析、评价与优化的重点和基础。化工过程优化方案在经济方面的目标函数不外是基建投资、生产成本或由这二者确定的利润额。投资与成本估算也是设计工作的一个重要组成部分。

1.4.3　工程项目投资估算

投资是指建设一套生产装置、使之投入生产并能持续正常运行所需的总资金额。项目建设总投资通常由基本建设投资、生产经营所需流动资金以及建设期贷款利息 3 部分构成。投资构成情况如表1-9 所示。

表 1-9　投资构成情况

基本建设投资	建筑工程——厂房、建筑、上下水道、采暖通风、三废处理及环保、工业管道、电力照明等工程 工艺设备——机器、设备、工器具等的购置费 安装工程——包括生产、动力、起重、运输、传动等设备的装配和安装工程 其他费用——包括建设单位管理费、税金、干部培训费、土地征购费、施工单位迁移费等 不可预见费——合计费用的 3% ~5%
流动资金	企业进行生产和经营活动所必需的资金,包括储备资金、生产资金、成品资金和结算及货币资金 4 部分
贷款利息	建设投资的贷款在建设期的利息计入成本,以资金化利息进入总投资

1. 基本建设投资的估算

国内基本建设投资的计算,根据设计阶段的不同分为估算(初步设计前的阶段可行性研究的依据)、概算(初步设计阶段,国家投资最高限额)和预算(施工图阶段)。国家计委要求投资估算和概算的出入不大于 10% ,因此估算数据要比较精确。

投资的估算有多种方法。目前国内外最常用的是化工投资因子法、化工范围内组织试行的设计概算法(逐项估算法)、单位能力建设投资估算法、资金周转率方法及生产规模指数法等。下面简要介绍前两种估算法。

1) 化工投资因子估算法

该法是以工艺流程中所有设备的购置费总和为基础,根据化工厂的加工类型,从表 1-10 中选取适当的 Lang 乘数因子,快速估算出固定投资或企业的总投资。

表 1-10 Lang 乘数因子

化工加工类型	因子数值	
	基本建设投资(固定资金)	总投资
固体物料	3.9	4.6
固体与流体	4.1	4.9
流体物料	4.8	5.7

用因子法估算投资的步骤是:

①按照已确定的工艺流程图,根据工艺计算,确定所有过程设备的类型、尺寸、材质、操作温度与压力等参数,列出设备清单;

②利用设备价目图表或估算式子求取每台设备的购置费,综合求出整个生产装置设备的总费用;

③由表 1-10 查取合适的 Lang 因子数值,便可算出投资额。

2) 设计概算法(逐项估算法)

原中国化学工业部规划部门于 1988 专门制定了《化工项目可行性研究投资估算暂行办法》(以下简称暂行办法)。此暂行办法规定:项目建设总投资是指拟建项目从筹建起到建筑、安装工程完成及试车投产的全过程。它由单项工程综合估算、工程建设其他费用项目估算和预备费 3 部分构成。

单项工程综合估算是指把工程分解为若干个单项工程进行估算,汇总所有单项工程估算所得到的结果,它包括主要生产项目、辅助生产项目、公用工程项目、三废处理、安全环保、服务性工程项目、生活福利设施及厂外工程项目等。

工程建设其他费用是指未包括在单项工程综合估算内,但与整个建设项目有关,并且按国家规定可在建设项目投资支出的费用。其中包括土地购置及租赁费、迁移及赔偿费、建设单位管理费、交通工具购置费、临时工程设施费等。

预备费是指一切不能预见的有关工程费用。

对于化工厂、石油炼制厂或石油化工厂,投资项目的估算内容如表 1-11 所示。使用这种投资估算法不但过程十分清晰,而且便于分析整个基本建设的主要开支项目,从而对新建一个化工企业在投资方面建立一个完整的概念和轮廓。但需注意各个部分的比例可随投资项目类型、规模、时间和地区而作调整。

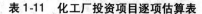
表 1-11　化工厂投资项目逐项估算表

序号	项目	材料费[①]	劳务费
1	储槽、储罐类	A	A 的 10%
2	各种塔器(现场制造)	B	B 的 30%～35%
3	各种塔器(订货、外加工)	C	C 的 10%～15%
4	热交换器	D	D 的 10%
5	泵、压缩机及其他机器	E	E 的 10%
6	仪器仪表	F	F 的 10%
7	关键设备(A 至 F 的总和)	G	
8	保温、隔热工程	$H=(0.05～0.1)G$	H 的 150%
9	输送物料设施	$I=(0.40～0.50)G$	I 的 100%
10	基础工程	$J=(0.03～0.05)G$	J 的 150%
11	建筑物	$K=0.04G$	K 的 70%
12	结构物(框架等)	$L=0.04G$	L 的 20%
13	防火设施	$M=(0.005～0.001)G$	M 的 500%～800%
14	供配电	$N=(0.03～0.06)G$	N 的 150%
15	防腐、防锈、清洗	$O=(0.005～0.01)G$	O 的 500%～800%
16	材料费和劳务费两项总和(安装费)		P
17	特殊设备的安装费[②]		Q
18	P 和 Q 两项的总和(过程设备安装费)		R
19	经常管理费		R 的 30%
20	总的安装费[③]		R 的 130%
21	工程费		R 的 13%
22	不可预见费(预备费)		R 的 13%
23	界区内总投资[④]		R 的 156%

注:①对于化工设备,材料费即购置费;

②特殊设备即不常用的设备或机械(如球磨机等);

③安装费中包括了设备购置费;

④"界区"是指按生产流程划分的工艺界区范围,并不包括一些辅助工程(如公共罐区、工厂围墙、产品发运设施等)、公共服务及福利设施的投资。

应予指出,不管采用哪种估算法,都是以所有生产设备的购置费为基础,这就需要根据生产流程准确无漏地列出所有设备清单,并求出每台设备的购置费。单台设备的购置费最好从设备价目图表查得,在缺乏可靠价目时,可用有关公式(如装置或设备指数法)作近似估算,读者可参阅有关资料或专著。

新建一个化工厂的大概投资分配示于表 1-12。

表 1-12　以设备费为基准的典型投资分配[①]

项目	相当于到货设备费的百分数		
	固体加工厂	固体－流体加工厂	流体加工厂
直接成本			
到货设备购置费(包括加工设备和机器)	100	100	100
安装费	45	39	47
仪表与控制(已安装)	9	13	18
管道(已安装)	16	31	66

项 目	相当于到货设备费的百分数		
	固体加工厂	固体－流体加工厂	流体加工厂
电气(已安装)	10	10	11
建筑物(包括辅助建筑)	25	29	18
场地改进	13	10	10
服务设施(已安装)	40	55	70
土地(如需购买的话)	6	6	6
总直接工厂成本	264	293	346
间接成本			
工程监督费	33	32	33
建设费用	39	34	41
直接和间接成本总和	336	359	420
承包管理费(约为直接和间接成本之和的5%)	17	18	21
应急费(约为直接和间接成本之和的10%)	34	36	42
固定投资	387	413	483
流动资本(约为总投资的15%)	68	74	86
投资总额	455	487	569

注:①引自 Peters 和 Timmerhaus(1968)。

2. 流动资金的估算

企业的流动资金一般分为储备资金(原料库存备品、备件等)、生产资金(工艺过程所需催化剂、制品及半成品所需资金)、成品资金(库存成品、待售半成品)3 部分。

另外尚有非定额流动资金,包括结算资金和货币资金。

在缺乏足够数据时,可采用扩大指标估算,即流动资金额为固定资金额的 10% ~ 20%,或者为企业年销售收入的 25%。

汇总基本建设投资、流动资金和建设期贷款利息即为工程建设项目总投资。

1.4.4 化工产品的成本估算

1. 成本的构成

化工产品的成本是产品生产过程中各项费用的总和。在经济可行性研究中,生产成本是决策过程中的重要依据之一。根据估算范围,产品成本可分为车间成本、工厂成本、经营成本和销售成本。成本的构成如图 1-1 所示。

2. 成本的估算

化工产品成本的估算内容和方法可参考表 1-13。

需要说明,表 1-13 中有关比例数字会随着时间及产品种类有一定的变化或调整。

在化工生产过程中,往往在生产某一产品的同时,还在生产一定数量的副产品,这部分副产品应按规定的价格计算其产值并从上述工厂成本中扣除。

此外,有时还有营业外的损益,即非生产性的费用支出或收入,如停工损失、三废污染超标赔偿、科技服务收入、产品价格补贴等,都应计入成本或从成本中扣除。

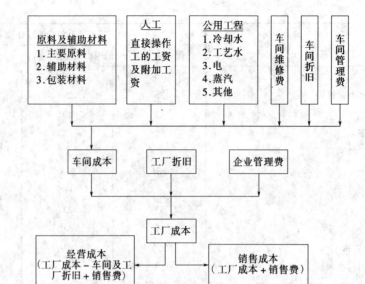

图 1-1　国内可行性研究中成本的构成

表 1-13　化工产品成本估算

序号	项　　目	计算方法	备　　注
(1)	原料及辅助材料(包括包装材料),元/年	每吨产品消耗×单价×年产量	可变成本
(2)	公用工程消耗,元/年	每吨产品消耗×单价×年产量	可变成本
(3)	可变成本小计	(1)+(2)	
(4)	人工费用,元/年		
	①直接生产工人工资	平均月工资×每班人数×班数×12	固定成本(国外为可变成本)
	②附加费	工资总额的11%	固定成本
	③奖励费	直接生产工人工资的11%	固定成本
(5)	维修费	装置投资 C_{BL} 的3%~6%	固定成本
(6)	车间折旧	装置投资 C_{BL} ×基本折旧率	固定成本
(7)	车间管理费	[(1)+(2)+(4)+(5)+(6)]×5%	固定成本
(8)	车间成本	(1)+(2)+(4)+(5)+(6)+(7)	
(9)	工厂折旧	固定投资的10%	固定成本
(10)	流动资金	总投资额的10%	可变成本
(11)	企业管理费	车间成本的3%~6%	固定成本
(12)	固定成本小计	(4)+(5)+(6)+(7)+(9)+(10)+(11)	
(13)	工厂成本	(8)+(9)+(10)+(11)	
(14)	经营成本	工厂成本-(6)-(9)+销售费	
(15)	销售成本	工厂成本+销售费	

备注栏中 (5)、(6)、(7) 对应"车间经费"。

3. 固定成本和可变成本

产品的总成本可划分为固定成本和可变成本两部分。

可变成本是指随产量而变化的那部分费用,如原料费、计件工资制的工人的工资、动力费、运输费等。总趋势是产量增加,可变费用加大,而单位产品成本则保持不变。

固定成本是指在产品总成本中,不随产量变化而变化的那部分费用,如在一定生产能力范围内,设备的折旧费、车间经费、属计时工的工人工资等。但单位产品成本却随产量的变化而变化。

1.4.5 利润和利润率

年销售收入扣除销售成本为企业的年利润。

年利润与基建投资之比为资金利润率。

单位产品的利润与销售成本之比为成本利润率。

基建投资总额与年利润之比为投资回收期或还本期(年)。

参 考 文 献

[1]柴诚敬,刘国维.化工原理课程设计[M].天津:天津科学技术出版社,1994.

[2]黄璐,王保国.化工设计[M].北京:化学工业出版社,2001.

[3]匡国柱,史启才.化工单元过程及设备课程设计[M].北京:化学工业出版社,2002.

[4]邓建成.新产品开发与技术经济分析[M].北京:化学工业出版社,2001.

[5]柴诚敬,张国亮.化工流体流动与传热[M].2版.北京:化学工业出版社,2007.

[6]王静康.化工设计[M].北京:化学工业出版社,2001.

第 2 章 搅拌装置的设计

本章符号说明

英文字母

A——系数,量纲为一;

A_x——流通面积,m^2;

b——桨叶的宽度,m;

b_e——桨叶的当量宽度,m;

b_i——第 i 层搅拌器的桨叶宽度,m;

B、B'——系数,量纲为一;

C——搅拌器距槽底的高度,m;

C_i——第 i 层搅拌器距槽底的高度,m;

c_p——液体的比热容,$J/(kg \cdot \text{℃})$;

d——搅拌器直径,m;

d_{co}——蛇管外径,m;

d_{ci}——蛇管内径,m;

D——搅拌槽内径,m;

D_c——螺旋蛇管轮的平均轮径,m;

D_e——当量直径,m;

D_{ji}——夹套内径,m;

D_{jo}——夹套外径,m;

E——夹套环隙宽度,m;

F——传热面积,m^2;

Fr——弗劳德数,量纲为一;

g——重力加速度,m/s^2;

H——槽内流体的深度,m;

H_0——搅拌槽筒体高度,m;

H_i——叶轮离槽底的高度,m;

H_L——容器内液面高度,m;

i——搅拌器层数;

K_0、K_1、K_2——系数,量纲为一;

K——总传热系数,$W/(m^2 \cdot \text{℃})$;

L——蛇管长度,m;

m——质量流率,kg/s;

n——搅拌转速,r/s;

n_b——挡板数量,量纲为一;

N——搅拌功率,W;

N_a——通气系数,量纲为一;

N_g——通气搅拌功率,W;

Nu——努塞尔数,量纲为一;

N_p——功率数,量纲为一;

p——指数,量纲为一;

P——螺距,m;

Pr——普兰特数,量纲为一;

Q——传热速率,W;

Q_g——通气流率,m^3/s;

Re——雷诺数,量纲为一;

Re_c——临界雷诺数,量纲为一;

s——桨叶螺距,m;

T——热流体温度,℃;

t——冷流体温度,℃;

u——流体速度,m/s;

u_T——叶端线速度,m/s;

V——流体的体积,m^3;

V_{is}——黏度修正系数,量纲为一;

W——挡板宽度,m;

We——韦伯数,量纲为一;

x——指数,量纲为一;

x_v——分散相的体积分数,量纲为一;

x_{vs}——固体颗粒的体积分数,量纲为一;

y——指数,量纲为一;

z——桨叶数量,量纲为一。

希腊字母

α——对流传热系数,$W/(m^2 \cdot \text{℃})$;

α_c——蛇管外壁对流传热系数,$W/(m^2$

· ℃);

α_j——带夹套容器内壁的对流传热系数，W/(m^2 · ℃)；

δ——间壁或污垢厚度，m；

ε——悬浮液中固液体积比，量纲为一；单位质量液体消耗搅拌功率，W/kg；

ζ_1、ζ_2——与搅拌器结构尺寸有关的常数，量纲为一；

θ——桨叶的折叶角，°；

λ——导热系数，W/(m · ℃)；

μ——流体的黏度，Pa · s；

μ_c——连续相的黏度，Pa · s；

μ_d——分散相的黏度，Pa · s；

μ_m——流体的平均黏度，Pa · s；

μ_w——流体在器壁温度下的黏度，Pa · s；

ρ——流体的密度，kg/m^3；

ρ_c——连续相的密度，kg/m^3；

ρ_d——分散相的密度，kg/m^3；

ρ_m——物料的平均密度，kg/m^3；

ρ_s——固体颗粒的密度，kg/m^3；

σ——表面张力，N/m；

ν——被搅拌液体的运动黏度，m^2/s；

ϕ——功率因数，量纲为一。

2.1 概 述

搅拌是常见的化工单元操作之一，在废水处理、精细化工、医药、食品、化工、建材等领域有着广泛应用。通过搅拌操作可实现物料的均匀混合、分散、悬浮、乳化，或强化传热传质。化工生产过程所涉及的物料多为流体，而且实际的搅拌混合设备多为机械搅拌，因此本章主要介绍流体介质的机械搅拌器设计。

2.1.1 搅拌装置的基本结构

图 2-1 为典型机械搅拌设备的结构简图。搅拌设备一般由搅拌装置、轴封和搅拌罐 3 大部分构成。搅拌装置又包括传动机构、搅拌轴和搅拌器。搅拌器是搅拌设备的核心组成部分，物料搅拌混合的好坏主要取决于搅拌器的结构、尺寸、操作条件及工作环境。

对于密闭搅拌设备，轴封是整个搅拌设备的重要组成部分，在实际生产中也是最易损坏的部分。与泵轴的密封相似，多采用填料密封和机械密封。当轴封要求较高时，一般采用机械密封，如易燃、易爆物料的搅拌及高温、高压、高真空、高转速的场合。

搅拌罐也常称为搅拌釜或搅拌槽，它由罐体和罐体内的附件构成。工业上常用的搅拌罐多为立式圆筒形容器，搅拌罐底部与侧壁的结合处常常以圆角过渡。为了满足不同的工艺要求或搅拌罐本身结构的要求，罐体上常装有各种不同用途的附件，其中与搅拌混合效果有关的附件有挡板和导流筒。

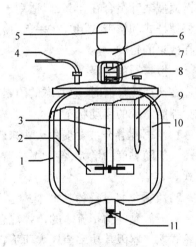

图 2-1 典型的搅拌设备

1—搅拌槽 2—搅拌器 3—搅拌轴
4—加料管 5—电动机 6—减速机
7—联轴节 8—轴封 9—温度计套管
10—挡板 11—放料阀

2.1.2　搅拌器的类型与选择

1. 搅拌器的类型

典型的机械搅拌器形式有桨式、涡轮式、推进式、锚式、框式、螺带式、螺杆式等。

1）桨叶形状分类

搅拌器的桨叶按形状可分为3类，即平直叶、折叶和螺旋面叶。桨式、涡轮式、锚式和框式等搅拌器的桨叶为平直叶或折叶，而推进式、螺带式和螺杆式搅拌器的桨叶则为螺旋面叶。

2）按流型分类

根据搅拌操作时桨叶的主要排液流向（又称为流型），可将搅拌器分为径流型和轴流型两类。平直叶的桨式、涡轮式是径流型，螺旋面叶的推进式、螺杆式是轴流型，折叶桨面则居于两者之间，一般认为它更接近于轴流型。

3）按搅拌器对液体黏度的适应性分类

按搅拌器对液体黏度的适应性可分为两类，适用于低、中黏度的有桨式、涡轮式、旋桨式（推进式）及三叶后掠式，适用于高黏度的有大叶片、低转速搅拌器，如锚式、框式、螺带式、螺杆式及开启平叶涡轮式等，其中涡轮式搅拌器可有效满足几乎所有的化工生产过程对搅拌的要求。

4）组合式

为了达到特定的搅拌目的，可将典型的搅拌器进行改进或组合使用，如可将快速型桨叶和慢速型桨叶组合在一起，以适用于黏度变化较大的搅拌过程。对高黏度流体的搅拌，有时可将螺杆式和螺带式组合在一起，使搅拌槽的中央和外围都能得到充分搅拌，从而达到改善搅拌效果的目的。

2. 搅拌器的选择

在选择搅拌器时，应考虑的因素很多，最基本的因素是介质的黏度、搅拌过程的目的和搅拌器能造成的流动状态。

1）根据搅拌介质黏度的大小来选型

一般随黏度的增大，各种搅拌器的使用顺序为推进式、涡轮式、桨式、锚式、螺带式和螺杆式等。

2）根据搅拌过程的目的来选型

对于低黏度均相流体的搅拌混合，消耗功率小，循环容易，推进式搅拌器最为合用。而涡轮式搅拌器因其功率消耗大而不宜选取。对于大容量槽体的混合，桨式搅拌器因其循环能力不足而不宜选取。

对分散或乳化过程，要求循环能力大且应具有高的剪切能力，涡轮式搅拌器（特别是平直叶涡轮式）具有这一特征，可以选用。推进式和桨式搅拌器由于剪切力小而只能在液体分散量较小的情况下采用。桨式搅拌器很少用于分散过程。对于分散搅拌操作，搅拌槽内都安装有挡板来加强剪切效果。

固体溶解过程要求搅拌器应具有较强的剪切能力和循环能力，所以涡轮式搅拌器最为合用。

气体吸收过程以圆盘涡轮式搅拌器最为合适，它的剪切能力强，而且圆盘的下方可以存住一些气体,使气体的分散更为平稳。

对于带搅拌的结晶过程,一般是小直径的快速搅拌器,如涡轮式搅拌器,适用于微粒结晶过程;而大直径的慢速搅拌器,如桨式搅拌器,可用于大晶粒的结晶过程。

固体颗粒悬浮操作以涡轮式搅拌器的使用范围最大,其中以开启涡轮式搅拌器最好。桨式搅拌器的转速低,仅适用于固体颗粒小、固液密度差小、固相浓度较高、固体颗粒沉降速度较低的场合。推进式搅拌器的使用范围较窄,固液密度差大或固液体积比在50%以上时不适用。

根据搅拌器的适用条件来选择搅拌器可参考表2-1。

表2-1　搅拌器形式及适用条件

| 搅拌器形式 | 流动状态 | | | 搅拌目的 | | | | | | | | | 搅拌槽容量范围/m³ | 转速范围/r·s⁻¹ | 最高黏度/Pa·s |
	对流循环	湍流扩散	剪切流	低黏度液体混合	高黏度液体混合传热及反应	分散	溶解	固体悬浮	气体吸收	结晶	传热	液相反应			
涡轮式	✓	✓	✓	✓	✓	✓	✓	✓	✓	✓	✓	✓	1~100	0.17~5	50
桨式	✓	✓		✓		✓	✓			✓	✓	✓	1~200	0.17~5	2
推进式	✓	✓		✓		✓	✓			✓		✓	1~1 000	1.67~8.33	50
折叶开启涡轮式	✓	✓		✓							✓	✓	1~1 000	0.17~5	50
锚式	✓				✓					✓			1~100	0.02~1.67	100
螺杆式	✓				✓								1~50	0.008~0.83	100
螺带式	✓				✓								1~50	0.008~0.83	100

注:✓为合适,空白为不合适或不详。

2.1.3　新型搅拌器的研究与开发

新近开发的几种适用于低、中黏度流体的高效轴流型搅拌器,由于叶片的宽度和倾角随径向位置而变,称为变倾角变叶宽搅拌器。这种搅拌器非常适用于均相混合和固液悬浮操作。高效的径流型搅拌器有Scaba搅拌器,其特点是叶片形状为弧形,可消除叶片后面的气穴,使通气功率下降较小,常用于发酵罐的底部搅拌,提高气体分散能力。此外,还有最大叶片式、泛能式、叶片组合式搅拌器,适用的黏度范围宽,对于混合、传热、固液悬浮以及液液分散等操作都比常用的搅拌器效率高。在化工、石油化工、医药、生物、农药、日用轻工和香料合成等行业,搅拌易燃、易爆、易挥发、有毒及强腐蚀物料时,常常要求搅拌设备只能微漏,甚至不漏。普通搅拌设备的轴封大多采用填料密封或机械密封,而这两种密封结构都无法达到绝对无泄漏,故往往不能满足上述行业特殊生产工艺要求,而采用电磁搅拌器就可以达到上述目的。采用磁力传动搅拌装置最突出的优势是可以完全限制搅拌设备内的气体介质通过轴封向外泄漏。这些新型搅拌器具有高效节能、造价低廉、易于大型化的优点,正在传统的搅拌设备改造中发挥着重要作用。

2.2 搅拌装置的设计步骤

2.2.1 机械搅拌装置的设计内容和步骤

机械搅拌装置的设计一般遵循3个过程:首先根据搅拌目的和物系性质进行机械搅拌设备选型;其次在选型的基础上进行工艺设计与计算;最后进行机械设计与费用评价。其中,工艺设计与计算中最关键的是搅拌功率和传热面积的计算。机械搅拌装置的工艺设计与计算给出机械设计的原始条件,包括处理量、操作方式、最大工作压力(或真空度)、最高(或最低)工作温度、被搅拌物料的物性和腐蚀情况、搅拌器形式、搅拌转速和功率、传热面的形式和传热面积等。机械设计对搅拌容器、传动装置、轴封以及内构件等进行合理的选型、强度(或刚度)计算和结构设计等。具体内容和步骤如下。

1)明确机械搅拌的任务和目的

设计依据来源于机械搅拌的任务和目的,其基本内容包括:

①明确被搅拌的物系;

②明确操作要达到的目的;

③被搅拌物料的处理量(间歇操作按一个周期的批量,连续操作按每小时、每班或年处理量);

④明确有无化学反应、有无热量传递等,考虑反应体系对搅拌效果的要求。

2)了解被搅拌物料的性质

被搅拌物料的性质是机械搅拌设备设计的基础。物系性质包括物料的处理量、停留时间、黏度、在搅拌或反应过程中达到的最大黏度、表面张力、颗粒在悬浮介质中的沉降速度、固体颗粒的含量和通气量等。

3)机械搅拌设备的选型

机械搅拌设备的结构选型和混合特性很大程度上决定了体系的混合效果。因此,搅拌器的选型好坏直接影响着整个搅拌设备的搅拌效果和操作费用。目前,对于给定的搅拌过程,机械搅拌器的选型还没有成熟完善的方法。往往在同一搅拌目的下,几种搅拌器均可以适用。此时多数依靠过去的经验,或相似的工业实例以及对放大技术的掌握程度进行分析。有时对一些特殊的搅拌过程,还需要进行中试规模的实验才能确定适合的搅拌设备的结构形式。

4)确定操作参数

操作参数包括搅拌设备的操作温度和压力、物料处理量和时间、连续或间歇操作方式、搅拌器的直径和转速等。通过这些参数,计算出搅拌雷诺数,确定流动类型,进而计算搅拌功率等。

5)机械搅拌设备的结构设计

在确定机械搅拌设备结构形式和操作参数的基础上进行结构设计,确定搅拌器构型的几何尺寸、搅拌容器的几何形状和尺寸。

6)机械搅拌特性计算

机械搅拌特性包括搅拌功率、循环能力等,设计时应依据搅拌任务及目的确定关键搅拌特性。

7）传热设计

当搅拌操作过程中存在热量传递时,应进行传热计算。其主要目的是确定搅拌设备完成给定任务需要的传热面积,或核算搅拌设备提供的换热面积是否满足传热的要求。

8）机械设计

根据环境和工艺要求,确定传动机构的类型;根据搅拌器转速和所选用的电动机转速,选择合适的变速器型号;进行必要的强度计算;根据所有机械零部件的加工尺寸,绘制相应的零部件图和总体装配图。

9）费用评价

在满足工艺要求的前提下,总费用是评价搅拌设备设计是否合理的重要指标之一。

2.2.2 搅拌功率的确定

1. 搅拌功率准数关系式

影响搅拌功率的因素归纳起来有桨、槽的几何参数,桨的操作参数以及影响功率的物性参数。对于搅拌过程,一般可采用相似理论和量纲分析的方法得到其准数关系式。为了简化分析过程,可假定桨、槽的几何参数均与搅拌器的直径有一定的比例关系,并将这些比值称为形状因子。对于特定尺寸的系统,形状因子一般为定值,故桨、槽的几何参数仅取决于搅拌器的直径。桨的操作参数主要指搅拌器的转速。物性参数主要包括被搅拌流体的密度和黏度。当搅拌发生打旋现象时,重力加速度也将影响搅拌功率。

通过量纲分析可得

$$N_p = K_0 Re^x Fr^y \qquad (2\text{-}1)$$

式中　$N_p = \dfrac{N}{\rho n^3 d^5}$,功率数;

$Re = \dfrac{\rho n d^2}{\mu}$,搅拌雷诺数,可衡量流体的流动状态;

$Fr = \dfrac{n^2 d}{g}$,弗劳德数,它表示流体惯性力与重力之比,用以衡量重力的影响;

N——搅拌功率,W;

d——搅拌器直径,m;

ρ——流体的密度,kg/m^3;

μ——流体的黏度,Pa·s;

n——搅拌转速,r/s;

g——重力加速度,m/s^2;

K_0——系数,量纲为一;

x、y——指数,量纲为一。

若再令 $\phi = \dfrac{N_p}{Fr^y}$,ϕ 称为功率因数,则有

$$\phi = K_0 Re^x \qquad (2\text{-}2)$$

在此要注意功率数与功率因数是两个完全不同的概念。

由量纲分析法得到搅拌功率数关系式后,可对一定形状的搅拌器进行一系列的实验,得

到各流动范围内具体的经验公式或关系算图,则可解决搅拌功率的计算问题。

2. 搅拌功率的计算

关于搅拌功率计算的经验公式很多,研究最多的是均相系统,并以它作为基础来研究非均相系搅拌功率的计算。

1)均相系搅拌功率的计算

(1)Rushton 算图　Rushton 的 ϕ—Re 关系曲线示于图 2-2。图中纵坐标为 ϕ,横坐标为 Re,共有 8 种桨型的搅拌器在有挡板或无挡板条件下的关系曲线。由图中曲线可看出:搅拌槽中流体的流动可根据 Re 的大小大致分为 3 个区域,即层流区、过渡区和湍流区。

当 $Re \leqslant 10$ 时,为层流区。在此区内搅拌时不会出现打旋现象,此时重力对流动几乎没有影响,即对搅拌功率没有影响。因此,反映重力影响的 Fr 可以忽略。

从图 2-2 还可以看出,在层流区内,不同搅拌器的 ϕ 与 Re 在对数坐标上为一组斜率相等的直线,其斜率为 -1。所以在此区域内有

$$\phi = N_{\mathrm{p}} = \frac{K_1}{Re}$$

式中　K_1——系数,量纲为一。

于是

$$N = \phi \rho n^3 d^5 = K_1 \mu n^2 d^3 \tag{2-3}$$

当 $Re = 10 \sim 10^4$ 时,为过渡区,此时功率因数 ϕ 随 Re 的变化曲线不再是直线,各种搅拌器的曲线也不大一致,这说明斜率不再是常数,它随 Re 而变化。当搅拌槽内无挡板并且 $Re > 300$ 时,液面中心处会出现旋涡,重力将影响搅拌功率,即 Fr 数对功率的影响不能忽略。此时有

$$\phi = \frac{N_{\mathrm{p}}}{Fr^y} = \frac{N}{\rho n^3 d^5} \left(\frac{g}{n^2 d} \right)^{\left(\frac{\zeta_1 - \lg Re}{\zeta_2} \right)} \tag{2-4}$$

经曲线变换得

$$y = \frac{\zeta_1 - \lg Re}{\zeta_2}$$

式中 ζ_1、ζ_2 为与搅拌器形式有关的常数,量纲为一。其数值可从表 2-2 中查得。

表 2-2　当 $300 < Re < 10^4$ 时一些搅拌器的 ζ_1、ζ_2 值

搅拌器形式	d/D	ζ_1	ζ_2
三叶推进式	0.47	2.6	18.0
	0.37	2.3	18.0
	0.33	2.1	18.0
	0.30	1.7	18.0
	0.22	0.0	18.0
六叶涡轮式	0.30	1.0	40.0
	0.33	1.0	40.0

此时搅拌功率的计算式为

$$N = \phi \rho n^3 d^5 \left(\frac{n^2 d}{g} \right)^{\left(\frac{\zeta_1 - \lg Re}{\zeta_2} \right)} \tag{2-5}$$

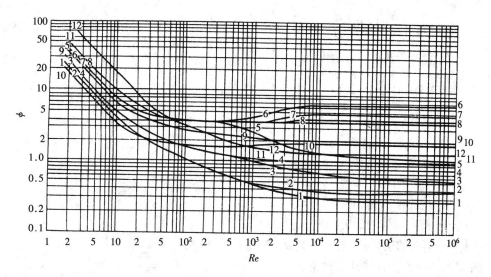

图 2-2　Rushton 的 ϕ—Re 关系算图

1—三叶推进式，$s=d$，N　2—三叶推进式，$s=d$，Y　3—三叶推进式，$s=2d$，N　4—三叶推进式，$s=2d$，Y　5—六片平直叶圆盘涡轮，N　6—六片平直叶圆盘涡轮，Y　7—六片弯叶圆盘涡轮，Y　8—六片箭叶圆盘涡轮，Y　9—八片折叶开启涡轮（45°），Y　10—双叶平桨，Y　11—六叶闭式涡轮，Y　12—六叶闭式涡轮（带有二十叶的静止导向器）

图注中：s——桨叶螺距，d——搅拌器直径，Y——有挡板，N——无挡板

在过渡区，无挡板并且 $Re<300$，或有挡板并且符合全挡板条件及 $Re>300$ 时，流体内不会出现大的旋涡，Fr 数的影响可以忽略。这时搅拌功率仍可用式（2-3）进行计算，计算时可直接由 Re 数在 Rushton 算图中查得 ϕ 值。

在搅拌湍流区，即 $Re>10^4$ 时，一般均采用全挡板条件，消除了打旋现象，故重力的影响可以忽略不计。在 Rushton 算图中表现为：ϕ 值几乎不受 Re 和 Fr 的影响而成为一条水平直线。则

$$\phi = N_p = K_2$$

因此

$$N = K_2 \rho n^3 d^5 \tag{2-6}$$

式中的 K_2 为系数，量纲为一。该式表明：在湍流区全挡板条件下 $\phi=N_p=K_2=$ 定值，流体的黏度对搅拌器的功率不再产生影响。

采用 Rushton 算图计算搅拌功率是一种很简便的方法，在使用时一定要注意每条曲线的应用条件。只有符合几何相似条件，才可根据搅拌器直径 d、搅拌器转速 n 和流体密度 ρ、黏度 μ 值计算出搅拌 Re 数，并在算图中相应桨型的功率因数曲线上查得 ϕ 值，再根据流动状态分别选用式（2-3）、式（2-4）、式（2-5）和式（2-6）来求得搅拌器的搅拌功率。

（2）永田进治公式

①无挡板时的搅拌功率。日本的永田进治等人根据在无挡板直立圆槽中搅拌时"圆柱状回转区"半径的大小及桨叶所受的流体阻力进行了理论推导，并结合实验结果确定了一些系数而得出双叶搅拌器功率的计算公式

$$N_p = \frac{N}{\rho n^3 d^5} = \frac{A}{Re} + B\left(\frac{10^3 + 1.2Re^{0.66}}{10^3 + 3.2Re^{0.66}}\right)^p \left(\frac{H}{D}\right)^{\left(0.35+\frac{b}{D}\right)} (\sin\theta)^{1.2} \tag{2-7}$$

$$A = 14 + \left(\frac{b}{D}\right)\left[670\left(\frac{d}{D} - 0.6\right)^2 + 185\right] \tag{2-8}$$

$$B = 10^{\left[1.3 - 4\left(\frac{b}{D} - 0.5\right)^2 - 1.14\left(\frac{d}{D}\right)\right]} \tag{2-9}$$

$$p = 1.1 + 4\left(\frac{b}{D}\right) - 2.5\left(\frac{d}{D} - 0.5\right)^2 - 7\left(\frac{b}{D}\right)^4 \tag{2-10}$$

式中　A——系数；

　　　B——系数；

　　　p——指数；

　　　b——桨叶的宽度，m；

　　　D——搅拌槽内径，m；

　　　H——槽内流体的深度，m；

　　　θ——桨叶的折叶角，对于平桨 $\theta = 90°$。

现就永田进治公式作几点讨论。

ⓐ当 $b/D \leqslant 0.3$ 时，式(2-10)中的第四项 $7\left(\frac{b}{D}\right)^4$ 与其他项相比很小，可以忽略不计，而目前所使用的桨式搅拌器大多都能满足这一要求。

ⓑ对于高黏度流体，搅拌的 Re 数较小，属于层流，式(2-7)中右边第一项占支配地位，第二项与其相比很小，可以忽略不计。因此式(2-7)可简化为

$$N_P = \frac{N}{\rho n^3 d^5} \approx \frac{A}{Re} = A(Re)^{-1} \tag{2-7a}$$

该式结果与式(2-3)是完全一致的。

ⓒ对于低黏度流体的搅拌，Re 数较大，搅拌处于湍流区。此时式(2-7)中的第一项很小，可以忽略不计，第二项中的几何参数对于一定的桨型都是常数，B 和 p 值也是常数。于是式(2-7)可简化为

$$N_P = \frac{N}{\rho n^3 d^5} \approx B'\left(\frac{10^3 + 1.2 Re^{0.66}}{10^3 + 3.2 Re^{0.66}}\right)^p \approx B'\left(\frac{1.2}{3.2}\right)^p = 常数 \tag{2-7b}$$

式中　B'——系数，量纲为一。

即在湍流区时，N_P 近似为常数，而与 Re 数的大小无关。

ⓓ在湍流区，若搅拌器的桨径相同且桨叶宽度 b 和桨叶数量 z 的乘积相等，则它们的搅拌功率就相等。如果装有多层桨叶，只要符合桨叶宽度 b 与桨叶数量 z 的乘积相等这一条件，则它们的搅拌功率也相等。

ⓔ永田进治公式可近似用于桨式、多叶开启涡轮、圆盘涡轮等常用桨型无挡板湍流区搅拌功率的计算。

②全挡板条件下的搅拌功率。将湍流区全挡板条件下的 ϕ 线沿水平线向左延长，与层流区向下延长的 ϕ 线有一交点，此交点可看做是湍流区和层流区的转变点，对应于此点的雷诺数称为临界雷诺数，以 Re_c 表示。以 Re_c 代替式(2-7)中的 Re，便可求得全挡板条件下的搅拌功率。Re_c 的数值与搅拌器的形式有关。对于不同尺寸的平直叶双桨搅拌器，Re_c 值可由下式计算，即

$$Re_c = \frac{25}{\left(\dfrac{b}{D}\right)}\left(\frac{b}{D} - 0.4\right)^2 + \left[\frac{\dfrac{b}{D}}{0.11\left(\dfrac{b}{D}\right) - 0.0048}\right] \qquad (2\text{-}11)$$

式中 Re_c——临界雷诺数,量纲为一。

③高黏度流体的搅拌功率。高黏度流体搅拌功率的计算可参考有关资料。

2)非均相系搅拌功率的计算

(1)不互溶液—液相搅拌的搅拌功率 在计算液—液相搅拌功率时,首先求出两相的平均密度 ρ_m,然后再按均相系搅拌功率的计算方法求解。液—液相物系的平均密度为

$$\rho_m = x_v\rho_d + (1 - x_v)\rho_c \qquad (2\text{-}12)$$

式中 ρ_m——两相的平均密度,kg/m^3;

$\quad\rho_d$——分散相的密度,kg/m^3;

$\quad\rho_c$——连续相的密度,kg/m^3;

$\quad x_v$——分散相的体积分数,量纲为一。

当两相液体的黏度都较小时,其平均黏度 μ_m 可采用下式计算:

$$\mu_m = \mu_d^{x_v}\mu_c^{(1-x_v)} \qquad (2\text{-}13)$$

式中 μ_m——两相的平均黏度,$Pa\cdot s$;

$\quad\mu_d$——分散相的黏度,$Pa\cdot s$;

$\quad\mu_c$——连续相的黏度,$Pa\cdot s$。

(2)气—液相搅拌的搅拌功率 当向液体通入气体并进行搅拌时,通气搅拌的功率 N_g 要比均相系液体的搅拌功率 N 低。N_g/N 的数值取决于通气系数的大小。通气系数 N_a 依下式计算:

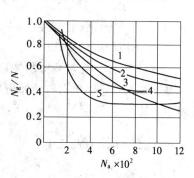

图 2-3 通气系数与功率比的关系
1—八片平直叶圆盘涡轮 2—八片平直叶上侧圆盘涡轮 3—十六片平直叶上侧圆盘涡轮
4—六片平直叶圆盘涡轮 5—平直叶双桨
搅拌条件:$d = D/3,H = D,C = D/3$,全挡板

$$N_a = \frac{Q_g}{nd^3} \qquad (2\text{-}14)$$

式中 Q_g——通气速率,m^3/s;

$\quad N_g$——通气搅拌功率,W;

$\quad N_a$——通气系数,量纲为一。

一些搅拌器的通气搅拌功率 N_g 与均相系搅拌功率 N 之比和通气系数 N_a 的实验关系曲线如图 2-3 所示(C 为搅拌器距槽底的高度,m)。一般 N_a 越小,气泡在搅拌槽内越容易分散均匀,所以从图 2-3 上可看出当 N_g/N 在 0.6 以上时的 N_a 是比较合适的。

当采用六片平直叶圆盘涡轮式搅拌器进行气相分散搅拌时,搅拌功率的比值 N_g/N 可由下式计算:

$$\lg\frac{N_g}{N} = -192\left(\frac{d}{D}\right)^{4.38}\left(\frac{d^2 n\rho}{\mu}\right)^{0.115}\left(\frac{dn^2}{g}\right)^{1.96\frac{d}{D}}\left(\frac{Q_g}{nd^3}\right) \qquad (2\text{-}15)$$

(3)固—液相搅拌的搅拌功率 当固体颗粒的体积分数不大并且颗粒的直径也不很大时,可近似地看做是均匀的悬浮状态,这时可取平均密度 ρ_m 和黏度 μ_m 来代替原液相的密度和黏度,以 ρ_m、μ_m 作为搅拌介质的物性,然后按均一液相搅拌来求得搅拌功率。固—液相悬浮液的平均密度 ρ_m 为

$$\rho_m = x_{vs}\rho_s + \rho(1 - x_{vs}) \tag{2-16}$$

式中　ρ_m——固—液相悬浮液的平均密度,kg/m^3;

　　　ρ_s——固体颗粒的密度,kg/m^3;

　　　ρ——液相的密度,kg/m^3;

　　　x_{vs}——固体颗粒的体积分数,量纲为一。

当悬浮液中固体颗粒与液体的体积比 $\varepsilon \leq 1$ 时,

$$\mu_m = \mu(1 + 2.5\varepsilon) \tag{2-17}$$

当 $\varepsilon > 1$ 时,则

$$\mu_m = \mu(1 + 4.5\varepsilon) \tag{2-18}$$

式中　μ_m——固—液相悬浮液的平均黏度,$Pa \cdot s$;

　　　μ——液相的黏度,$Pa \cdot s$;

　　　ε——固体颗粒与液体的体积比,量纲为一。

固—液相的搅拌功率与固体颗粒的大小有很大的关系,当固体颗粒直径在 0.074 mm (200 目)以上时,采用上述方法所计算的搅拌功率比实际值偏小。

2.2.3　搅拌器的放大

1. 放大基本原则

根据相似理论,要放大推广实验参数,就必须使两个系统具有相似性,如:

几何相似——实验模型与生产设备的相应几何尺寸的比例都相等;

运动相似——几何相似系统中,对应位置上流体的运动速度之比相等;

动力相似——两几何相似和运动相似的系统中,对应位置上所受力的比值相等;

热相似——两系统除符合上述 3 个相似的要求之外,对应位置上的温差之比也相等。

由于相似条件很多,有些条件对同一个过程还可能有矛盾的影响,因此,在放大过程中,要做到所有的条件都相似是不可能的。这就要根据具体的搅拌过程,以达到生产任务的要求为前提条件,寻求对该过程最有影响的相似条件,而舍弃次要因素,即将复杂的范畴变成相当单纯的范畴。两系统几何相似是相似放大的基本要求。

应予指出,动力相似的条件是两个系统中对应点上力的比值相等,即其量纲为一数必相等。

若搅拌系统中不止一个相,则混合时还要克服界面之间的抗拒力,即界面张力 σ,于是还要考虑表示施加力与界面张力之比的韦伯数对搅拌功率的影响,韦伯数定义为:$We = \dfrac{\rho n^2 d^3}{\sigma}$。此时搅拌功率数关系式应改写为

$$N_p = f(Re, Fr, We)$$

在两个几何相似的系统中搅拌同一种液体时,若要实现这两个系统动力相似,必须同时满足下列关系(下标 1、2 分别代表两个相似系统):

当 $Re_1 = Re_2$ 时,$n_1 d_1^2 = n_2 d_2^2$;

当 $Fr_1 = Fr_2$ 时,$n_1^2 d_1 = n_2^2 d_2$;

当 $We_1 = We_2$ 时,$n_1^2 d_1^3 = n_2^2 d_2^3$。

对于同一种流体而言,物性常数 ρ、μ 和 σ 在两个系统中均为定值,因此上述三个等式

不可能同时满足。补救的办法是尽量抑制或消除重力和界面张力因素的影响,从而减少相似条件。

2. 放大方法

搅拌器的放大,一般可分为两大类:一类是按功率数放大,另一类是按工艺过程结果放大。

1)按功率数放大

若两个搅拌系统的构型相同,不管其尺寸大小如何,它们都可以使用同一功率曲线。

如果两个搅拌系统的构型相同,搅拌槽具有全挡板条件,则搅拌时不会产生打旋现象,再若被搅拌的流体又为单一相,两个系统的功率准数关系式可简化为

$$N_p = f(Re)$$

这样通过测量小型设备的搅拌功率便可推算出生产设备的搅拌功率。

2)按工艺过程结果放大

在几何相似系统中,要取得相同的工艺过程结果,有下列放大判据可供参考(对同一种液体 ρ、μ 和 σ 不变,下标 1 代表实验设备,2 代表生产设备)。

①保持雷诺数 $Re = \dfrac{n\rho d^2}{\mu}$ 不变,要求 $n_1 d_1^2 = n_2 d_2^2$;

②保持弗劳德数 $Fr = \dfrac{n^2 d}{g}$ 不变,要求 $n_1^2 d_1 = n_2^2 d_2$;

③保持韦伯数 $We = \dfrac{\rho n^2 d^3}{\sigma}$ 不变,要求 $n_1^2 d_1^3 = n_2^2 d_2^3$;

④保持叶端线速度 $u_T = n\pi d$ 不变,要求 $n_1 d_1 = n_2 d_2$;

⑤保持单位流体体积的搅拌功率 N/V 不变,要求 $n_1^3 d_1^2 = n_2^3 d_2^2$。

对于一个具体的搅拌过程,究竟选择哪个放大判据需要通过放大实验来确定。

2.2.4 搅拌器中的传热

1. 传热方式

在搅拌槽中对被搅拌的液体进行加热或冷却是经常遇到的重要操作。尤其是伴有化学反应的搅拌过程,对被搅拌的液体进行加热或冷却可以维持最佳工艺条件,促进化学反应,取得良好反应效果。对于有的反应,如果不能及时移出热量,则容易产生局部爆炸或反应物分解等。因此,被搅拌液体进行化学反应时搅拌更为重要。

被搅拌液体的加热或冷却方式有多种。可在容器外部或内部设置供加热或冷却用的换热装置。例如,在搅拌槽外部设置夹套,在搅拌槽内部设置蛇管换热器等。一般用得最普遍的是采用夹套传热的方式。

1)夹套传热

夹套一般由普通碳钢制成,它是一个套在反应器筒体外面能形成密封空间的容器,既简单又方便,如图2-4所示。夹套上设有水蒸气、冷却水或其他加热、冷却介质的进出口。目前,空心夹套已很少用,为了强化传热,常采用螺旋导流板夹套、半管螺旋夹套等形式。如果加热介质是水蒸气,为了提高传热效率,在夹套上端开有不凝性气体排出口。

夹套同器身的间距视容器公称直径的大小采用不同的数值,一般取 25~100 mm。夹套的高度取决于传热面积,而传热面积是由工艺要求决定的。但须注意的是,夹套高度一般不

应低于料液的高度,应比器内液面高度高出 50 ~ 100 mm,以保证充分传热。通常夹套内的压力不超过 1.0×10^3 kPa。夹套传热的优点是结构简单、耐腐蚀、适应性强。

2) 蛇管传热

当需要的传热面积较大,而夹套传热在允许的反应时间内尚不能满足要求时,或者是壳体内衬有橡胶、耐火砖等隔热材料而不能采用夹套传热时,可采用蛇管传热(见图 2-5)。蛇管沉浸在物料中,热量损失小,传热效果好。排列密集的蛇管能起到导流筒和挡板的作用。

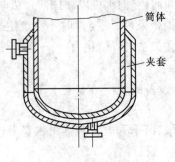

图 2-4 夹套传热

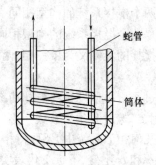

图 2-5 蛇管传热

蛇管中对流传热系数较直管大,但蛇管过长时,管内流体阻力较大,能量消耗多,因此,蛇管不宜过长,通常采用管径 25 ~ 70 mm 的管子。用蒸汽加热时,管长和管径之比值可参考表 2-3。

表 2-3 管长和管径之比值

蒸汽压力(表压)/kPa	0.45×10^2	1.25×10^2	2×10^2	3×10^2	5×10^2
管长和管径最大比值限	100	150	200	225	275

用蛇管可以使传热面积增加很多,有时可以完全取消夹套。蛇管的传热系数比夹套的大,而且可以采用较高压力的传热介质。

此外,还有诸如回流冷凝法、料浆循环法等其他传热方式。

2. 热载体侧对流传热系数

搅拌过程中流体的传热主要是传导和强制对流。传热速率取决于被搅拌流体和加热或冷却介质的物理性质、容器的几何形状、容器壁的材料和厚度以及搅拌的程度。

1) 蛇管中流体对管壁的对流传热系数

当 $Re > 10\,000$ 时,直管中的流体对管壁的对流传热系数用下式计算:

$$Nu = 0.027 Re^{0.8} Pr^{0.33} V_{is}^{0.14} \qquad (2-19)$$

式中　　$Nu = \dfrac{\alpha D_e}{\lambda}$,表示对流传热系数的准数,量纲为一;

　　　　$Pr = \dfrac{c_p \mu}{\lambda}$,表示物性对传热系数影响的准数,量纲为一;

　　　　$V_{is} = \dfrac{\mu}{\mu_w}$,流体在主体温度下的黏度与在壁温下的黏度之比,量纲为一;

　　　　α——直管中的流体对管壁的对流传热系数,W/(m² · ℃);

D_e——当量直径，m；

λ——导热系数，W/(m·℃)；

c_p——液体的比热容，J/(kg·℃)；

μ——流体在主体温度下的黏度，Pa·s；

μ_w——流体在壁温下的黏度，Pa·s。

流体在蛇管中流动时，由于流体对管壁的冲刷作用，所以，蛇管中的对流传热系数等于由式(2-19)算得的结果乘上一个大于 1 的校正因子，即

$$Nu = 0.027 Re^{0.8} Pr^{0.33} V_{is}^{0.14} \left(1 + 3.5 \left[\frac{D_e}{D_c} \right] \right) \qquad (2\text{-}20)$$

式中　D_c——蛇管轮的平均轮径，m。

当 $Re < 2\,100$ 时，即流体在层流区域时，蛇管中流体对管壁的对流传热系数用下式计算：

$$Nu = 1.86 \left[Re Pr \left(\frac{D_e}{L} \right) \right]^{0.33} V_{is}^{0.14} \qquad (2\text{-}21)$$

式中　L——蛇管长度，m。

当 $2\,100 < Re < 10\,000$ 时，即流体在过渡区域时，可用式(2-19)计算出 Nu，再乘上一个系数 ϕ，ϕ 值由表2-4确定。

表2-4　校正系数 ϕ

Re	2 300	3 000	4 000	5 000	6 000	7 000	8 000
ϕ	0.45	0.66	0.82	0.88	0.93	0.96	0.99

式(2-19)至式(2-21)适用于圆管，对于非圆管，计算式中的直径采用当量直径。

2）夹套中热载体对搅拌槽壁的对流传热系数

不同方式的夹套的传热计算基本相同，按 Re 的不同分别用式(2-20)至式(2-21)和表2-4计算，与计算管中流体传热不同的是其当量直径 D_e、计算流速 u 时的流通面积 A_x 和传热面积 F 取值另有规定，见表2-5。

3. 被搅拌液体侧的对流传热系数

1）传热系数关联式

被搅拌液体侧的对流传热系数大致可分成两大类：一类是蛇管外壁的传热系数；另一类为有夹套的容器内壁的传热系数 α_j。通过大量实验工作，得到了一些被搅拌液体侧的对流传热系数关联式，比较常用的有佐野雄二推荐的关联式。

表2-5　三种夹套的对流传热系数算法

夹套形式		螺旋导流板夹套	半管螺旋夹套	空心夹套
传热系数算式	$Re > 10\,000$	式(2-20)		式(2-19)
	$Re < 2\,100$	式(2-21)		
	$Re = 2\,100 \sim 10\,000$	式(2-20)和表2-4		式(2-19)和表2-4

夹套形式	螺旋导流板夹套	半管螺旋夹套	空心夹套
D_e	$4E$	中心角为180°时，$D_e = (\pi/2)d_{ci}$; 中心角为120°时，$D_e = 0.708d_{ci}$	$(D_{jo}^2 - D_{ji}^2)/D_{ji}$
A_x	PE	中心角为180°时，$A_x = (\pi/8)d_{ci}^2$; 中心角为120°时，$A_x = 0.154d_{ci}^2$	$\pi(D_{jo}^2 - D_{ji}^2)/4$
F	与夹套中热载体接触的槽壁面积	$F =$ 半管下面积 $+ 0.6 \times$ 半管间面积	与夹套中热载体接触的槽壁面积
其他			进行蒸汽冷凝时，取 $\alpha = 5\,670\ \text{W}/(\text{m}^2 \cdot \text{℃})$

注：E——夹套环隙宽度，m；P——螺距，m；A_x——流通面积，m^2；F——传热面积，m^2；u——液体流速，m/s；d_{ci}——蛇管内径，m；D_{ji}——夹套内径，m；D_{jo}——夹套外径，m。

佐野雄二给出的桨式或涡轮式搅拌器的传热系数关联式如下：

$$Nu_j = 0.512\left(\frac{\varepsilon D^4}{\nu^3}\right)^{0.227} Pr^{1/3}\left(\frac{d}{D}\right)^{0.52}\left(\frac{b}{D}\right)^{0.08} \tag{2-22}$$

$$Nu_c = 0.512\left(\frac{\varepsilon d_{co}^4}{\nu^3}\right)^{0.205} Pr^{0.35}\left(\frac{d}{D}\right)^{0.2}\left(\frac{b}{D}\right)^{0.1}\left(\frac{d_{co}}{D}\right)^{-0.3} \tag{2-23}$$

式中 $Nu_j = \dfrac{\alpha_j D}{\lambda}$，表示被搅拌液体对有夹套容器内壁面的对流传热系数的准数，量纲为一；

       $Nu_c = \dfrac{\alpha_c d_{co}}{\lambda}$，表示被搅拌液体对内冷蛇管外壁面的对流传热系数的准数，量纲为一；

       $Pr = \dfrac{c_p \mu}{\lambda}$，表示物性对传热系数影响的准数，量纲为一；

       d_{co}——内冷蛇管外径，m；

       ε——单位质量被搅拌液体消耗的搅拌功率，W/kg；

       ν——被搅拌液体的运动黏度，m^2/s。

计算物性时，一般以流体的平均温度作为定性温度。

上两式的特点是既能用于有挡板槽，也可用于无挡板槽，而且蛇管设置与否、叶轮形式、叶轮安装高度、叶轮上的叶片数和叶片倾角等的变化对关联式的系数无影响，这使关联式的应用范围很广。

另外，永田进治也推荐了一些适用范围广泛的传热系数关联式。实验的搅拌槽内装入了冷却管，搅拌器主要为桨式、涡轮式，对牛顿型流体进行了实验，应用时可参阅相关文献。

2）传热系数 K 的计算

传热系数 K 又称总传热系数，是评价搅拌反应器的重要技术指标。它对搅拌反应器的生产能力、产品质量、产品成本、动力消耗都有很大影响。

对于间壁两边都变温的冷、热两流体间的实际传热过程,热流体的温度为 T,冷流体的温度为 t,间壁厚度为 δ_2,间壁材料的导热系数为 λ_2。在间壁两边生有垢层,其厚度各为 δ_1 及 δ_3,导热系数为 λ_1 及 λ_3。传热过程由热流体对壁面的对流传热、在垢层和金属壁间的热传导和壁面对冷流体的对流传热所组成。

对于稳态传热,选用传热面积的平均值 F_m 并应用热阻串联原理,可得

$$Q = \frac{F_m(T-t)_m}{\dfrac{1}{\alpha_1} + \dfrac{\delta_1}{\lambda_1} + \dfrac{\delta_2}{\lambda_2} + \dfrac{\delta_3}{\lambda_3} + \dfrac{1}{\alpha_2}} \qquad (2\text{-}24)$$

$$K = \frac{1}{\dfrac{1}{\alpha_1} + \dfrac{1}{\alpha_2} + \sum \dfrac{\delta}{\lambda}} \qquad (2\text{-}25)$$

式中　Q——传热速率,W;

$(T-t)_m$——平均温度差,℃。

在通常情况下,金属导热系数比垢层导热系数大得多,所以一般可忽略不计。

为了方便,暂不考虑垢层对传热的影响,总的热阻来自料液与容器壁的热阻 $1/\alpha_1$ 和夹套内传热介质与容器壁的热阻 $1/\alpha_2$。工程上采取各种有效措施提高 α_1 和 α_2,以强化传热。

为了强化 α_1,常加设挡板或设置立式蛇管,有时也采用小搅拌器、高转速。对于高黏度流体或非牛顿型流体,往往 $1/\alpha_1$ 比其他热阻要大得多,故实际上总的热阻由此层热阻控制。为了提高 α_1 值,采用近壁或刮壁式搅拌器。对高黏度的拟塑性物料,采用刮壁搅拌器可提高 K 值 4~5 倍。

为了提高 α_2 值常采用下列几种方法。

①夹套中加螺旋导流板,可以增加冷却水流速。螺旋导流板一般焊在容器壁上,与夹套壁有 0~3 mm 的间隙。

②加扰流喷嘴。在夹套的不同高度等距安装喷嘴。冷却水主要仍从夹套底部进水口进入夹套,在喷嘴中注入一定数量的冷却水,使冷却水主流呈湍流状态,可以大幅度提高 α_2。

③夹套多点切向进水。在夹套的不同高度切向进水,可提高 α_2 值,其作用同扰流喷嘴相似。

当夹套内的介质为饱和水蒸气或过热度不大的过热蒸汽时,由于水蒸气的相变使 α_2 高达 10 000 以上,在此情况下总阻力集中在搅拌槽一侧。

搅拌器的总传热系数 K 值可通过式(2-25)求出。其经验值列于表 2-6,供设计时参考。

以上介绍的是液—液系统,如在鼓泡搅拌器中,传热问题可与不通气时一样处理。关于加热时间的计算及高黏度液体的传热,可参阅有关资料或专著。

2.2.5　搅拌器的附件

为了达到混合所需的流动状态,在某些情况下搅拌槽内需要安装搅拌附件,常用的搅拌附件有挡板和导流筒。

表 2-6　搅拌器的总传热系数 K 的参考数据

蛇管式——用做冷却器

管内流体	管外流体	总传热系数/ $W \cdot (m^2 \cdot ℃)^{-1}$	备注
水(管材:铅)	稀薄有机染料中间体	1 628.2	涡轮式搅拌器,1.58 r/s
水(管材:铅)	热溶液	511.7~2 035.3	桨式搅拌器,0.007 r/s
冷冻盐水	氨基酸	569.9	0.50 r/s
水(低碳钢)	25% 发烟硫酸,60 ℃	116.3	搅拌
15.6 ℃水(铅)	50% 砂糖水溶液	279.1~337.3	缓慢搅拌
水(铅)	水溶液	1 395.6	推进式搅拌,8.33 r/s
水(铅)	液体	1 279.3~2 093.4	推进式搅拌,8.33 r/s
水(铅)	热水	511.7~2 093.4	搅拌,0.007 r/s
水(铸铁)	25% 硫酸,60 ℃	116.3	有搅拌
水(软钢)	25% 发烟硫酸	104.7~116.3	有搅拌
水(铅)	轻有机物	1 163.0~1 744.5	涡轮搅拌
盐水(钢)	硝化混合物	290.7~348.9	有搅拌
盐水(钢)	硝化混合物,50%	581.5~814.1	有搅拌
氯化钙溶液(银)	二氯甲烷	622.2	锚式搅拌,0.87 r/s
水(铜)	二甲基磷化氢	395.4	推进式搅拌,3.67~5.67 r/s
水(钢)	植物油	162.8~407.1	搅拌器转速可变
水	8% 氢氧化钠	883.9	有搅拌,0.37 r/s

蛇管式——用做加热器

管内流体	管外流体	总传热系数/ $W \cdot (m^2 \cdot ℃)^{-1}$	备注
水蒸气(铅)	水	395.4	搅拌
水蒸气(钢)	植物油	221.0~407.1	搅拌器转速可变
热水(铅)	水	465.2~1 511.9	桨式搅拌器
水蒸气(钢)	水	883.9	有搅拌

夹套式——用做冷却器

夹套内流体	釜中流体	釜壁材料	总传热系数/ $W \cdot (m^2 \cdot ℃)^{-1}$	备注
低速冷冻盐水	硝化浓稠液	铸铁	181.4~337.3	搅拌,0.58~0.63 r/s
水	粗硝基甲酸,5% 氢氧化钠	钢	325.6	搅拌(冷却精制)
水	盐酸,硝基卡因,铁粉,水	钢	151.2	搅拌(冷却还原)
水	二溴乙烷,双腈	钢	162.8	搅拌(冷却缩合)
水	对硝基甲苯,硫酸,水	搪玻璃	187.2	搅拌(冷却反应)
水	普鲁卡因,氯化钠	搪玻璃	134.9	搅拌(冷却盐析)
盐水	普鲁卡因溶液	搪玻璃	171.0	搅拌(冷却盐析)
盐水	溴化钾液	搪玻璃	199.0	搅拌(冷却结晶)
盐水	发酵液	钢	144.2	有搅拌
水	培养基	钢	215.2	有搅拌
盐水	缩醛	钢	240.7	有搅拌
盐水	四氯化碳	不锈钢	391.9	搅拌
冰水	冷水	陶瓷	39.5	搅拌
水	石蜡		232.6~407.0	冷却反应

夹套式——用做加热器				
夹套内流体	釜中流体	釜壁材料	总传热系数/ $W \cdot (m^2 \cdot ℃)^{-1}$	备注
水蒸气	溶液	铸铁	988.6 ~ 1 163.0	双层刮刀式搅拌
水蒸气	水	不锈钢	783.9	锚式搅拌,1.67 r/s
水蒸气	水	铜	1 395.6	搅拌
水蒸气	水	铸铁衬铅	23.3 ~ 52.3	搅拌
水蒸气	水	铸铁搪瓷	546.6 ~ 697.8	搅拌,0 ~ 6.67 r/s
水蒸气	硬石蜡	铸铁	581.5	刮刀式搅拌
水蒸气	果汁	铸铁搪瓷	872.3	有搅拌
水蒸气	牛乳	铸铁搪瓷	1 744.5	有搅拌
水蒸气	糨糊	铸铁	709.4 ~ 790.8	双层刮刀式搅拌
水蒸气	泥浆	铸铁	907.1 ~ 988.6	双层刮刀式搅拌
水蒸气	肥皂		46.5 ~ 69.8	肥皂加热温度 30 ~ 90 ℃ 搅拌,1.83 r/s
水蒸气	甲醛苯酚缩合		46.5 ~ 628.0	罐内温度 70 ~ 90 ℃,有搅拌
水蒸气	苯乙烯聚合		23.3 ~ 255.9	刮刀式搅拌
水蒸气	粉(5% 水)	铸铁	232.6 ~ 290.8	双层刮刀式搅拌
水蒸气	块状物质	铸铁	430.3 ~ 546.61	双层刮刀式搅拌
水蒸气	对硝基甲苯,硫酸,水	搪玻璃	248.9	有搅拌(加热反应)
水蒸气	普鲁卡因粗品	搪玻璃	232.6 ~ 260.5	有搅拌(加热溶解)
水蒸气	溴化钾液	搪玻璃	358.2	有搅拌(加热精制)
水蒸气	粗硝基甲酸,5% 氢氧化钠	钢	1 453.8	有搅拌(加热精制)
水蒸气	牛乳	铸铁搪瓷	488.5	有搅拌,3.33 r/s
水蒸气	树脂胶(120 ℃)		136.1	刮刀式搅拌
水蒸气	树脂胶(290 ℃)		581.5	刮刀式搅拌
水蒸气	清漆		174.5 ~ 290.8	涡轮式
水蒸气	地沥青		46.5 ~ 116.3	涡轮式

1. 挡板

为抑制打旋现象的发生,常用的方法之一就是在搅拌槽内安装挡板,一般采用纵向挡板。挡板至少有两个作用:一是将切向流动转化为轴向流动和径向流动,对于槽内流体的主体对流扩散,轴向流动和径向流动都是有效的;二是增大被搅拌流体的湍动程度,从而改善搅拌效果。实验证明:挡板的宽度 W、数量 n_b 以及安装方式等都将影响流体的流动状态,也必将影响搅拌功率。当挡板的条件符合

$$\left(\frac{W}{D}\right)^{1.2} n_b = 0.35 \tag{2-26}$$

时,搅拌器的功率最大,这种挡板条件叫做全挡板条件。挡板的宽度 W 一般取为 $(1/12 \sim 1/10)D$,对于高黏度流体,可减小到 $(1/20)D$。挡板数量 n_b 取决于搅拌槽直径的大小。对于小直径的搅拌槽,一般安装 $2 \sim 4$ 块挡板。对于大直径的搅拌槽,一般安装 $4 \sim 8$ 块,以 4 块或 6 块居多,此时已接近于全挡板条件。

搅拌槽内设置的其他能阻碍水平回转流动的附件,如蛇管等,也能起到挡板的作用。

2. 导流筒

在需要控制流体的流动方向和速度以确定某一特定流型时,可在搅拌槽中安装导流筒。

导流筒主要用于推进式、螺杆式及涡轮式搅拌器。推进式或螺杆式搅拌器的导流筒安装在搅拌器的外面,而涡轮式搅拌器的导流筒则安装在叶轮的上方。导流筒的作用是:一方面提高了对筒内流体的搅拌程度,加强了搅拌器对流体的直接机械剪切作用,同时又确立了充分循环的流型,使搅拌槽内所有的物料均可通过导流筒内的强烈混合区,提高了混合效率;另外,导流筒还限定了循环路径,减少了短路的机会。导流筒的尺寸需要根据具体生产过程的要求决定。一般情况下,导流筒需将搅拌槽截面分成面积相等的两部分,即导流筒的直径约为搅拌槽直径的70%。

2.2.6 专家系统及其应用

专家系统(Expert System)是以知识库为核心进行问题求解的计算机辅助设计系统,即基于知识的智能系统,是人工智能领域中的一个重要分支。它和通用问题求解系统的区别在于专家系统强调在某一专业领域中积累大量具有启发性的知识,包括实际范例以及该领域专家们所具有的经验和规律。这些知识构成知识库,系统在知识库的基础上发展其专门领域的知识,使系统达到模拟专家的程度。

专家系统在化工领域的应用有近30年的历史。一个高效的搅拌设备专家与计算机辅助设计系统,能根据用户要求输入的基本参数,在普通设计者的干预下完成机械搅拌装置的决策选型、专家水平的工艺设计、机械计算机辅助设计以及设计结果的经济分析与评价分析等。

机械搅拌设备设计从工程实际角度看是一个十分复杂烦琐的问题。除了定量计算外,还要考虑定性的问题,这些定性的问题大多难于用数学形式表达,一般由专家们根据自己的经验和一些知识而确定。

机械搅拌设备设计专家系统的基本结构按照设计过程分为4大部分:①搅拌器的预选型;②搅拌设备的工艺设计,包括搅拌设备的设计计算和部件的标准化;③搅拌设备的机械设计;④设计结果的经济分析与评价。各部分均无缝连接。虽然已有的专家系统只是实现了上面所提的部分要求,但机械搅拌设备的智能设计专家系统必将更加完善和全面,在未来的设计中发挥更大的作用。

2.3 搅拌装置设计示例

【设计示例】

某化工厂通过互溶低黏度物料 A 和 B 之间的化学放热反应 $A + B = C$,生产精细化学品 C,连续的恒温均相混合及反应在一搅拌反应器里进行,两种被搅拌液体物料的处理量均为 65 923.2 m^3/a,平均停留时间为 15 min。为了保持被搅拌液体恒温于 60 ℃,需要除去反应热 150 591.5 W,采用夹套冷却,冷却水进口温度 25 ℃,冷却水出口温度 35 ℃。试选择搅拌器形式,并进行满足工艺要求的搅拌器设计。操作条件:每年连续 300 天运转。根据放大经验,叶端速度 $u = 4.74$ m/s 可获得满意搅拌效果。

60 ℃下被搅拌液体物料的物性参数如下:

比热容 $c_p = 899$ J/(kg·℃),导热系数 $\lambda = 0.582$ W/(m·℃),平均密度 $\rho = 1\ 000$ kg/m^3,黏度 $\mu = 3.333 \times 10^{-2}$ Pa·s。

【设计计算】

1. 搅拌器选型

因为该搅拌器主要是为了实现物料的均相混合,所以,推进式、桨式、涡轮式、三叶后掠式等都可以选择。此处选择六片平直叶圆盘涡轮式搅拌器。

2. 搅拌器设备设计计算

确定搅拌槽的结构与尺寸,明确搅拌桨及其附件的几何尺寸和安装位置,计算搅拌转速和功率,进行传热计算等,最终为机械设计提供条件。

1) 搅拌槽的结构设计

(1) 搅拌槽的容积、类型、高径比 对于连续操作,搅拌槽的有效体积为

搅拌槽的有效体积 = 流入搅拌槽的液体处理量 × 物料平均停留时间

所以,搅拌槽的有效体积

$$V = 65\ 923.2/(300 \times 24) \times 2 \times (15/60) = 4.578\ \text{m}^3$$

一般取搅拌液体深度与搅拌槽内径相等,以搅拌槽为平底近似估算直径。由搅拌槽的有效体积可计算出搅拌槽内径为1.8 m,搅拌液体深度为1.8 m,即

$$D = H = \sqrt[3]{\frac{4V}{\pi}} = \sqrt[3]{\frac{4 \times 4.578}{3.14}} = 1.8\ \text{m}$$

由于罐体没有特殊要求,选取最常用的立式圆筒形容器。根据传热要求,罐体带夹套,夹套选用螺旋板夹套。夹套内设导流板,螺距 $P = 50$ mm,夹套环隙 $E = 50$ mm。

一般实际搅拌槽的高径比为1.1 ~ 1.5,现取1.2。

搅拌槽筒体总高

$$H_0 = 1.2 \times 1.8 = 2.16\ \text{m}$$

(2) 搅拌桨尺寸及其安装位置 搅拌器为六片平直叶圆盘涡轮式。由《化工流体流动与传热》教材中表4-1并根据经验可以选取:叶轮直径 $d = 0.7$ m,叶宽 $b = 0.14$ m,叶轮距槽底的高度为 $C = 0.6$ m,桨叶数为6,搅拌转速为

$$n = \frac{4.74}{\pi d} = \frac{4.74}{3.14 \times 0.7} = 2.16\ \text{r/s}$$

取 $n = 2.2$ r/s。

(3) 搅拌槽的附件 为了消除可能产生的打旋现象,强化传热和传质,安装6块宽度为 $(1/10)D$ 即0.18 m的挡板。全挡板条件判断如下:

$$\left(\frac{W}{D}\right)^{1.2} n_b = \left(\frac{0.18}{1.8}\right)^{1.2} \times 6 = 0.379$$

由于0.379 > 0.35,因此,符合全挡板条件。

2) 搅拌槽的设计计算

(1) 搅拌功率的计算 采用永田进治公式计算搅拌功率。

$$Re = \frac{d^2 n \rho}{\mu} = \frac{0.7^2 \times 2.2 \times 1\ 000}{3.333 \times 10^{-2}} = 32\ 343.23 > 300$$

$$Fr = \frac{n^2 d}{g} = \frac{2.2^2 \times 0.7}{9.81} = 0.35$$

由于 Re 数值很大,处于湍流区,因此,应该安装挡板,以消除打旋现象。功率计算需要知道临界雷诺数 Re_c,用 Re_c 代替 Re 进行搅拌功率计算。Re_c 可以从图2-2上湍流和层流的

36 转折点得出。根据已知条件,图中 ϕ 曲线 6 是全挡板六片平直叶圆盘涡轮式搅拌器的功率曲线。从图上读得湍流区全挡板 ϕ 曲线的延长线与层流区的全挡板 ϕ 曲线的延长线的交点对应的雷诺数 $Re_c = 14.0$。

六片平直叶涡轮桨叶的宽度 $b = 0.14$ m,桨叶数 $z = 6$。

$$b/D = 0.14/1.8 = 0.078$$

$$d/D = 0.7/1.8 = 0.389$$

$$H/D = 1.0$$

$$\sin \theta = 1.0$$

$$A = 14 + \left(\frac{b}{D}\right)\left[670\left(\frac{d}{D} - 0.6\right)^2 + 185\right]$$

$$= 14 + 0.078 \times \left[670 \times (0.389 - 0.6)^2 + 185\right] = 30.76$$

$$B = 10^{\left[1.3 - 4\left(\frac{b}{D} - 0.5\right)^2 - 1.14\frac{d}{D}\right]} = 10^{0.144} = 1.39$$

$$p = 1.1 + 4\left(\frac{b}{D}\right) - 2.5\left(\frac{d}{D} - 0.5\right)^2 - 7\left(\frac{b}{D}\right)^4$$

$$= 1.1 + 4 \times 0.078 - 2.5 \times (0.389 - 0.5)^2 - 7 \times 0.078^4 = 1.38$$

$$N_p = \frac{A}{Re_c} + B\left[\frac{10^3 + 1.2Re_c^{0.66}}{10^3 + 3.2Re_c^{0.66}}\right]^p \left(\frac{H}{D}\right)^{\left(0.35 + \frac{b}{D}\right)} (\sin \theta)^{1.2}$$

$$= \frac{30.76}{14.0} + 1.39 \times \left[\frac{10^3 + 1.2 \times 14.0^{0.66}}{10^3 + 3.2 \times 14.0^{0.66}}\right]^{1.43} \times 1 \times 1$$

$$= 2.197 + 1.39 \times 0.984$$

$$= 3.56$$

$$N = N_p \rho n^3 d^5 = 3.56 \times 1\,000 \times 2.2^3 \times 0.7^5 = 6\,371 \text{ W}$$

如果采用查 Rushton 算图计算,曲线 6 符合条件,当 $Re = 32\,343.23$ 时,查得 $\phi = N_p = 6.2$,与用永田进治公式计算所得结果有一定差别。这也不难理解,因为查图本身有一定误差,同时,经验公式也有一定误差。

(2)夹套传热面积的计算

①被搅拌液体侧的对流传热系数 α_j,采用佐野雄二推荐的关联式(2-22)计算。

$$Nu_j = 0.512\left(\frac{\varepsilon D^4}{\nu^3}\right)^{0.227} Pr^{1/3}\left(\frac{d}{D}\right)^{0.52}\left(\frac{b}{D}\right)^{0.08}$$

$$\varepsilon = \frac{N}{1\,000 \times \frac{\pi}{4}D^2 H} = \frac{6\,371}{1\,000 \times \frac{3.14}{4.0} \times 1.8^2 \times 1.8} = 1.39 \text{ W/kg}$$

$$\nu = \frac{33.33 \times 10^{-3}}{1\,000} = 3.333 \times 10^{-5} \text{ m}^2/\text{s}$$

$$\left(\frac{\varepsilon D^4}{\nu^3}\right)^{0.227} = \left[\frac{1.39 \times 1.8^4}{(3.333 \times 10^{-5})^3}\right]^{0.227} = 2\,056.84$$

$$Pr = \frac{c_p \mu}{\lambda} = \frac{899 \times 33.3 \times 10^{-3}}{0.582} = 51.44$$

$$\frac{\alpha_j D}{\lambda} = 0.512\left(\frac{\varepsilon D^4}{\nu^3}\right)^{0.227} Pr^{1/3}\left(\frac{d}{D}\right)^{0.52}\left(\frac{b}{D}\right)^{0.08}$$

$$\frac{\alpha_j \times 1.8}{0.582} = 0.512 \times 2\,056.84 \times 51.44^{1/3} \left(\frac{0.7}{1.8}\right)^{0.52} \left(\frac{0.14}{1.8}\right)^{0.08}$$

$$\alpha_j = 631.73 \ \text{W}/(\text{m}^2 \cdot \text{℃})$$

②夹套侧冷却水对流传热系数 α，采用式(2-20)计算，计算时可忽略 V_{is} 项。

$$\frac{\alpha D_e}{\lambda} = 0.027 Re^{0.8} Pr^{0.33} V_{is}^{0.14} \left[1 + 3.5\left(\frac{D_e}{D_c}\right)\right]$$

下面计算水的流速 u。

查物性手册得定性温度 $(25+35)/2 = 30$ ℃下，冷却水的物性参数如下：

比热容 $c_p = 4\,174 \ \text{J}/(\text{kg} \cdot \text{℃})$；

导热系数 $\lambda = 0.618 \ \text{W}/(\text{m} \cdot \text{℃})$；

密度 $\rho = 995.7 \ \text{kg}/\text{m}^3$；

黏度 $\mu = 8.007 \times 10^{-4} \ \text{Pa} \cdot \text{s}$。

需要移出的热量：

$$Q = 150\,591.5 + N = 150\,591.5 + 6\,371 = 156\,962.5 \ \text{W}$$

冷却水的质量流率：

$$m = \frac{Q}{c_p(t_2 - t_1)} = \frac{156\,962.5}{4\,174 \times (35 - 25)} = 3.76 \ \text{kg/s}$$

夹套中水的流速：

$$u = \frac{m/\rho}{P \times E} = \frac{3.76/995.7}{0.05 \times 0.05} = 1.51 \ \text{m/s}$$

$$D_e = 4E = 4 \times 0.05 = 0.2 \ \text{m}$$

$$D_c = 1.850 \ \text{m}$$

$$Re = \frac{D_e u \rho}{\mu} = 0.2 \times 1.51 \times 995.7/0.000\,800\,7 = 375\,548.15$$

$$Pr = \frac{c_p \mu}{\lambda} = 4\,174 \times 0.000\,800\,7/0.618 = 5.41$$

$$\frac{\alpha \times 0.2}{0.618} = 0.027 \times 375\,548.15^{0.8} \times 5.41^{0.33} \left[1 + 3.5\left(\frac{0.2}{1.850}\right)\right]$$

$$\alpha = 5\,786 \ \text{W}/(\text{m}^2 \cdot \text{℃})$$

③求总传热系数 K，忽略污垢热阻和搅拌槽壁热阻。

$$\frac{1}{K} = \frac{1}{\alpha_j} + \frac{1}{\alpha} = \frac{1}{631.73} + \frac{1}{5\,786}$$

$$K = 569.55 \ \text{W}/(\text{m}^2 \cdot \text{℃})$$

④求夹套传热面积。

$$Q = KF\Delta t_m$$

$$\Delta t_m = \frac{\Delta t_1 - \Delta t_2}{\ln \dfrac{\Delta t_1}{\Delta t_2}} = \frac{(60-25)-(60-35)}{\ln \dfrac{60-25}{60-35}} = 29.72 \ \text{℃}$$

$$F = \frac{Q}{K\Delta t_m} = \frac{156\,962.5}{569.55 \times 29.72} = 9.27 \ \text{m}^2$$

需要核算一下夹套可能提供的传热面积是否能满足传热要求。计算时可考虑搅拌槽内表面能提供的传热面积,如果该面积能满足要求,即可认为夹套设计符合要求。

搅拌槽内表面能提供的传热面积(按最小的面积计算):

$$\pi DH = 3.14 \times 1.8 \times 1.8 = 10.17 \text{ m}^2$$

该面积大于计算所需传热面积 $F = 9.27 \text{ m}^2$,因此,夹套设计符合要求。

至此,工艺设计完成。主要计算结果如表2-7所示。

表2-7　主要设计计算结果

	项目	符号	单位	设计计算数据及选型
	搅拌器形式			六片平直叶圆盘涡轮式搅拌器
搅拌器	叶轮直径	d	m	0.7
	叶轮宽度	b	m	0.14
	叶轮距槽底高度	C	m	0.6
	搅拌转速	n	r/s	2.2
	桨叶数	z		6
	搅拌功率	N	W	6 371
搅拌器附件	挡板数	n_b		6
	挡板宽度	W	m	0.18
搅拌槽	搅拌槽有效体积	V	m³	4.578
	搅拌液体深度	H	m	1.8
	搅拌槽内径	D	m	1.8
	搅拌槽筒体实际高度	H_0	m	2.16
夹套	夹套形式			螺旋板夹套,内设导流板
	螺旋板螺距	P	m	0.05
	夹套环隙	E	m	0.05
	夹套内冷却水流速	u	m/s	1.51
	冷却水移出热量	Q	W	156 962.5
	被搅拌液体侧的对流传热系数	α_j	W/(m²·℃)	631.73
	夹套侧冷却水对流传热系数	α	W/(m²·℃)	5 786
	搅拌槽总传热系数	K	W/(m²·℃)	569.55
	所需夹套面积	F	m²	9.27

附:搅拌装置设计任务两则

任务1　夹套冷却机械搅拌装置设计

1.设计题目

均相液体夹套冷却机械搅拌反应器设计。

2. **设计任务及操作条件**

(1)处理能力 140 000 m^3/a 均相液体。

(2)设备形式 夹套冷却机械搅拌装置。

(3)操作条件

①均相液温度保持 50 ℃。

②平均停留时间 18 min。

③需要移走热量 105 kW。

④采用夹套冷却,冷却水进口温度 20 ℃,冷却水出口温度 30 ℃。

⑤50 ℃下均相液物性参数:比热容 c_p = 1 012 J/(kg·℃),导热系数 λ = 0.622 W/(m·℃),平均密度 ρ = 930 kg/m^3,黏度 μ = 2.733 × 10^{-2} Pa·s。

⑥忽略污垢及间壁热阻。

⑦按每年 300 天、每天 24 小时连续搅拌计算。

3. **厂址**

厂址为天津地区。

4. **设计项目**

(1)设计方案简介:对确定的工艺流程及设备进行简要论述。

(2)搅拌器工艺设计计算:确定搅拌功率及夹套传热面积。

(3)搅拌器、搅拌器附件、搅拌槽、夹套等主要结构尺寸设计计算。

(4)主要辅助设备选型:冷却水泵、搅拌电机等。

(5)绘制搅拌器工艺流程图及设备设计条件图。

(6)对本设计进行评述。

任务2 蛇管冷却机械搅拌装置设计

1. **设计题目**

均相液体蛇管冷却机械搅拌反应器设计。

2. **设计任务及操作条件**

(1)处理能力 150 000 m^3/a 均相液体。

(2)设备形式 蛇管冷却机械搅拌装置。

(3)操作条件

①均相液温度保持 60 ℃。

②平均停留时间 20 min。

③需要移走热量 135 kW。

④采用蛇管冷却,冷却水进口温度 18 ℃,冷却水出口温度 28 ℃。

⑤60 ℃下均相液物性参数:比热容 c_p = 912 J/(kg·℃),导热系数 λ = 0.591 W/(m·℃),平均密度 ρ = 987 kg/m^3,黏度 μ = 3.5 × 10^{-2} Pa·s。

⑥忽略污垢及间壁热阻。

⑦按每年 300 天、每天 24 小时连续搅拌计算。

3. **厂址**

厂址为天津地区。

4. 设计项目

（1）设计方案简介：对确定的工艺流程及设备进行简要论述。

（2）搅拌器工艺设计计算：确定搅拌功率及蛇管传热面积。

（3）搅拌器、搅拌器附件、搅拌槽、蛇管等主要结构尺寸设计计算。

（4）主要辅助设备选型：冷却水泵、搅拌电机等。

（5）绘制搅拌器工艺流程图及设备设计条件图。

（6）对本设计进行评述。

参 考 文 献

［1］柴诚敬，张国亮.化工流体流动与传热[M].2版.北京：化学工业出版社，2007.

［2］化工设备设计全书编辑委员会.搅拌设备设计[M].上海：上海科学技术出版社，1985.

［3］王凯，冯连芳.混合设备设计[M].北京：机械工业出版社，2000.

［4］陈志平，章序文，林兴华，等.搅拌与混合设备设计选用手册[M].北京：化学工业出版社，2004.

［5］郑津洋，董其伍，桑芝富，等.过程设备设计[M].北京：化学工业出版社，2010.

第3章 换热器的设计

本章符号说明

英文字母

B——折流挡板间距,m;

C——系数,量纲为一;

d——管径,m;

D——换热器外壳内径,m;

f——摩擦系数;

F——系数;

h——圆缺高度,m;

K——总传热系数,W/(m²·℃);

L——管长,m;

m——程数;

n——指数;

　　管数;

　　程数;

N——管数;

　　程数;

N_B——折流挡板数;

Nu——努塞尔数,量纲为一;

p——压力,Pa;

P——因数;

Pr——普兰特数,量纲为一;

q——热通量,W/m²;

Q——传热速率,W;

r——半径,m;

　　汽化潜热,kJ/kg;

R——热阻,m²·℃/W;

　　因数;

Re——雷诺数,量纲为一;

S——传热面积,m²;

t——冷流体温度,℃;

　　管心距,m;

T——热流体温度,℃;

u——流速,m/s;

W——质量流量,kg/s。

希腊字母

α——对流传热系数,W/(m²·℃);

Δ——有限差值;

λ——导热系数,W/(m·℃);

μ——黏度,Pa·s;

ρ——密度,kg/m³;

φ——校正系数。

下标

c——冷流体;

h——热流体;

i——管内;

m——平均;

o——管外;

s——污垢。

3.1 概述

换热器是一种实现物料之间热量传递的设备,广泛应用于化工、冶金、电力、食品等行业。在化工装置中换热设备占设备数量的 40% 左右,占总投资的 35% ~ 46%。目前,在换热设备中,使用量最大的是管壳(列管)式换热器,尤其在高温、高压和大型换热设备中占有绝对优势。一般来讲,管壳式换热器具有易于加工制造、成本低、可靠性高,且能适应高温高压的特点。随着新型高效传热管的不断出现,使得管壳式换热器的应用范围得以不断扩大,更增添了管壳式换热器的生命力。另外板式换热器具有传热效率高、结构紧凑、占地面积小、操作灵活、应用范围广、热损失小、安装拆卸方便、使用寿命长等特点,在相同压力降的情况下,其传热系数是列管式换热器的 3~5 倍,占地面积为列管式换热器的 1/3,金属消耗量只有列管式换热器的 2/3,两种介质的传热平均温差可以小至 1 ℃,热回收效率可达 99% 以上,因此板式换热器是一种高效、节能,节约材料、节约投资的热交换设备。

如何根据不同的生产工艺条件设计出传热效率高、投资省、能耗低、维修方便的换热器,是工艺设计人员的重要工作,也是化工类专业学生必修的课程设计项目之一。换热器的工艺设计主要包括传热和阻力计算两个方面。由于换热器的设计方法比较繁杂,且需要迭代计算,故借助于日益普及的计算机软件进行优化设计可以极大地提高工作效率。

目前,工程上已大量使用商业软件进行换热器的计算。最著名的专业换热器计算软件主要有成立于 1962 年的美国传热研究公司(Heat Transfer Research Inc.,即 HTRI)开发的 Xchanger Suite 软件;成立于 1967 年的英国传热及流体服务中心(Heat Transfer and Fluid Flow Service,即 HTFS)开发的 HTFS 系列软件和 B-JAC 软件。换热器计算软件发展到今天,已经可以向制造厂商提供设备条件。

HTRI Xchanger Suite 软件采用了在全球处于领先地位的工艺热传递及换热器技术,包含了换热器及燃烧式加热炉的热传递计算及其他相关的计算。HTRI 是广泛收集了工业级热传递设备的试验数据而研发的。

HTRI Xchanger Suite 中的所有软件均是非常灵活的,可以严格地规定换热器的几何结构,可以充分利用 HTRI 所专有的热传递计算和压降计算的各种经验公式,从而十分精确地进行所有换热器的性能的预测。

HTRI Xchanger Suite 软件包含以下内容:

①风冷热交换器;

②燃煤炉;

③U 形管热交换器;

④套管换热器;

⑤板式换热器;

⑥管壳式换热器;

⑦螺旋换热器;

⑧管子布局和严格的振动分析。

HTFS 系列软件引入了流程模拟软件 HYSYS 中功能强大的流体物性计算系统,使新一代的 HTFS 软件具有功能强大的物性计算系统。该系统有 1 000 多种纯组分,可选择各种状态方程、活度系数法或其他 HYSYS 流程模拟软件具有的方法。

HTFS 软件包含以下内容:

①HTFS. TASC——管壳式换热器模拟计算;

②HTFS. ACOL——空冷器模拟计算;

③HTFS. MUSE——板翅式换热器模拟计算;

④HTFS. FIHR——加热炉模拟计算;

⑤HTFS. APLE——板式换热器设计及校核;

⑥HTFS. FRAN——水加热器模拟计算。

HTFS. TASC 是世界上优秀的管壳式换热器软件,用户遍及化工及石化业,以计算准确性和工程实用性而闻名。新一代的 TASC 功能更强,将所有管壳式换热器集为一体,将传热和机械强度计算融为一体,可用于多组分、多相流冷凝器、罐式重沸器、降液膜蒸发器以及多台换热器组等,并提供管束排列图。

其计算模式主要包括以下部分。

①设计。对于给定工艺条件进行换热面积或成本优化设计,计算换热器的各种参数。

②核算。指定流体的进出口条件,核算换热器是否能提供足够的负荷,并计算换热器的实际换热面积与所需换热面积的比率。

③模拟。对于给定的换热器,当工艺介质进口给定后模拟其出口状态及计算换热器的操作性能。

④热虹吸换热器模拟。模拟热虹吸换热器的操作功能,计算循环量和管路压降。

⑤振动检查。分析各种可能引起振动的原因并进行详细描述。

⑥折流挡板形式。单缺口、双缺口、缺口无管折流挡板,杆式折流挡板的选择与设计。

⑦成本核算、管束排列优化及换热器管束排列图。

3.2　列管式换热器的设计

列管式换热器的设计资料较完善,已有系列化标准。目前我国列管式换热器的设计、制造、检验、验收按《钢制管壳式换热器》(GB151)标准执行。

列管式换热器的设计和分析包括热力设计、流动设计、结构设计以及强度设计。其中以热力设计最为重要。不仅在设计一台新的换热器时需要进行热力设计,对于已生产出来的,甚至已投入使用的换热器在检验它是否满足使用要求时,均需进行这方面的工作。

热力设计指的是根据使用单位提出的基本要求,合理地选择运行参数,并根据传热学的知识进行传热计算。

流动设计主要是计算压降,其目的就是为换热器的辅助设备,例如泵的选择做准备。当然,热力设计和流动设计两者是密切关联的,特别是进行热力计算时常需从流动设计中获取某些参数。

结构设计指的是根据传热面积的大小计算其主要零部件的尺寸,例如管子的直径、长度、根数、壳体的直径、折流挡板的长度和数目、隔板的数目及布置以及连接管的尺寸等。

在某些情况下还需对换热器的主要零部件特别是受压部件作应力计算,并校核其强度。对于在高温高压下工作的换热器,更不能忽视这方面的工作,这是保证安全生产的前提。在作强度计算时,应尽量采用国产的标准材料和部件,根据我国压力容器安全技术规定进行计算或校核(该部分内容属设备计算,此处从略)。

列管式换热器的工艺设计主要包括以下内容:

①根据换热任务和有关要求确定设计方案;

②初步确定换热器的结构和尺寸;

③核算换热器的传热面积和流体阻力;

④确定换热器的工艺结构。

3.2.1 设计方案的确定

1.换热器类型的选择

1)固定管板式换热器

固定管板式换热器如图3-1所示。固定管板式换热器的两端和壳体连为一体,管子则固定于管板上,结构简单;在相同的壳体直径内,排管最多,比较紧凑;由于这种结构使壳侧清洗困难,所以壳程宜采用不易结垢、较易清洁的流体。当管束和壳体之间的温差太大而产生不同的热膨胀时,常会使管子与管板的接口脱开,从而发生介质的泄漏。为此常在外壳上焊一膨胀节,但它仅能减小而不能完全消除由于温差而产生的热应力,且在多程换热器中,这种方法不能照顾到管子的相对移动。由此可见,这种换热器比较适合用于温差不大或温差较大但壳程压力不高的场合。

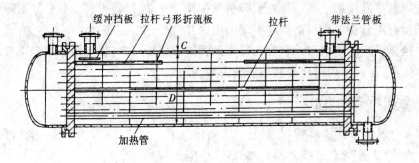

图3-1 固定管板式换热器

2)浮头式换热器

浮头式换热器针对固定管板式换热器的缺陷作了结构上的改进。两端管板只有一端与壳体完全固定,另一端则可相对于壳体作某些移动,该端称为浮头,如图3-2所示。此类换热器的管束膨胀不受壳体的约束,所以壳体与管束之间不会由于膨胀量的不同而产生热应力。而且在清洗和检修时,仅需将管束从壳体中抽出即可,所以适用于管壳壁间温差较大,或易于腐蚀和易于结垢的场合。但该类换热器结构复杂、笨重,造价约比固定管板式换热器高20%,材料消耗量大,而且由于浮头的端盖在操作中无法检查,所以在制造和安装时要特别注意其密封,以免发生内漏,管束和壳体的间隙较大,在设计时要避免短路。至于壳程的压力也受滑动接触面的密封限制。

3)U形管式换热器

U形管式换热器仅有一个管板,管子两端均固定于同一管板上,如图3-3所示。这类换热器的特点是:管束可以自由伸缩,不会因管壳之间的温差而产生热应力,热补偿性能好;管程为双管程,流程较长,流速较高,传热性能较好;承压能力强;管束可从壳体内抽出,便于检修和清洗,且结构简单,造价便宜。但管内清洗不便,管束中间部分的管子难以更换,又因最内层管子弯曲半径不能太小,在管板中心部分布管不紧凑,所以管子数不能太多,且管束中心部分存在间隙,使壳程流体易于短路而影响壳程换热。此外,为了弥补弯管后管壁的减薄,直管部分必须用管壁较厚的管子。这就影响了它的适用场合,仅宜用于管壳壁温相差较大,或壳程介质易结垢而管程介质不易结垢,高温、高压、腐蚀性强的情形。

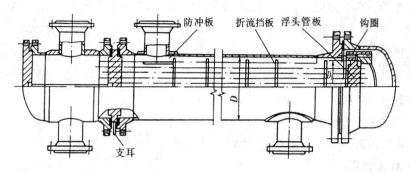

图 3-2 浮头式换热器

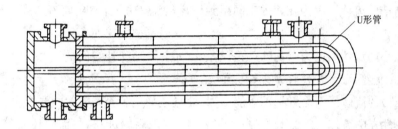

图 3-3 U 形管式换热器

4）填料函式换热器

此类换热器的管板也仅有一端与壳体固定，另一端采用填料函密封，如图 3-4 所示。它的管束也可自由膨胀，所以管壳之间不会产生热应力，且管程和壳程都能清洗，结构较浮头式简单，造价较低，加工制造方便，材料消耗较少。但由于填料密封处易于泄漏，故壳程压力不能过高，也不宜用于易挥发、易燃、易爆、有毒的场合。

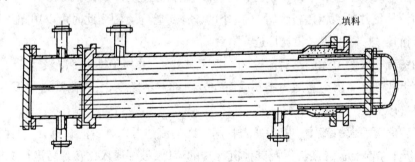

图 3-4 填料函式换热器

2.流动空间的选择

在管壳式换热器的计算中，首先需决定何种流体走管程，何种流体走壳程，这需遵循如下一些一般原则。

①应尽量提高两侧传热系数中较小的一个，使传热面两侧的传热系数接近。

②在运行温度较高的换热器中，应尽量减少热量损失，而对于一些制冷装置，应尽量减少其冷量损失。

③管、壳程的决定应做到便于清洗、除垢和修理，以保证运行的可靠性。

④应减小管子和壳体因受热不同而产生的热应力。从这个角度来说,顺流式就优于逆流式,因为顺流式进出口端的温度比较平均,不像逆流式那样,热、冷流体的高温部分均集中于一端,低温部分集中于另一端,易于因两端胀缩不同而产生热应力。

⑤对于有毒的介质或气相介质,必须使其不泄漏,应特别注意其密封,密封不仅要可靠,而且还应要求方便及简单。

⑥应尽量避免采用贵金属,以降低成本。

以上这些原则有些是相互矛盾的,所以在具体设计时应综合考虑,决定哪一种流体走管程,哪一种流体走壳程。

1)宜于通入管内空间的流体

(1)不清洁的流体   因为在管内空间得到较高的流速并不困难,而流速高,悬浮物不易沉积,且管内空间也便于清洗。

(2)体积小的流体   因为管内空间的流动截面往往比管外空间的截面小,流体易于获得必要的理想流速,而且也便于做成多程流动。

(3)有压力的流体   因为管子承压能力强,而且还简化了壳体密封的要求。

(4)腐蚀性强的流体   因为只有管子及管箱才需用耐腐蚀材料,而壳体及管外空间的所有零件均可用普通材料制造,所以造价可以降低。此外,在管内空间装设保护用的衬里或覆盖层也比较方便,并容易检查。

(5)与外界温差大的流体   因为与外界温差大的流体可以减少热量的逸散。

2)宜于通入管间空间的流体

(1)当两流体温度相差较大时,α 值大的流体走管间   因为这样可以减小管壁与壳壁间的温度差,因而也减小了管束与壳体间的相对伸长,故温差应力可以降低。

(2)若两流体给热性能相差较大时,α 值小的流体走管间   因为此时可以用翅片管来平衡传热面两侧的给热条件,使之相互接近。

(3)饱和蒸汽   因为饱和蒸汽对流速和清理无甚要求,并易于排出冷凝液。

(4)黏度大的流体   因为管间的流动截面和方向都在不断变化,在低雷诺数下,管外给热系数比管内的大。

(5)泄漏后危险性大的流体   因为通入管间空间的流体可以减少泄漏机会,以保安全。

此外,易析出结晶、沉渣、淤泥以及其他沉淀物的流体,最好通入比较容易进行机械清洗的空间。在管壳式换热器中,一般易清洗的是管内空间。但在 U 形管式、浮头式换热器中易清洗的都是管外空间。

3.流速的确定

当流体不发生相变时,介质的流速高,换热强度大,从而可使换热面积减小、结构紧凑、成本降低,一般也可抑制污垢的产生。但流速大也会带来一些不利的影响,诸如压降 Δp 增加,泵功率增大,且加剧了对传热面的冲刷。

换热器常用流速的范围见表3-1 和表3-2。

表 3-1　换热器常用流速的范围

流速 \ 介质	循环水	新鲜水	一般液体	易结垢液体	低黏度油	高黏度油	气体
管程流速/m·s^{-1}	1.0~2.0	0.8~1.5	0.5~3	>1.0	0.8~1.8	0.5~1.5	5~30
壳程流速/m·s^{-1}	0.5~1.5	0.5~1.5	0.2~1.5	>0.5	0.4~1.0	0.3~0.8	2~15

表 3-2　管壳式换热器易燃、易爆液体和气体允许的安全流速

液体名称	乙醚、二硫化碳、苯	甲醇、乙醇、汽油	丙酮	氢气
安全流速/m·s^{-1}	<1	<2~3	<10	≤8

4. 加热剂、冷却剂的选择

在换热过程中加热剂和冷却剂的选用根据实际情况而定。除应满足加热和冷却温度外，还应考虑来源方便、价格低廉、使用安全。在化工生产中常用的加热剂有饱和水蒸气、导热油，冷却剂有水。

5. 流体出口温度的确定

工艺流体的进出口温度是由工艺条件决定的，加热剂或冷却剂的进口温度也是确定的，但其出口温度是由设计者选定的。该温度直接影响加热剂或冷却剂的耗量和换热器的大小，所以此温度的确定有一个优化问题。

6. 材质的选择

在进行换热器设计时，换热器各种零、部件的材料，应根据设备的操作压力、操作温度、流体的腐蚀性能以及对材料的制造工艺性能等的要求来选取。当然，最后还要考虑材料的经济合理性。一般为了满足设备的操作压力和操作温度，即从设备的强度或刚度的角度来考虑，是比较容易达到的，但材料的耐腐蚀性能，有时往往成为一个复杂的问题。在这方面考虑不周、选材不妥，不仅会影响换热器的使用寿命，而且也会大大提高设备的成本。至于材料的制造工艺性能，与换热器的具体结构有着密切关系。

一般换热器常用的材料，有碳钢和不锈钢。

1）碳钢

碳钢价格低，强度较高，对碱性介质的化学腐蚀比较稳定，很容易被酸腐蚀，在无耐腐蚀性要求的环境中应用是合理的。如一般换热器用的普通无缝钢管，其常用的材料为 10 号和 20 号碳钢。

2）不锈钢

奥氏体系不锈钢以 1Cr18Ni9 为代表，它是标准的 18—8 奥氏体不锈钢，有稳定的奥氏体组织，具有良好的耐腐蚀性和冷加工性能。

3.2.2　管壳式换热器的结构

1. 管程结构

介质流经传热管内的通道部分称为管程。

1）换热管布置和排列间距

常用换热管规格有 ϕ19 mm×2 mm、ϕ25 mm×2 mm（1Cr18Ni9Ti）、ϕ25 mm×2.5 mm

48

（碳钢）。换热管管板上的排列方式有正方形直列、正方形错列、正三角形直列、正三角形错列和同心圆排列，如图3-5所示。

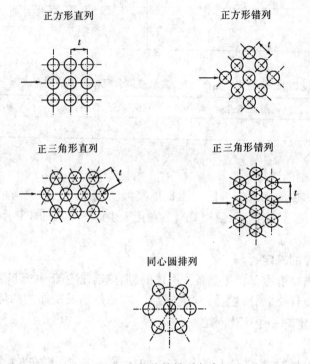

正方形直列　　　　　　　　　正方形错列

正三角形直列　　　　　　　　正三角形错列

同心圆排列

图3-5　换热管排列方式

正三角形排列结构紧凑；正方形排列便于机械清洗；同心圆排列用于小壳径换热器，外圆管布管均匀，结构更为紧凑。我国换热器系列中，固定管板式换热器多采用正三角形排列；浮头式换热器则以正方形错列排列居多，也有正三角形排列。

对于多管程换热器，常采用组合排列方式。每程内都采用正三角形排列，而在各程之间为了便于安装隔板，采用正方形排列方式。

管间距（管中心的间距）t 与管外径 d_o 的比值，焊接时为 1.25，胀接时为 1.3~1.5。

管子材料常用碳钢、低合金钢、不锈钢、铜、铜镍合金、铝合金等，应根据工作压力、温度和介质腐蚀性等条件决定。此外还有一些非金属材料，如石墨、陶瓷、聚四氟乙烯等亦有采用。在设计和制造换热器时，正确选用材料很重要，既要满足工艺条件的要求，又要经济。对化工设备而言，由于各部分可采用不同材料，应注意由于不同种类的金属接触而产生的电化学腐蚀作用。

2）管板

管板的作用是将受热管束连接在一起，并将管程和壳程的流体分隔开来。

管板与管子的连接可胀接或焊接。胀接法是利用胀管器将管子扩胀，产生显著的塑性变形，靠管子与管板间的挤压力达到密封紧固的目的。胀接法一般用在管子为碳钢、管板为碳钢或低合金钢、设计压力不超过 4 MPa、设计温度不超过 350 ℃的场合。

焊接法在高温高压条件下更能保证接头的严密性。

管板与壳体的连接有可拆连接和不可拆连接两种。固定管板式换热器常采用不可拆连接,两端管板直接焊在外壳上并兼做法兰,拆下顶盖可检修胀口或清洗管内。浮头式、U 形管式等换热器为使壳体清洗方便,常将管板夹在壳体法兰和顶盖法兰之间构成可拆连接。

3)封头和管箱

封头和管箱位于壳体两端,其作用是控制及分配管程流体。

(1)封头 当壳体直径较小时常采用封头。接管和封头可用法兰或螺纹连接,封头与壳体之间用螺纹连接,以便卸下封头,检查和清洗管子。

(2)管箱 壳径较大的换热器大多采用管箱结构。管箱具有一个可拆盖板,因此在检修或清洗管子时无须卸下管箱。

(3)分程隔板 当需要的换热面很大时,可采用多管程换热器。对于多管程换热器,在管箱内应设分程隔板,将管束分为顺次串接的若干组,各组管子数目大致相等。这样可提高介质流速,增强传热。管程多者可达16程,常用的有2、4、6程,其布置方案见表3-3。在布置时应尽量使管程流体与壳程流体成逆流布置,以增强传热,同时应严防分程隔板的泄漏,以防止流体的短路。

表 3-3　管程布置

程　数	1	2	4		6	
流动顺序	○	1/2	1/2/3/4	1 2 / 3 4	1 3 5 / 2 4 6	2 1 / 3 4 / 6 5
管箱隔板	○	○	○	○	○	○
介质返回侧隔板	○	○	○	○	○	○

2. 壳程结构

介质流经传热管外面的通道部分称为壳程。

壳程内的结构主要由折流挡板、支撑板、纵向隔板、旁路挡板及缓冲板等元件组成。由于各种换热器的工艺性能、使用的场合不同,壳程内对各种元件的设置形式亦不同,以此来满足设计的要求。各元件在壳程的设置,按其作用的不同可分为两类:一类是为了壳侧介质对传热管作最有效的流动,以提高换热设备的传热效果而设置的各种挡板,如折流挡板、纵向挡板、旁路挡板等;另一类是为了管束的安装及保护列管而设置的支撑板、管束的导轨以及缓冲板等。

1)壳体

壳体是一个圆筒形的容器,壳壁上焊有接管,供壳程流体进入和排出之用。直径小于400 mm 的壳体通常用钢管制成,大于400 mm 的可用钢板卷焊而成。壳体材料根据工作温度选择,有防腐要求时,大多考虑使用复合金属板。

介质在壳程的流动方式有多种形式,单壳程形式应用最为普遍。如壳侧传热系数远小于管侧,则可用纵向挡板分隔成双壳程形式。用两个换热器串联也可得到同样的效果。为降低壳程压降,可采用分流或错流等形式。

壳体内径 D 取决于传热管数 N、排列方式和管心距 t,计算式如下。

单管程

$$D = t(n_c - 1) + (2 \sim 3)d_o \tag{3-1}$$

式中　　t——管心距,mm;

　　　　d_o——换热管外径,mm;

　　　　n_c——横过管束中心线的管数,该值与管子排列方式有关。

正三角形排列:

$$n_c = 1.1 \sqrt{N} \tag{3-2}$$

正方形排列:

$$n_c = 1.19 \sqrt{N} \tag{3-3}$$

多管程

$$D = 1.05t \sqrt{N/\eta} \tag{3-4}$$

式中　　N——排列管子数目;

　　　　η——管板利用率。

正三角形排列:2 管程　　$\eta = 0.7 \sim 0.85$

　　　　　　　　>4 管程　　$\eta = 0.6 \sim 0.8$

正方形排列:2 管程　　$\eta = 0.55 \sim 0.7$

　　　　　　　　>4 管程　　$\eta = 0.45 \sim 0.65$

壳体内径 D 的计算值最终应圆整到标准值。

2)折流挡板

在壳程管束中,一般都装有横向折流挡板,用以引导流体横向流过管束,增加流体速度,以增强传热;同时起支撑管束,防止管束振动和管子弯曲的作用。

折流挡板的形式有圆缺形、环盘形和孔流形等。

圆缺形折流挡板又称弓形折流挡板,是常用的折流挡板,有水平圆缺和垂直圆缺两种,如图3-6(a)、(b)所示。切缺率(切掉圆弧的高度与壳内径之比)通常为20% ~50%。垂直圆缺用于水平冷凝器、水平再沸器和含有悬浮固体粒子流体用的水平热交换器等。采用垂直圆缺时,不凝气不能在折流挡板顶部积存,而在冷凝器中,排水也不能在折流挡板底部积存。

环盘形折流挡板如图 3-6(c)所示,是由圆板和环形板组成的,压降较小,但传热也差些。在环形板背后有堆积不凝气或污垢,所以不多用。

孔流形折流挡板使流体穿过折流挡板孔和管子之间的缝隙流动,压降大,仅适用于清洁流体,其应用更少。

折流挡板的间隔,在允许的压力损失范围内希望尽可能小。一般推荐折流挡板间隔最小值为壳内径的1/5 或者不小于 50 mm,最大值取决于支持管所必要的最大间隔。

3)缓冲板

在壳程进口接管处常装有防冲挡板,或称缓冲板。它可防止进口流体直接冲击管束而造成管子的侵蚀和管束振动,还有使流体沿管束均匀分布的作用。也有在管束两端放置导流筒的,不仅起防冲板的作用,还可改善两端流体的分布,提高传热效率。

4)其他主要附件

(1)旁通挡板 如果壳体和管束之间间隙过大,则流体不通过管束而通过这个间隙旁通,为了防止这种情形的发生,往往采用旁通挡板。

(2)假管 为减少管程分程所引起的中间穿流的影响,可设置假管。假管的表面形状为两端堵死的管子,安置于分程隔板槽背面两管板之间但不穿过管板,可与折流挡板焊接以便固定。假管通常是每隔 3 ~ 4 排换热管安置一根。

(3)拉杆和定距管 为了使折流挡板能牢靠地保持在一定位置上,通常采用拉杆和定距管。

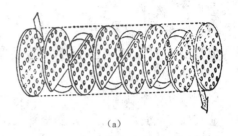

(a)

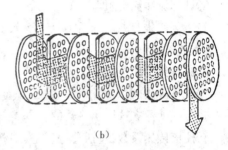

(b)

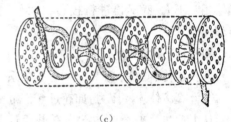

(c)

图 3-6 折流挡板形式

(a)水平圆缺 (b)垂直圆缺 (c)环盘形

3.2.3 管壳式换热器的设计计算

1. 设计步骤

目前,我国已制定了管壳式换热器系列标准,设计中应尽可能选用系列化的标准产品,这样可简化设计和加工。但是实际生产条件千变万化,当系列化产品不能满足需要时,仍应根据生产的具体要求而自行设计非系列标准的换热器。此处扼要介绍这两者的设计计算的基本步骤。

1)非系列标准换热器的一般设计步骤

①了解换热流体的物理化学性质和腐蚀性能。

②由热平衡计算传热量的大小,并确定第二种换热流体的用量。

③决定流体通入的空间。

④计算流体的定性温度,以确定流体的物性数据。

⑤初算有效平均温差。一般先按逆流计算,然后再校核。

⑥选取管径和管内流速。

⑦计算传热系数 K 值,包括管程对流传热系数和壳程对流传热系数的计算。由于壳程对流传热系数与壳径、管束等结构有关,因此一般先假定一个壳程对流传热系数,以计算 K 值,然后再作校核。

⑧初估传热面积。考虑安全系数和初估性质,因而常取实际传热面积是计算值的 1.15 ~ 1.25 倍。

⑨选择管长 L。

⑩计算管数 N。

⑪校核管内流速,确定管程数。

⑫画出排管图,确定壳径 D 和壳程挡板形式及数量等。

⑬校核壳程对流传热系数。

⑭校核有效平均温差。

⑮校核传热面积,应有一定安全系数,否则需重新设计。

⑯计算流体流动阻力。如阻力超过允许范围,需调整设计,直至在允许范围内为止。

2) 系列标准换热器选用的设计步骤

①至⑤步与1)相同。

⑥选取经验的传热系数 K 值。

⑦计算传热面积。

⑧由系列标准选取换热器的基本参数。

⑨校核传热系数,包括管程、壳程对流传热系数的计算。假如核算的 K 值与原选的经验值相差不大,就不再进行校核;如果相差较大,则需重新假设 K 值并重复上述⑥以下步骤。

⑩校核有效平均温差。

⑪校核传热面积,使其有一定安全系数,一般安全系数取 1.1 ~ 1.25,否则需重新设计。

⑫计算流体流动阻力,如超过允许范围,需重选换热器的基本参数再行计算。

从上述步骤来看,换热器的传热设计是一个反复试算的过程,有时要反复试算 2 ~ 3 次。所以,换热器设计计算实际上带有试差的性质。

2. 传热计算主要公式

传热速率方程式为

$$Q = KS\Delta t_m \tag{3-5}$$

式中　Q——传热速率(热负荷),W;

　　　K——总传热系数,W/(m²·℃);

　　　S——与 K 值对应的传热面积,m²;

　　　Δt_m——平均温度差,℃。

1) 传热速率(热负荷)Q

①传热的冷热流体均没有相变化,且忽略热损失,则

$$Q = W_h c_{ph}(T_1 - T_2) = W_c c_{pc}(t_2 - t_1) \tag{3-6}$$

式中　W——流体的质量流量,kg/h 或 kg/s;

　　　c_p——流体的平均定压比热容,kJ/(kg·℃);

　　　T——热流体的温度,℃;

　　　t——冷流体的温度,℃。

下标 h 和 c 分别表示热流体和冷流体,下标 1 和 2 分别表示换热器的进口和出口。

②流体有相变化,如饱和蒸汽冷凝,且冷凝液在饱和温度下排出,则

$$Q = W_h r = W_c c_{pc}(t_2 - t_1) \tag{3-7}$$

式中　W——饱和蒸汽的冷凝速率,kg/h 或 kg/s;

　　　r——饱和蒸汽的汽化热,kJ/kg。

2)平均温度差 Δt_m

①恒温传热时的平均温度差为

$$\Delta t_m = T - t \tag{3-8}$$

②变温传热时的平均温度差。

逆流和并流

$$\frac{\Delta t_1}{\Delta t_2} > 2 , \Delta t_m = \frac{\Delta t_2 - \Delta t_1}{\ln \dfrac{\Delta t_2}{\Delta t_1}} \tag{3-9}$$

$$\frac{\Delta t_1}{\Delta t_2} \leqslant 2 , \Delta t_m = \frac{\Delta t_2 + \Delta t_1}{2} \tag{3-10}$$

式中　Δt_1、Δt_2——分别为换热器两端热、冷流体的温差,℃。

错流和折流

$$\Delta t_m = \varphi_{\Delta t} \Delta t'_m \tag{3-11}$$

式中　$\Delta t'_m$——按逆流计算的平均温差,℃;

　　　$\varphi_{\Delta t}$——温差校正系数,量纲为一,$\varphi_{\Delta t} = f(P,R)$,

$$P = \frac{t_2 - t_1}{T_1 - t_1} = \frac{\text{冷流体的温升}}{\text{两流体的最初温差}} \tag{3-12}$$

$$R = \frac{T_1 - T_2}{t_2 - t_1} = \frac{\text{热流体的温降}}{\text{冷流体的温升}} \tag{3-13}$$

温差校正系数 $\varphi_{\Delta t}$ 根据比值 P 和 R,通过图 3-7 至图 3-10 查出。该值实际上表示特定流动形式在给定工况下接近逆流的程度。在设计中,除非出于必须降低壁温的目的,否则总要求 $\varphi_{\Delta t} \geqslant 0.8$,如果达不到上述要求,则应改选其他流动形式。

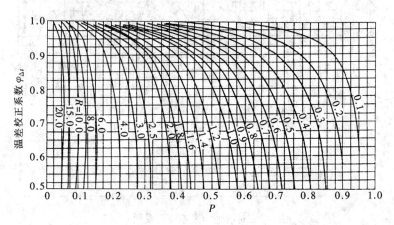

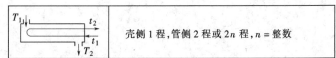

图 3-7　对数平均温差校正系数 $\varphi_{\Delta t}(1)$

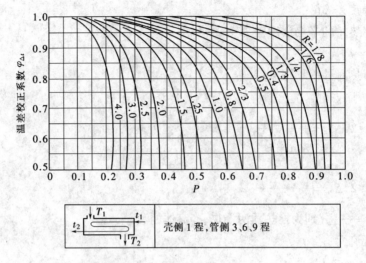

图 3-8　对数平均温差校正系数 $\varphi_{\Delta t}(2)$

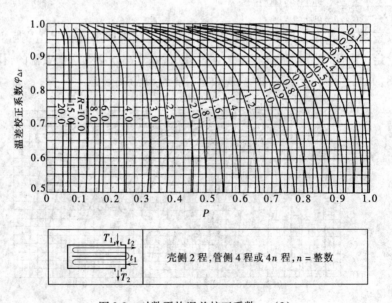

图 3-9　对数平均温差校正系数 $\varphi_{\Delta t}(3)$

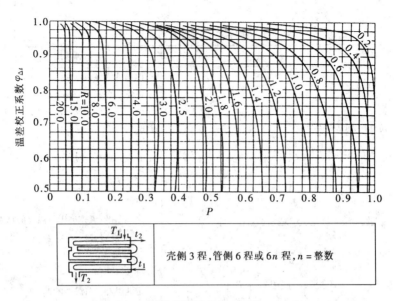

图 3-10　对数平均温差校正系数 $\varphi_{\Delta t}(4)$

3）总传热系数 K（以外表面积为基准）

$$K = \cfrac{1}{\cfrac{d_o}{\alpha_i d_i} + R_{si}\cfrac{d_o}{d_i} + \cfrac{b d_o}{\lambda d_m} + R_{so} + \cfrac{1}{\alpha_o}}\qquad(3\text{-}14)$$

式中　　K——总传热系数，$\mathrm{W/(m^2 \cdot \text{℃})}$；

α_i、α_o——传热管内、外侧流体的对流传热系数，$\mathrm{W/(m^2 \cdot \text{℃})}$；

R_{si}、R_{so}——传热管内、外侧表面上的污垢热阻，$\mathrm{m^2 \cdot \text{℃}/W}$；

d_i、d_o、d_m——传热管内径、外径及平均直径，m；

λ——传热管壁导热系数，$\mathrm{W/(m \cdot \text{℃})}$；

b——传热管壁厚，m。

4）对流传热系数

流体在不同流动状态下的对流传热系数关联式不同，具体形式见表 3-4 及表 3-5。

5）污垢热阻

在设计换热器时，必须采用正确的污垢系数，否则换热器的设计误差很大。因此圬垢系数是换热器设计中非常重要的参数。

污垢热阻因流体种类、操作温度和流速等不同而各异。常见流体的污垢热阻参见表3-6和表3-7。

表 3-4　流体无相变时的对流传热系数

流动状态		关　联　式	适　用　条　件
光滑管内强制对流	圆直管内湍流	$Nu = 0.023Re^{0.8}Pr^n$ $\alpha = 0.023\dfrac{\lambda}{d_i}\left(\dfrac{d_i u\rho}{\mu}\right)^{0.8}\left(\dfrac{c_p\mu}{\lambda}\right)^n$	低黏度流体； 流体加热 $n=0.4$，冷却 $n=0.3$； $Re>10\,000$，$0.7<Pr<120$，$L/d_i>60$（L 为管长）； 若 $L/d_i<60$，则 $\alpha'=\alpha\left(1+\dfrac{d_i}{L}\right)^{0.7}$，$\alpha'$ 为校正的对流传热系数； 特性尺寸：d_i； 定性温度：流体进出口温度的算术平均值
	圆直管内滞流	$Nu=0.027Re^{0.8}Pr^{1/3}\left(\dfrac{\mu}{\mu_w}\right)^{0.14}$ $\alpha=0.027\dfrac{\lambda}{d_i}\left(\dfrac{d_i u\rho}{\mu}\right)^{0.8}\left(\dfrac{c_p\mu}{\lambda}\right)^{1/3}\left(\dfrac{\mu}{\mu_w}\right)^{0.14}$	高黏度流体； $Re>10\,000$，$0.7<Pr<1\,700$，$L/d_i>60$； 特性尺寸：d_i； 定性温度：流体进出口温度的算术平均值（μ_w 取壁温）
	圆直管内滞流	$Nu=1.86Re^{1/3}Pr^{1/3}\left(\dfrac{d_i}{L}\right)^{1/3}\left(\dfrac{\mu}{\mu_w}\right)^{0.14}$ $\alpha=1.86\dfrac{\lambda}{d_i}\left(\dfrac{d_i u\rho}{\mu}\right)^{1/3}\left(\dfrac{c_p\mu}{\lambda}\right)^{1/3}\left(\dfrac{d_i}{L}\right)^{1/3}\left(\dfrac{\mu}{\mu_w}\right)^{0.14}$	管径较小，流体与壁面温度差较小，μ/ρ 值较大； $Re<2\,300$，$0.7<Pr<6\,700$，$(RePrL/d_i)>10$； 特性尺寸：d_i； 定性温度：流体进出口温度的算术平均值（μ_w 取壁温）
	圆直管内过渡流	$Nu=0.023Re^{0.8}Pr^n$ $\alpha'=0.023\dfrac{\lambda}{d_i}\left(\dfrac{d_i u\rho}{\mu}\right)^{0.8}\left(\dfrac{c_p\mu}{\lambda}\right)^n$ $\alpha=\alpha'\varphi=\alpha'\left(1-\dfrac{6\times10^5}{Re^{1.8}}\right)$	$2\,300<Re<10\,000$； α'：湍流时的对流传热系数； φ：校正系数； α：过渡流对流传热系数
管外强制对流	管束外垂直流动	$Nu=0.33Re^{0.6}Pr^{0.33}$ $\alpha=0.33\dfrac{\lambda}{d_i}\left(\dfrac{d_i u\rho}{\mu}\right)^{0.6}\left(\dfrac{c_p\mu}{\lambda}\right)^{0.33}$	错列管束，管束排数 $=10$，$Re>3\,000$； 特征尺寸：管外径 d_o； 流速取通道最狭窄处
	管束外垂直流动	$Nu=0.26Re^{0.6}Pr^{0.33}$ $\alpha=0.26\dfrac{\lambda}{d_i}\left(\dfrac{d_i u\rho}{\mu}\right)^{0.6}\left(\dfrac{c_p\mu}{\lambda}\right)^{0.33}$	直列管束，管束排数 $=10$，$Re>3\,000$； 特征尺寸：管外径 d_o； 流速取通道最狭窄处
	管间流动	$Nu=0.36Re^{0.55}Pr^{1/3}\left(\dfrac{\mu}{\mu_w}\right)^{0.14}$ $\alpha=0.36\left(\dfrac{d_i u\rho}{\mu}\right)^{0.55}\left(\dfrac{c_p\mu}{\lambda}\right)^{1/3}\left(\dfrac{\mu}{\mu_w}\right)^{0.14}$	壳方流体圆缺挡板（25%），$Re=2\times10^3\sim1\times10^6$； 特征尺寸：传热当量直径 d_e'； 定性温度：流体进出口温度的算术平均值（μ_w 取壁温）

表 3-5　流体有相变时的对流传热系数

流动状态	关 联 式	适 用 条 件
蒸汽冷凝	$\alpha = 1.13\left[\dfrac{\rho(\rho-\rho_v)gr\lambda^3}{\mu L(t_s-t_w)}\right]^{1/4}$	垂直管外膜状滞流； 特征尺寸：垂直管的高度； 定性温度：$t_m=(t_w+t_s)/2$
	$\alpha = 0.725\left[\dfrac{\rho(\rho-\rho_v)gr\lambda^3}{nd_o\mu(t_s-t_w)}\right]^{1/4}$	水平管束外膜状冷凝； n：水平管束在垂直列上的管数，膜滞流； 特征尺寸：管外径 d_o

表 3-6　流体的污垢热阻

加热流体温度/℃	小于 115		115~205	
水的温度/℃	小于 25		大于 25	
水的速度/m·s^{-1}	小于 1.0	大于 1.0	小于 1.0	大于 1.0
污垢热阻/m^2·℃·W^{-1}				
海水	0.8598×10^{-4}		1.7197×10^{-4}	
自来水、井水、锅炉软水	1.7197×10^{-4}		3.4394×10^{-4}	
蒸馏水	0.8598×10^{-4}		0.8598×10^{-4}	
硬水	5.1590×10^{-4}		8.5980×10^{-4}	
河水	5.1590×10^{-4}	3.4394×10^{-4}	6.8788×10^{-4}	5.1590×10^{-4}

表 3-7　流体的污垢热阻

流体名称	污垢热阻/m^2·℃·W^{-1}	流体名称	污垢热阻/m^2·℃·W^{-1}	流体名称	污垢热阻/m^2·℃·W^{-1}
有机化合物蒸气	0.8598×10^{-4}	有机化合物	1.7197×10^{-4}	石脑油	1.7197×10^{-4}
溶剂蒸气	1.7197×10^{-4}	盐水	1.7197×10^{-4}	煤油	1.7197×10^{-4}
天然气	1.7197×10^{-4}	熔盐	0.8598×10^{-4}	汽油	1.7197×10^{-4}
焦炉气	1.7197×10^{-4}	植物油	5.1590×10^{-4}	重油	8.5980×10^{-4}
水蒸气	0.8598×10^{-4}	原油	$(3.4394~12.098)\times10^{-4}$	沥青油	1.7197×10^{-3}
空气	3.4394×10^{-4}	柴油	$(3.4394~5.1590)\times10^{-4}$		

3. 流体流动阻力计算主要公式

流体流经列管式换热器时由于流动阻力而产生一定的压力降，所以换热器的设计必须满足工艺要求的压力降。一般合理压力降的范围见表 3-8。

表 3-8　合理压力降的选取

操作情况	操作压力/Pa(绝压)	合理压力降/Pa
减压操作	$p = 0 ~ 1\times10^5$	$0.1p$
低压操作	$p = 1\times10^5 ~ 1.7\times10^5$	$0.5p$
	$p = 1.7\times10^5 ~ 11\times10^5$	0.35×10^5

操作情况	操作压力/Pa(绝压)	合理压力降/Pa
中压操作	$p = 11 \times 10^5 \sim 31 \times 10^5$	$0.35 \times 10^5 \sim 1.8 \times 10^5$
较高压操作	$p = 31 \times 10^5 \sim 81 \times 10^5$(表压)	$0.7 \times 10^5 \sim 2.5 \times 10^5$

1)管程压力降

多管程列管式换热器管程压力降为

$$\Sigma \Delta p_i = (\Delta p_1 + \Delta p_2) F_t N_s N_p \tag{3-15}$$

式中　Δp_1——直管中因摩擦阻力引起的压力降,Pa;

Δp_2——回弯管中因摩擦阻力引起的压力降,Pa,可由经验公式 $\Delta p_2 = 3\left(\dfrac{\rho u^2}{2}\right)$ 估算;

F_t——结垢校正系数,量纲为一,$\phi 25$ mm $\times 2.5$ mm 的换热管取 1.4,$\phi 19$ mm $\times 2$ mm 的换热管取 1.5;

N_s——串联的壳程数;

N_p——管程数。

2)壳程压力降

(1)壳程无折流挡板　壳程压力降按流体沿直管流动的压力降计算,以壳方的当量直径 d_e 代替直管内径 d_i。

(2)壳程有折流挡板　计算方法有 Bell 法、Kern 法、Esso 法等。Bell 法计算结果与实际数据一致性较好,但计算比较麻烦,而且对换热器的结构尺寸要求较详细。工程计算中常采用 Esso 法,该法计算公式如下:

$$\Sigma \Delta p_0 = (\Delta p_1' + \Delta p_2') F_t N_s \tag{3-16}$$

式中　$\Delta p_1'$——流体横过管束的压力降,Pa;

$\Delta p_2'$——流体流过折流挡板缺口的压力降,Pa;

F_t——结垢校正系数,量纲为一,对液体 $F_t = 1.15$,对气体 $F_t = 1.0$。

$$\Delta p_1' = F f_o n_c (N_s + 1) \frac{\rho u_o^2}{2} \tag{3-17}$$

$$\Delta p_2' = N_B \left(3.5 - \frac{2B}{D}\right) \frac{\rho u_o^2}{2} \tag{3-18}$$

式中　F——管子排列方式对压力降的校正系数:三角形排列 $F = 0.5$,正方形直列 $F = 0.3$,正方形错列 $F = 0.4$;

f_o——壳程流体的摩擦系数,$f_o = 5.0 \times Re_o^{-0.228}$($Re > 500$);

n_c——横过管束中心线的管数,可按式(3-2)及式(3-3)计算;

B——折流挡板间距,m;

D——壳体直径,m;

N_B——折流挡板数目;

u_o——按壳程流通截面积 S_o($S_o = h(D - n_c d_o)$)计算的流速,m/s。

3.2.4　管壳式换热器设计示例

【设计示例】

某生产过程中,需将 23 500 Nm^3/h 的空气从 80 ℃冷却至 35.5 ℃,压力为 0.6 MPa。用循环冷却水做冷却介质,循环冷却水的压力为 0.3 MPa,循环水入口温度为 32 ℃,出口温度为 38 ℃。试设计一台冷却器,完成该生产任务。

【设计计算】

1. 确定设计方案

1)选择换热器的类型

冷、热两流体的温度、压力不高,温差不大,因此初步确定采用固定管板式换热器。

2. 流动空间及流速的确定

由于循环冷却水较易结垢,为便于水垢清洗,应使循环冷却水走管程,空气走壳程。选用 $\phi 25$ mm × 2.5 mm 的碳钢管,初定管内流速 $u_i = 0.5$ m/s。

2. 确定物性数据

定性温度:可取流体进口温度的平均值。

壳程空气的定性温度为

$$T = \frac{80 + 35.5}{2} = 57.8 \text{ ℃}$$

管程流体的定性温度为

$$t = \frac{32 + 38}{2} = 35 \text{ ℃}$$

根据定性温度,分别查取壳程和管程流体的有关物性数据。

空气在 57.8 ℃下的有关物性数据如下:

密度　　　　　　$\rho_0 = 5.808$ kg/m^3

定压比热容　　　$c_{p0} = 1.012$ kJ/(kg · ℃)

导热系数　　　　$\lambda_0 = 0.0297$ W/(m · ℃)

黏度　　　　　　$\mu_0 = 0.000\ 021$ Pa · s

循环冷却水在 35 ℃下的物性数据:

密度　　　　　　$\rho_i = 994$ kg/m^3

定压比热容　　　$c_{pi} = 4.08$ kJ/(kg · ℃)

导热系数　　　　$\lambda_i = 0.626$ W/(m · ℃)

黏度　　　　　　$\mu_i = 0.000\ 725$ Pa · s

3. 计算总传热系数

1)热流量

$$Q_0 = m_0 c_{p0} \Delta t_0 = \frac{23\ 500}{22.4} \times 29 \times 1.012 \times (80 - 35.5) = 1.37 \times 10^6 \text{ kJ/h} = 381 \text{ kW}$$

2)平均传热温差

$$\Delta t'_m = \frac{\Delta t_1 - \Delta t_2}{\ln \dfrac{\Delta t_1}{\Delta t_2}} = \frac{(80 - 38) - (35.5 - 32)}{\ln \dfrac{80 - 38}{35.5 - 32}} = 15.5 \text{ ℃}$$

3）冷却水用量

$$w_i = \frac{Q_0}{c_{pi}\Delta t_i} = \frac{1.37 \times 10^6}{4.08 \times (38-32)} = 55\ 964\ \text{kg/h}$$

4）总传热系数 K

① 管程传热系数。

$$Re = \frac{d_i u_i \rho_i}{\mu_i} = \frac{0.02 \times 0.5 \times 994}{0.000\ 725} = 13\ 710$$

$$\begin{aligned}
\alpha_i &= 0.023 \frac{\lambda_i}{d_i}\left(\frac{d_i u_i \rho_i}{\mu_i}\right)^{0.8}\left(\frac{c_{pi}\mu_i}{\lambda_i}\right)^{0.4} \\
&= 0.023 \times \frac{0.626}{0.020} \times 13\ 710^{0.8} \times \left(\frac{4.08 \times 10^3 \times 0.000\ 725}{0.626}\right)^{0.4} \\
&= 2\ 733.2\ \text{W/(m}^2 \cdot \text{℃)}
\end{aligned}$$

② 壳程传热系数。

先假设壳程传热系数 $\alpha_o = 150\ \text{W/(m}^2 \cdot \text{℃)}$。

污垢热阻为

$$R_{si} = 0.000\ 344\ \text{m}^2 \cdot \text{℃/W}$$

$$R_{so} = 0.000\ 2\ \text{m}^2 \cdot \text{℃/W}$$

管壁的导热系数 $k = 45\ \text{W/(m} \cdot \text{℃)}$。

$$\begin{aligned}
K &= \frac{1}{\dfrac{d_o}{\alpha_i d_i} + R_{si}\dfrac{d_o}{d_i} + \dfrac{b d_o}{k d_m} + R_{so} + \dfrac{1}{\alpha_o}} \\
&= \frac{1}{\dfrac{0.025}{2\ 733.2 \times 0.02} + 0.000\ 344 \times \dfrac{0.025}{0.02} + \dfrac{0.002\ 5 \times 0.025}{45 \times 0.022\ 5} + 0.000\ 2 + \dfrac{1}{150}} \\
&= 127.9\ \text{W/(m}^2 \cdot \text{℃)}
\end{aligned}$$

4. 计算传热面积

$$S' = \frac{Q}{K\Delta t_m} = \frac{381 \times 10^3}{127.9 \times 15.5} = 192\ \text{m}^2$$

考虑 15% 的面积裕度，$S = 1.15 \times S' = 1.15 \times 192 = 221\ \text{m}^2$。

5. 工艺结构尺寸

1）管径和管内流速

选用 $\phi25\ \text{mm} \times 2.5\ \text{mm}$ 的传热管（碳钢），初取管内流速 $u_i = 0.5\ \text{m/s}$。

2）管程数和传热管数

依据传热管内径和流速确定单程传热管数

$$n_s = \frac{V}{\dfrac{\pi}{4}d_i^2 u_i} = \frac{55\ 964/(994 \times 3\ 600)}{0.785 \times 0.02^2 \times 0.5} = 99.6 \approx 100\ \text{根}$$

按单程管计算，所需的传热管长度为

$$L = \frac{S}{\pi d_o n_s} = \frac{221}{3.14 \times 0.025 \times 100} = 28.2\ \text{m}$$

按单管程设计,传热管过长,宜采用多管程结构。若取传热管长 $L = 6$ m,换热器管程数为2,则

$$n_s = \frac{S}{\pi d_o L} = \frac{221}{3.14 \times 0.025 \times 6} = 470 \text{ 根}$$

每程管数为　$470/2 = 235$ 根

管内流速　$u_i = \dfrac{V}{\dfrac{\pi}{4} d_i^2 n_s} = \dfrac{55\ 964/(994 \times 3\ 600)}{0.785 \times 0.02^2 \times 235} = 0.212$ m/s

3)平均传热温差校正及壳程数

平均传热温差校正系数

$$R = \frac{80 - 35.5}{38 - 32} = 7.4$$

$$P = \frac{38 - 32}{80 - 32} = 0.125$$

按单壳程、双管程结构查温差校正系数图表,可得

$$\phi_{\Delta t} = 0.825$$

平均传热温差

$$\Delta t_m = \phi_{\Delta t} \Delta t'_m = 0.825 \times 15.5 = 12.8 \text{ ℃}$$

4)传热管排列和分程方法

采用组合排列法,即每程内均按正三角形排列,隔板两侧采用正方形排列。取管心距 $t = 1.25 d_o$,则

$$t = 1.25 \times 25 = 31.25 \approx 32 \text{ mm}$$

横过管束中心线的管数

$$n_c = 1.19 \sqrt{N} = 1.19 \sqrt{470} = 26 \text{ 根}$$

5)壳体内径

采用多管程结构,取管板利用率 $\eta = 0.7$,则壳体内径为

$$D = 1.05t \sqrt{N/\eta} = 1.05 \times 32 \sqrt{470/0.7} = 871 \text{ mm}$$

圆整可取 $D = 1\ 000$ mm。

6)折流挡板

采用弓形折流挡板,取弓形折流挡板圆缺高度为壳体内径的35%,则切去的圆缺高度为

$$h = 0.35 \times 1\ 000 = 350 \text{ mm}$$

取折流挡板间距 $B = 0.6D$,则

$$B = 0.6 \times 1\ 000 = 600 \text{ mm}$$

折流挡板数为

$$N_B = \frac{\text{传热管长}}{\text{折流挡板间距}} - 1 = \frac{6\ 000}{600} - 1 = 9 \text{ 块}$$

折流挡板圆缺面水平装配。

7）接管

壳程流体进出口接管：取接管内油品流速为 $u_1 = 15$ m/s，则接管内径为

$$d_1 = \sqrt{\frac{4V}{\pi u_1}} = \sqrt{\frac{4 \times 23\,500 \times 29}{22.4 \times 3\,600 \times 5.808 \times 3.14 \times 15}} = 0.352 \text{ m}$$

圆整后可取内径为 350 mm。

管程流体进出口接管：取接管内循环水流速 $u_2 = 1.5$ m/s，则接管内径为

$$d_2 = \sqrt{\frac{4 \times 55\,964/(3\,600 \times 994)}{3.14 \times 1.5}} = 0.115 \text{ m}$$

圆整后取管内径为 125 mm。

6. 换热器核算

1）热量核算

（1）壳程对流传热系数　对圆缺形折流挡板，可采用克恩公式

$$\alpha_o = 0.36 \frac{\lambda_o}{d_e} Re_o^{0.55} Pr^{1/3} \left(\frac{\mu_o}{\mu_w}\right)^{0.14}$$

由正三角形排列得当量直径

$$d_e = \frac{4 \times \left(\frac{\sqrt{3}}{2}t^2 - \frac{\pi}{4}d_o^2\right)}{\pi d_o} = \frac{4\left(\frac{\sqrt{3}}{2} \times 0.032^2 - 0.785 \times 0.025^2\right)}{3.14 \times 0.025} = 0.020 \text{ m}$$

壳程流通截面积

$$S_o = BD\left(1 - \frac{d_o}{t}\right) = 0.60 \times 1.0 \times \left(1 - \frac{0.025}{0.032}\right) = 0.131 \text{ m}$$

壳程流体流速及雷诺数分别为

$$u_o = \frac{23\,500 \times 29/(22.4 \times 3\,600 \times 5.808)}{0.131} = 11.1 \text{ m/s}$$

$$Re_o = \frac{0.020 \times 11.1 \times 5.808}{0.000\,021} = 6.1 \times 10^4$$

普兰特数

$$Pr = \frac{1.012 \times 10^3 \times 2.1 \times 10^{-5}}{0.029\,7} = 0.716$$

黏度校正

$$\left(\frac{\mu}{\mu_w}\right)^{0.14} \approx 1$$

$$\alpha_o = 0.36 \times \frac{0.029\,7}{0.02} \times (6.1 \times 10^4)^{0.55} \times (0.716)^{1/3} = 205 \text{ W/(m}^2 \cdot ℃)$$

（2）管程对流传热系数

$$\alpha_i = 0.023 \frac{\lambda_i}{d_i} Re^{0.8} Pr^{0.4}$$

管程流通截面积

$$S_i = 0.785 \times 0.02^2 \times \frac{(470 - 26)}{2} = 0.069\,7 \text{ m}^2$$

管程流体流速

$$u_i = \frac{55\,964/(3\,600 \times 994)}{0.069\,7} = 0.224 \text{ m/s}$$

$$Re = \frac{0.02 \times 0.224 \times 994}{0.725 \times 10^{-3}} = 6\,142$$

普兰特数

$$Pr = \frac{4.08 \times 10^3 \times 0.725 \times 10^{-3}}{0.626} = 4.73$$

$$\alpha_i = 0.023 \times \frac{0.626}{0.02} \times 6\,142^{0.8} \times 4.73^{0.4} = 1\,438 \text{ W/(m}^2 \cdot \text{℃)}$$

（3）传热系数

$$K = \cfrac{1}{\cfrac{d_o}{\alpha_i d_i} + R_{si}\cfrac{d_o}{d_i} + \cfrac{bd_o}{\lambda d_i} + R_{so} + \cfrac{1}{\alpha_o}}$$

$$= \cfrac{1}{\cfrac{0.025}{1\,438 \times 0.020} + 0.000\,344 \times \cfrac{0.025}{0.020} + \cfrac{0.002\,5 \times 0.025}{45 \times 0.022\,5} + 0.000\,2 + \cfrac{1}{205}}$$

$$= 155 \text{ W/(m}^2 \cdot \text{℃)}$$

（4）传热面积

$$S = \frac{Q}{K\Delta t_m} = \frac{381 \times 10^3}{155 \times 12.8} = 192 \text{ m}^2$$

该换热器的实际传热面积为

$$S_p = \pi d_o L N_T = 3.14 \times 0.025 \times (6 - 0.06) \times (470 - 26) = 207 \text{ m}^2$$

该换热器的面积裕度为

$$H = \frac{S_p - S}{S} \times 100\% = \frac{207 - 192}{192} \times 100\% = 7.8\%$$

该换热器能够完成生产任务。

2）换热器内流体的流动阻力

（1）管程流动阻力

$$\sum \Delta p_i = (\Delta p_1 + \Delta p_2) F_t N_s N_P$$

$$N_s = 1, N_p = 2, F_t = 1.4$$

$$\Delta p_1 = \lambda_i \frac{l}{d} \frac{\rho u^2}{2}, \Delta p_2 = \xi \frac{\rho u^2}{2}$$

由 $Re = 6\,142$，传热管相对粗糙度 $\frac{0.01}{20} = 0.000\,5$，查莫迪图得 $\lambda_i = 0.022 \text{ W/(m} \cdot \text{℃)}$，流速 $u = 0.224 \text{ m/s}, \rho = 994 \text{ kg/m}^3$，所以

$$\Delta p_1 = 0.022 \times \frac{6}{0.02} \times \frac{0.224^2 \times 994}{2} = 164.6 \text{ Pa}$$

$$\Delta p_2 = \xi \frac{\rho u^2}{2} = 3 \times \frac{994 \times 0.224^2}{2} = 74.8 \text{ Pa}$$

64

$$\sum \Delta p_i = (164.6 + 74.8) \times 1.4 \times 2 = 670 \text{ Pa} < 10 \text{ kPa}$$

管程流动阻力在允许范围之内。

（2）壳程流动阻力

$$\sum \Delta p_o = (\Delta p_1' + \Delta p_2') F_t N_s$$

$$N_s = 1, F_s = 1$$

流体流经管束的阻力

$$\Delta p_1' = F f_o n_c (N_B + 1) \frac{\rho u_o^2}{2}$$

$$F = 0.5$$

$$f_o = 5 \times (6.1 \times 10^4)^{-0.228} = 0.405$$

$$n_c = 26$$

$$N_B = 9$$

$$\Delta p_1' = 0.5 \times 0.405 \times 26 \times (9+1) \times \frac{5.808 \times 11.1^2}{2} = 1.88 \times 10^4 \text{ Pa}$$

流体流过折流挡板缺口的阻力

$$\Delta p_2' = N_B \left(3.5 - \frac{2B}{D}\right) \frac{\rho u_o^2}{2}$$

$$B = 0.6 \text{ m}, D = 1.0 \text{ m}$$

$$\Delta p_2' = 9 \times \left(3.5 - \frac{2 \times 0.6}{1.0}\right) \times \frac{5.808 \times 11.1^2}{2} = 0.741 \times 10^4 \text{ Pa}$$

总阻力

$$\sum \Delta p_o = 1.88 \times 10^4 + 0.741 \times 10^4 = 2.62 \times 10^4 \text{ Pa}$$

壳程流动阻力在合理压力降范围内。

（3）换热器主要结构尺寸和计算结果　换热器主要结构尺寸和计算结果见表3-9。

表3-9　换热器主要结构尺寸和计算结果

设备名称	空气冷却器			管口表				
形　式	固定管板式换热器			管口	$DN \times PN/$ mm×MPa(G)	法兰标准	密封面	用途
设备位号			换热面积:207 m²					
工　艺　参　数				a	125×1.6	HG20592—2009	突面(RF)	循环水出口
序号	名称	单位	壳程	管程	b	125×1.6	HG20592—2009	突面(RF)	循环水入口
1	物料名称		空气	循环冷却水	c	350×1.6	HG20592—2009	突面(RF)	空气入口
2	设计压力	MPa(G)	0.7	0.4	d	350×1.6	HG20592—2009	突面(RF)	空气出口
3	设计温度	℃	120	80	e	40×1.6	HG20592—2009	突面(RF)	放净口
4	操作压力	MPa(G)	0.5	0.2	f	50×1.6	HG20592—2009	突面(RF)	排气口
5	操作温度	℃	80 进/35.5 出	32 进/38 出					

设备名称			空气冷却器		管口表
6	流量	kg/h	23 500 Nm³/h	55 964	换热器简图
7	密度	kg/m³	5.808	994	
8	比热容	kJ/(kg·℃)	1.012	4.08	
9	热负荷	×10⁶ kJ/h	1.37		
10	平均温差	℃	12.8		
11	传热系数	W/(m²·℃)	155		
12	程数		1	2	
13	材质		C.S	C.S	
14	直径	mm	1 000	φ25×2.5	
15	长度	mm	6 000		
16	压降	kPa	26.2	1.082	
17	管子规格		470 根,管间距 32 mm,△排列		
18	折流挡板规格		9 块,单弓形、立式,间距 600 mm,切口高度 35%		
19	说明:(1)参照标准《固定管板式换热器型式与基本参数》JB/T4715-92。				

序号	尺寸/mm
A	6 000
B	4 500
C	150
D	300
E	100
F	100
G	300

3.3 板式换热器的设计

板式换热器,国外标准有 API Std662—2002(美国石油协会)炼油厂通用板式换热器;国内主要标准有 GB16409—1996 板式换热器等。

3.3.1 板式换热器的基本结构

1.整体结构

板式换热器主要由一组长方形的薄金属板平行排列构成,用框架将板片夹紧组装于支架上,如图 3-11 所示。两相邻板片的边缘衬以垫片(橡胶或压缩石棉等)压紧,达到密封的目的。板片四角有圆孔,形成液体的通道。冷、热流体交替地在板片两侧流过,通过板片进行换热。板片通常被压制成各种槽形或波纹形的表面,这样增强了刚度,不致受压变形,同时也增强了液体的湍动程度,增大了传热面积,亦利于流体的均匀分布。

板片常见宽度为 200~1 000 mm,高度最大可达 2 m,板间距通常为 4~6 mm。板片材料为不锈钢,亦可用其他耐腐蚀合金材料。

板片为传热元件,垫片为密封元件,垫片粘贴在板片的垫片槽内。粘贴好垫片的板片,按一定的顺序(根据组装图样)置于固定压紧板和活动压紧板之间,用压紧螺柱将固定压紧板、板片、活动压紧板夹紧。压紧板、导杆、压紧装置、前支柱统称为板式换热器的框架。按一定规律排列的所有板片称为板束。在压紧后,相邻板片的触点互相接触,使板片间保持一定的间隙,形成流体的通道。换热介质从固定压紧板、活动压紧板上的接管中出入,并相间

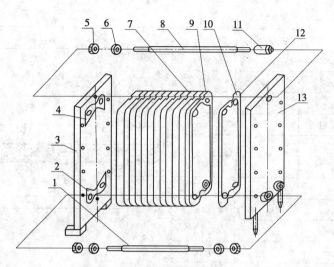

图 3-11　板式换热器的一般结构

1—压紧螺杆　2、4—固定端板垫片　3—固定端板　5—六角螺母　6—小垫圈　7—传热板片
8—定位螺杆　9—中间垫片　10—活动端板垫片　11—定位螺母　12—换向板片　13—活动端板

地进入板片之间的流体通道进行换热。

2.组装形式

板式换热器的流程是根据实际操作的需要设计和选用的,而流程的选用和设计是根据板式换热器的传热方程和流体阻力进行计算的。图 3-12 为 3 种典型的组装形式。

(1)串联流程　流体在一程内流经每一垂直流道后,接着就改变方向,流经下一程。在这种流程中,两流体的主体流向是逆流,但在相邻的流道中有并流也有逆流。

(2)并联流程　流体分别流入平行的流道,然后汇聚成一股流出,为单程。

(3)复杂流程　亦称混合流程,为并联流动和串联流动的组合,在同一程内流道是并联的,而程与程之间为串联。

流体在板片间的流动有"单边流"和"对角流"两种,如图 3-13 所示。对"单边流"的板片,如果甲流体流经的角孔的位置都在换热器的左边,则乙流体流经的角孔的位置都在换热器的右边。对"对角流"的板片,如果甲流体流经一个方向的对角线的角孔位置,则乙流体流经的总是另一个方向的对角线的角孔位置。

板式换热器组装形式的表示方法为

$$\frac{m_1a_1+m_2a_2}{n_1b_1+n_2b_2}$$

其中 m_1、m_2、n_1、n_2 表示程数,a_1、a_2、b_1、b_2 表示每程流道数。原则上规定分子为热流体流程,分母为冷流体流程。

总板片数:$m_1a_1+m_2a_2+n_1b_1+n_2b_2+1$(包括两块端板)。

实际传热板数:$m_1a_1+m_2a_2+n_1b_1+n_2b_2-1$。

总流道数:$m_1a_1+m_2a_2+n_1b_1+n_2b_2$。

例如,$\dfrac{2\times2+1\times3}{1\times7}$ 表示热流体第 1 程 2 个流道,第 2 程 2 个流道,第 3 程 3 个流道;冷流体为 1 程,7 个流道。冷、热流体只有 14 个流道,总板片数为 15 块,实际传热板为 13 块。

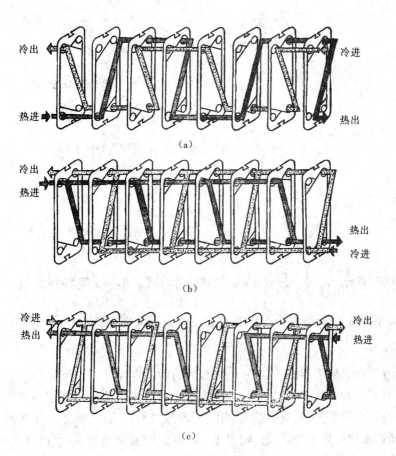

图 3-12 板式换热器的组装形式

(a)串联流程 (b)并联流程 (c)混合流程

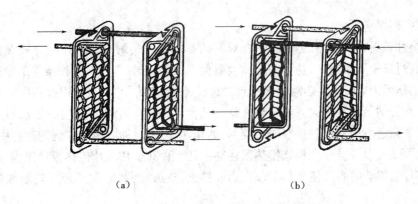

图 3-13 液体在板片间的流动

(a)单边流 (b)对角流

板式换热器规格型号表示方法为

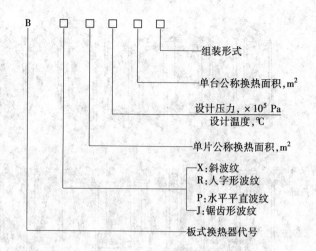

例如：$BX0.05\dfrac{8}{120}\Big/2-\dfrac{1\times20}{1\times20}$ 表示斜波纹板式换热器，单片公称换热面积为 $0.05\ \text{m}^2$，设

计压力为 $8\times10^5\ \text{Pa}$，设计温度为 $120\,℃$，设备总的公称换热面积为 $2\ \text{m}^2$，组装形式为 $\dfrac{1\times20}{1\times20}$。

3.传热板片

传热板片是板式换热器的关键性元件，板片的性能直接影响整个设备的技术经济性能。为了增加板片有效的传热面积，将板片冲压成有规则的波纹，板片的波纹形状及结构尺寸的设计主要考虑两个因素：一是提高板的刚性，能耐较高的压力；二是使介质在低流速下发生强烈湍动，从而强化传热过程。人们构思出各种形式的波纹板片，以求得换热效率高、流体阻力低、承压能力大的波纹板片。

板片按波纹的几何形状区分有水平平直波纹、人字形波纹、斜波纹、锯齿形波纹等波纹板片。

4.密封垫片

密封垫片是板式换热器的重要构件，对它的基本要求是耐热、耐压、耐介质腐蚀。板式换热器是通过压板压紧垫片，达到密封。为确保可靠的密封，必须在操作条件下使密封面上保持足够的压紧力。板式换热器由于密封周边长，需用垫片量大，在使用过程中需要频繁拆卸和清洗，泄漏的可能性很大。如果垫片材质选择不当，弹性不好，所用的胶水不黏或涂得不匀，都可导致运行中发生脱垫、伸长、变形、老化、断裂等。加之板片在制造过程中，有时发生翘曲，也可造成泄漏。一台板式换热器往往由几十片甚至几百片传热板片组成，垫片的中心线很难对准，组装时容易使垫片某段压扁或挤出，造成泄漏，因此必须适当增加垫片上下接触面积。

垫片材料广泛采用天然橡胶、丁腈橡胶、氯丁橡胶、丁苯橡胶、丁酯橡胶、硅橡胶和氰化橡胶等。这些材料的安全使用温度一般在 $150\ ℃$ 以下，最高不超过 $200\ ℃$。橡胶垫片有不耐有机溶剂腐蚀的缺点。目前国外采用压缩石棉垫片和压缩石棉橡胶垫片，不仅抗有机溶剂腐蚀，而且可耐较高温度。压缩石棉垫片由于含橡胶量甚少，和橡胶垫片比几乎是无弹性的，因此需要较高的密封压紧力；其次当温度升高后，垫片的热膨胀有助于更好密封。为了承受这种较大的密封压紧力和热膨胀力，框架和垫片必须有足够的强度。

3.3.2 板式换热器设计的一般原则

为某一工艺过程设计板式换热器时,应分析其设计压力、设计温度、介质特性、经济性等因素,具体设计的一般原则为下述几个方面。

1)选择板片的波纹形式

选择板片的波纹形式,主要考虑板式换热器的工作压力、流体的压力降和传热系数。如果工作压力在 1.6 MPa 以上,则别无选择地要采用人字形波纹板片;如果工作压力不高又特别要求阻力降低,则选用水平平直波纹板片较好一些;如果由于安装位置所限,需要高的换热效率以减少换热器占地面积,而阻力降可以不受限制,则应选用人字形波纹板片。

2)单板面积的选择

单板面积过小,则板式换热器的板片数多,也使占地面积增大,程数增多(造成阻力降增大);反之,虽然占地面积和阻力降减小了,但难以保证板间通道必要的流速。单板面积可按流体流过角孔的速度为 6 m/s 左右考虑。按角孔中流体速度为 6 m/s 考虑时,各种单板面积组成的板式换热器处理量见表 3-10。

表 3-10　单台最大处理量参考值

单台面积/m²	0.1	0.2	0.3	0.5	0.8	1.0	2.0
角孔直径/mm	40~50	65~80	80~100	125~150	175~200	200~250	~400
单台最大流通能力/m³·h⁻¹	27~42	71.4~137	103~170	264~381	520~678	678~1 060	~2 500

3)流速的选取

流体在板间的流速影响换热性能和流体的压力降,流速高固然换热系数高,但流体的压力降也增大,反之则情况相反。一般板间平均流速为 0.2~0.8 m/s。流速低于 0.2 m/s 时流体就达不到湍流状态且会形成较大的死角区,流速过高则会导致阻力降剧增。具体设计时,可以先确定一流速,计算其压力降是否在给定范围内,也可按给定的压力降来求出流速的初选值。

4)流程的选取

对于一般对称型流道的板式换热器,两流体的体积流量大致相当时,应尽可能按等程布置,若两侧流量相差悬殊时,则流量小的一侧可按多程布置。另外,当某一介质温升或温降幅度较大时,也可采取多程布置。相变板式换热器的相变一侧一般均为单程。多程换热器除非特殊需要,对同一流体在各程中一般采用相同的流道数。在给定的总允许压降下,多程布置使每一程对应的允许压降变小,迫使流速降低,对换热不利。此外,不等程的多程布置是平均传热温差减小的重要原因之一,应尽可能避免。

5)流向的选取

单相换热时,逆流具有最大的平均传热温差。在一般换热器的设计中都尽量把流体布置为逆流。对板式换热器来说,要做到这一点,两侧必须为等程。若安排为不等程,则顺流与逆流将交替出现,此时,平均传热温差将明显小于纯逆流时。

6)并联流道数的选取

一程中并联流道数目的多少视给定流量及选取的流速而定,流速的高低受制于允许压降,在可能的最大流速以内,并联流道数目取决于流量的大小。

7)垫片材料的选择

选择垫片材料主要考虑耐温和耐腐蚀两个因素。国产垫片材料的选择可参见表3-11。

表3-11　垫片性能和使用温度

项目		氯丁橡胶	丁腈橡胶	硅橡胶	氟橡胶	石棉纤维板
性能	拉断强度/MPa	≥8.00	≥9.00	≥7.00	≥10.00	7.0 ~ 10.0
	拉断伸长率/%	≥300	≥250	≥200	≥200	—
	硬度	75 ± 2	75 ± 2	60 ± 2	80 ± 5	—
	永久压缩变形/%	≤20	≤20	≤25	≤25	—
使用温度/℃		-40 ~ 100	-20 ~ 120	-65 ~ 230	-20 ~ 200	20 ~ 350

3.3.3　板式换热器的设计计算

设计计算是板式换热器设计的核心,主要包括两部分内容,即传热计算与压降计算。

1. 传热计算

基本传热方程式为

$$Q = KS\Delta t_m \tag{3-19}$$

式中　Q——传热速率,W;

K——总传热系数,W/(m^2 · ℃);

S——总传热面积,m^2;

Δt_m——总平均温差,℃。

通过冷热流体的热量衡算方程式可计算换热器的热负荷 Q。

1)总平均温差 Δt_m 的计算

总平均温差 Δt_m 求解通常采用修正逆流情况下对数平均温差的办法,即先按逆流考虑再进行修正:

$$\Delta t_m' = \frac{\Delta t_1 - \Delta t_2}{\ln \dfrac{\Delta t_1}{\Delta t_2}} \tag{3-20}$$

$$\Delta t_m = \varphi \Delta t_m' \tag{3-21}$$

修正系数 φ 随冷、热流体的相对流动方向的不同组合而异,在并流和串流时可分别按图3-14、图3-15 来确定;混流时可采用列管式换热器的温差修正系数。

2)对流传热系数的计算

流体在板式换热器的通道中流动时,湍流条件下,通常用下面的关联式计算流体沿整个流程的平均对流传热系数:

$$Nu = CRe^m Pr^n \left(\frac{\mu}{\mu_w} \right)^z \tag{3-22}$$

式中系数和各指数的范围为:$C = 0.15 \sim 0.4, n = 0.65 \sim 0.85, m = 0.3 \sim 0.45, z = 0.05 \sim 0.2$。

层流时,可采用下面的关联式:

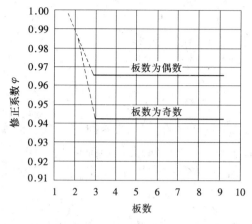

图 3-14　并流时的温差修正系数

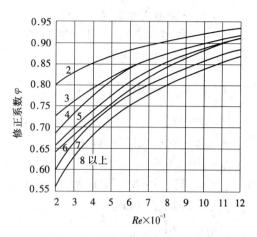

图 3-15　串流时的温差修正系数

$$Nu = C\left(RePr\frac{d}{L}\right)^n\left(\frac{\mu}{\mu_w}\right)^z \tag{3-23}$$

式中系数和各指数的范围为：L 为流体的流动长度，$C = 1.86 \sim 4.5$，$n = 1/3$，$z = 0.14$。

过渡流时所得出的关联式比较复杂，通常可根据 Re 的数值，由板式换热器的特性图线查得。

3）污垢热阻的确定

由于板式换热器中高度湍流，一方面使污垢的聚集量减小，同时还起到冲刷清洗作用，所以板式换热器中垢层一般都比较薄。在设计选取板式换热器的污垢热阻值时，其数值应不大于列管式换热器的污垢热阻值的 1/5。各种介质的污垢热阻见表 3-12。

表 3-12　板式换热器中的污垢热阻值

流体名称	污垢热阻/$m^2 \cdot ℃ \cdot W^{-1}$	流体名称	污垢热阻/$m^2 \cdot ℃ \cdot W^{-1}$
软水、蒸馏水	0.86×10^{-5}	润滑油	$1.7 \times 10^{-5} \sim 4.3 \times 10^{-5}$
工业用软水	1.7×10^{-5}	植物油	$1.7 \times 10^{-5} \sim 5.2 \times 10^{-5}$
工业用硬水	4.3×10^{-5}	有机溶剂	$0.86 \times 10^{-5} \sim 2.6 \times 10^{-5}$
循环冷却水	3.4×10^{-5}	水蒸气	0.86×10^{-5}
海水	2.6×10^{-5}	一般液体	$0.86 \times 10^{-5} \sim 5.2 \times 10^{-5}$
河水	4.3×10^{-5}		

2. 压降计算

流体在流动中只有克服阻力才能前进，流速愈高阻力越大。在同样的流速下，板型不同或几何结构参数不同，阻力也不同。参见图 3-16 至图 3-20。

$$\Delta p = f_o \frac{L}{D_e} \frac{\rho u^2}{2} n \tag{3-24}$$

式中　Δp——通过板式换热器的压降，Pa；

　　　f_o——摩擦系数，量纲为一；

　　　L——流道长度，即板面展开后的长度，m；

D_e——流道当量直径,m;

u——流道内流体的平均流速,m/s;

n——换热器的程数。

3.3.4 板式换热器设计示例

【设计示例】

试选择一台板式换热器,用20 ℃的冷水(工业硬水)将油由70 ℃冷却至40 ℃。已知油的流量为12 000 kg/h,水的流量为20 000 kg/h,油侧与水侧的允许压降均小于 10^5 Pa。油在定性温度下的物性数据为 $\rho_h = 850$ kg/m³, $\mu_h = 3.2 \times 10^{-3}$ Pa·s, $c_{ph} = 1.8$ kJ/(kg·℃), $\lambda_h = 0.12$ W/(m·℃)。

【设计计算】

1)计算热负荷

$$Q = W_h c_{ph}(T_1 - T_2) = \frac{12\ 000}{3\ 600} \times 1.8 \times 10^3 \times (70 - 40) = 1.8 \times 10^5 \text{ W}$$

2)计算平均温差

根据热量衡算计算水的出口温度

$$t_2 = t_1 + \frac{Q}{W_c c_{pc}} = 20 + \frac{1.8 \times 10^5}{\dfrac{20\ 000}{3\ 600} \times 4.18 \times 10^3} = 27.75 \text{ ℃}$$

逆流平均温差

$$\Delta t'_m = \frac{(70 - 27.75) - (40 - 20)}{\ln \dfrac{70 - 27.75}{40 - 20}} = 29.75 \text{ ℃}$$

水的定性温度

$$t_m = \frac{20 + 27.75}{2} = 23.9 \text{ ℃}$$

查出定性温度下的物性数据:

$\rho_c = 997$ kg/m³

$\mu_c = 9.1 \times 10^{-4}$ Pa·s

$c_{pc} = 4.18$ kJ/(kg·℃)

$\lambda_c = 0.606$ W/(m·℃)

3)初估换热面积及初选板型

黏度大于 1×10^{-3} Pa·s 的油与水换热时,列管式换热器的 K 值为 115 ~ 470 W/(m²·℃),而板式换热器的传热系数为列管式换热器的 2 ~ 4 倍,则可初估 K 为 1 000 W/(m²·℃)。

初估换热器面积

$$S = \frac{1.8 \times 10^5}{29.75 \times 1\ 000} = 6.05 \text{ m}^2$$

初选 BR0.1 型板式换热器,其单通道横截面积为 8.4×10^{-4} m²,实际单板换热面积为 0.115 2 m²。

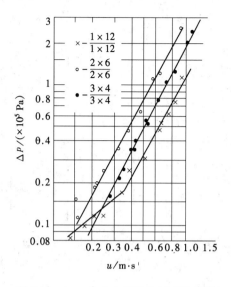

图 3-16 0.1 m² 人字形波纹板式换热器
Δp—u 图（水—水）

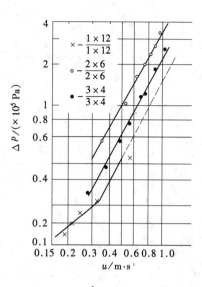

图 3-17 0.1 m² 人字形波纹板式换热器
Δp—u 图（油—水）

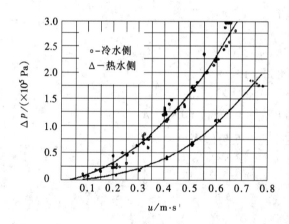

图 3-18 0.3 m² 人字形波纹板式换热器 Δp—u 图

试选组装形式为 $6 - \dfrac{3 \times 10}{1 \times 30}$。$3 \times 10$ 为油的流程，程数为 3，每程通道数为 10；1×30 为水的流程，程数为 1，通道数为 30；换热面积为 6 m²。

因所选板型为混流，采用列管式换热器的温差校正系数：

$$R = \frac{T_1 - T_2}{t_2 - t_1} = \frac{70 - 40}{27.75 - 20} = 3.87$$

$$P = \frac{t_2 - t_1}{T_1 - t_1} = \frac{27.75 - 20}{70 - 20} = 0.155$$

查单壳程温差校正系数图，得 $\varphi_{\Delta t} = 0.96$。

$$\Delta t_m = \varphi_{\Delta t} \Delta t'_m = 0.96 \times 29.75 = 28.6 \ ℃$$

初估换热器面积 $S = \dfrac{1.8 \times 10^5}{28.6 \times 1\,000} = 6.29 \ m²$

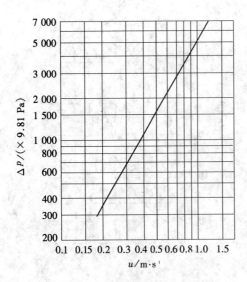

图 3-19　$0.2\ m^2$ 锯齿形波纹板式换热器
　　　　Δp—u 图(斜率 $m = 1.67$)

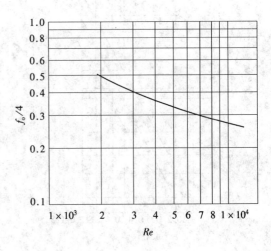

图 3-20　$0.2\ m^2$ 锯齿形波纹板式换热器
　　　　f_o—Re 图

4)核算总传热系数 K

(1)油侧的对流传热系数 α_1

流速　$u_1 = \dfrac{12\ 000}{3\ 600 \times 850 \times 10 \times 8.4 \times 10^{-4}} = 0.467\ \text{m/s}$

采用 $0.1\ m^2$ 人字形板式换热器,其板间距 $\delta = 4\ \text{mm}$。

当量直径　$D_e = 2\delta = 2 \times 4 = 8\ \text{mm} = 0.008\ \text{m}$

$$Re_1 = \frac{D_e u_1 \rho_h}{\mu_h} \frac{0.008 \times 0.467 \times 850}{3.2 \times 10^{-3}} = 992.4$$

$$Pr_1 = \frac{c_{ph}\mu_h}{\lambda_h} = \frac{1.8 \times 10^3 \times 3.2 \times 10^{-3}}{0.12} = 48$$

$$\alpha_1 = 0.18 \frac{\lambda_h}{D_e} Re_1^{0.7} Pr_1^{0.43} \left(\frac{\mu}{\mu_w}\right)^{0.14}$$

油被冷却,取 $\left(\dfrac{\mu}{\mu_w}\right)^{0.14} = 0.95$。

$$\alpha_1 = 0.18 \times \frac{0.12}{0.008} \times 992.4^{0.7} \times 48^{0.43} \times 0.95 = 1\ 697\ \text{W/(m}^2 \cdot \text{℃)}$$

(2)水侧的对流传热系数 α_2

流速 $u_2 = \dfrac{20\ 000}{3\ 600 \times 997 \times 30 \times 8.4 \times 10^{-4}} = 0.22\ \text{m/s}$

$$Re_2 = \frac{D_e u_2 \rho_c}{\mu_c} \frac{0.008 \times 0.22 \times 997}{9.1 \times 10^{-4}} = 1\ 928$$

$$Pr_2 = \frac{c_{pc}\mu_c}{\lambda_c} = \frac{4.18 \times 10^3 \times 9.1 \times 10^{-4}}{0.606} = 6.28$$

$$\alpha_2 = 0.18 \frac{\lambda_c}{D_e} Re_2^{0.7} Pr_2^{0.43} \left(\frac{\mu}{\mu_w}\right)^{0.14}$$

水被加热,取 $\left(\dfrac{\mu}{\mu_w}\right)^{0.14}=1.05$,则

$$\alpha_2=0.18\times\frac{0.606}{0.008}\times1\,928^{0.7}\times6.28^{0.43}\times1.05=6\,290\ \mathrm{W/(m^2\cdot ℃)}$$

(3)金属板的热阻 $\dfrac{b}{\lambda_w}$

板材为不锈钢(1Cr18Ni9Ti),其导热系数 $\lambda_w=16.8\ \mathrm{W/(m\cdot ℃)}$,板厚 $b=0.8\ \mathrm{mm}$,则

$$\frac{b}{\lambda_w}=\frac{0.8\times10^{-3}}{16.8}=0.000\,047\,6\ \mathrm{m^2\cdot ℃/W}$$

(4)污垢热阻

油侧　$R_1=0.000\,052\ \mathrm{m^2\cdot ℃/W}$

水侧　$R_2=0.000\,043\ \mathrm{m^2\cdot ℃/W}$

(5)总传热系数 K

$$\frac{1}{K}=\frac{1}{\alpha_1}+R_1+\frac{b}{\lambda_w}+R_2+\frac{1}{\alpha_2}$$

$$=\frac{1}{1\,697}+0.000\,052+0.000\,047\,6+0.000\,043+\frac{1}{6\,290}$$

$$=0.000\,890\,6\ \mathrm{m^2\cdot ℃/W}$$

$$K=1\,123\ \mathrm{W/(m^2\cdot ℃)}$$

5)计算传热面积

$$S=\frac{Q}{K\Delta t_m}=\frac{1.8\times10^5}{1\,123\times28.6}=5.6\ \mathrm{m^2}$$

安全系数为 $\dfrac{6.8-5.6}{5.6}\times100\%=21.3\%$,传热面积的裕度可满足工艺要求。

6)压降计算

查图3-17,0.1 $\mathrm{m^2}$ 人字形板式换热器 Δp—u(油—水)图(3 程压降图)。

油侧 $u_1=0.467\ \mathrm{m/s}$,$\Delta p=0.91\times10^5\ \mathrm{Pa}<10^5\ \mathrm{Pa}$,满足要求。

水侧 $u_2=0.22\ \mathrm{m/s}$,$\Delta p=0.2\times10^5\times\dfrac{30}{12}=0.5\times10^5\ \mathrm{Pa}<10^5\ \mathrm{Pa}$,满足要求。

故所选板式换热器规格型号为 $\mathrm{BR0.1}\dfrac{6}{100}\Big/6-\dfrac{3\times10}{1\times30°}$

主要性能参数:

外形尺寸(长×宽×高),mm×mm×mm	625×235×0.8
有效传热面积,$\mathrm{m^2}$	0.115 2
波纹形式	等腰三角形
波纹高度,mm	4
流道宽度,mm	210
平均板间距,mm	4
平均流道横截面积,$\mathrm{m^2}$	0.000 84
平均当量直径,mm	8

附:换热器设计任务两则

任务1 冷却器的设计

1. 设计题目
甲醇冷凝冷却器的设计。

2. 设计任务及操作条件
(1)处理能力　12 000 kg/h 甲醇。
(2)设备形式　列管式换热器。
(3)操作条件
①甲醇:入口温度 64 ℃,出口温度 50 ℃,压力为常压。
②冷却介质:循环水,入口温度 30 ℃,出口温度 40 ℃,压力为 0.3 MPa。
③允许压降:不大于 10^5 Pa。
④每年按 330 天计,每天 24 小时连续运行。

3. 设计要求
选择适宜的列管式换热器并进行核算。

任务2 换热器的设计

1. 设计题目
热水冷却器的设计。

2. 设计任务及操作条件
(1)处理能力　2.5×10^4 t/a 热水。
(2)设备形式　锯齿形板式换热器。
(3)操作条件
①热水:入口温度 80 ℃,出口温度 60 ℃,压力为 0.2 MPa。
②冷却介质:循环水,入口温度 32 ℃,出口温度 40 ℃,压力为 0.3 MPa。
③允许压降:不大于 10^5 Pa。
④每年按 330 天计,每天 24 小时连续运行。

(三)设计要求
选择适宜的锯齿形板式换热器并进行核算。

参 考 文 献

[1]柴诚敬,张国亮.化工流体流动与传热[M].2 版.北京:化学工业出版社,2007.

[2]匡国柱,史启才.化工单元过程及设备课程设计[M].北京:化学工业出版社,2002

[3]大连理工大学.化工原理(上册)[M].大连:大连理工大学出版社,1993.

[4]化工设备设计全书编委会.换热器设计[M].上海:上海科学技术出版社,1988.

[5]潘继红.管壳式换热器的分析与计算[M].北京:科学出版社,1996

[6]朱聘冠.换热器原理及计算[M].北京:清华大学出版社,1987

[7]兰州石油机械研究所.换热器(上册)[M].北京:中国石化出版社,1992.

[8]尾花英郎.热交换器设计手册[M].徐中全,译.北京:石油工业出版社,1982.

[9]杨崇麟.板式换热器工程设计手册[M].北京:机械工业出版社,1995.

[10]余国琮.化工容器及设备[M].北京:化学工业出版社,1980.

[11]卓震主.化工容器及设备[M].北京:中国石化出版社,1998.

[12]时均.化学工程手册(上卷)[M].2 版.北京:化学工业出版社,1996.

[13]GB151—1999.钢制管壳式换热器.北京:国家技术监督局,1999.

[14]GB16049—1996.板式换热器.北京:国家技术监督局,1996.

第4章 蒸发装置的设计

本章符号说明

英文字母

b——管壁厚度,m;

c——比热容,kJ/(kg·℃);

d——加热管的内径,m;

D——直径,m;

D——加热蒸汽消耗量,kg/h;

F——原料液流量,kg/h;

f——校正系数,量纲为一;

g——重力加速度,m/s^2;

h——高度,m;

h——二次蒸气的焓,J/kg;

k——杜林直线的斜率;

K——总传热系数,W/(m^2·℃);

L——长度,m;

M——单位时间内流过单位管子周边上的溶液质量,kg/(m·s);

n——管数;

n——蒸发系统总效数;

p——绝对压力,Pa;

Pr——普兰特数,量纲为一;

q——热通量,W/m^2;

Q——总传热速率,W;

Re——雷诺数,量纲为一;

r——汽化潜热,kJ/kg;

R——污垢热阻,(m^2·℃)/W;

S——传热面积,m^2;

t——溶液的温度(沸点),℃;

t——管心距,m;

T——温度,℃;

u——流速,m/s;

U——蒸发体积强度,m^3/(m^3·s);

V_s——流体的体积流量,m^3/s;

V——分离室的体积,m^3;

W——蒸发量,kg/h;

W——质量流量,kg/s;

x——溶质的质量分数,量纲为一;

X——单位体积冷却水所能冷却的蒸汽的质量,kg/m^3。

希腊字母

α——对流传热系数,W/(m^2·℃);

Δ——温度差损失,℃;

ε——相对误差,量纲为一;

η——热利用系数,量纲为一;

η——阻力系数,量纲为一;

λ——导热系数,W/(m·℃);

μ——黏度,Pa·s;

σ——表面张力,N/m;

ρ——密度,kg/m^3;

ϕ——管材质的校正系数,量纲为一;

φ——水流收缩系数,量纲为一。

下标

av——平均的;

B——沸腾的;

i——内侧的;

K——冷凝器的;

L——液体的;

m——平均的;

max——最大的;

min——最小的;

o——外侧的;

p——压力;

s——污垢的;

s——秒; v——体积的;
s——饱和的;   w——水的;
V——蒸气的;   w——壁面的。

4.1 概　述

将含有不挥发溶质的溶液加热至沸腾,使其中的挥发性溶剂部分汽化,从而将溶液浓缩的过程称为蒸发。蒸发操作广泛应用于化工、轻工、冶金、制药、食品等工业部门中。蒸发装置设计的任务是:确定蒸发操作的条件、蒸发器的形式及蒸发操作流程;进行工艺计算,确定蒸发器的传热面积及结构尺寸;辅助设备的选型或设计等。

4.1.1 蒸发器的类型

随着工业蒸发技术的发展,蒸发设备的结构与形式亦不断改进与创新,其种类繁多、结构各异。目前,工业上常用的为间接加热蒸发器,根据溶液在蒸发器中流动的情况,大致可将其分为循环型与单程型两类。循环型蒸发器包括中央循环管式、悬筐式、外热式、列文式及强制循环型等;单程蒸发器包括升膜式、降膜式、升—降膜式及刮板式等。这些蒸发器结构不同、性能各异,均有自己的特点和适用场合。

1. 循环型蒸发器

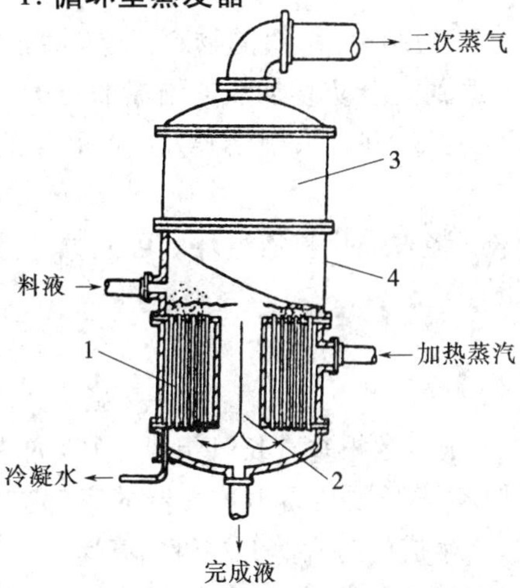

图 4-1　中央循环管式蒸发器
1—加热室　2—中央循环管　3—蒸发室　4—外壳

1) 中央循环管式蒸发器

中央循环管式蒸发器的结构如图 4-1 所示,其加热室由一垂直的加热管束(沸腾管束)构成,在管束中央有一根直径较大的管子,称为中央循环管,其截面积一般为加热管束总截面积的 40%～100%。这类蒸发器由于受总高度限制,加热管长度较短,一般为 1～2 m,直径为 25～75 mm,长径比为 20～40。

中央循环管式蒸发器具有结构紧凑、制造方便、操作可靠等优点,故在工业上应用较广,有"标准蒸发器"之称。但实际上,由于结构上的限制,其循环速度较低(一般在 0.5 m/s 以下);而且由于溶液在加热管内不断循环,使其组成始终接近完成液的组成,因而溶液的沸点高、有效温度差减小。此外,设备的清洗和检修也不够方便。

2) 悬筐式蒸发器

悬筐式蒸发器是中央循环管式蒸发器的改进。其加热室像个悬筐,悬挂在蒸发器壳体的下部,可由顶部取出,便于清洗与更换。加热介质由中央蒸汽管进入加热室,而在加热室外壁与蒸发器壳体的内壁之间有环隙通道,其作用类似于中央循环管。

悬筐式蒸发器适用于蒸发易结垢或有晶体析出的溶液。它的缺点是结构复杂,单位传热面积需要的设备材料量较大。

3）外热式蒸发器

外热式蒸发器的结构特点是加热室与分离室分开,这样不仅便于清洗与更换,而且可以降低蒸发器的总高度。因其加热管较长(管长与管径之比为 50～100),同时由于循环管内的溶液不被加热,故溶液的循环速度大,可达 1.5 m/s。

4）列文式蒸发器

列文式蒸发器的结构如图 4-2 所示。这种蒸发器的特点是在加热室的上部增设一沸腾室。加热室内的溶液由于受到这一段附加液柱的作用,只有上升到沸腾室时才能汽化。循环管的高度一般为 7～8 m,其截面积为加热管总截面积的 200%～350%。因而循环管内的流动阻力较小,循环速度可高达 2～3 m/s。

列文式蒸发器的优点是循环速度大,传热效果好,由于溶液在加热管中不沸腾,可以避免在加热管中析出晶体,故适用于处理有晶体析出或易结垢的溶液。其缺点是设备庞大,需要的厂房高。此外,由于液层静压力大,故要求加热蒸汽的压力较高。

5）强制循环型蒸发器

上述各种蒸发器均为自然循环型蒸发器,不宜处理黏度大、易结垢及有大量结晶析出的溶液。对于这类溶液的蒸发,可采用图 4-3 所示的强制循环型蒸发器。这种蒸发器是利用外加动力(循环泵)使溶液沿一定方向作高速循环流动。对于大型蒸发器,一般采用轴流泵作为循环泵,料液循环速度的大小可通过调节轴流泵的转速来控制。一般循环速度在 2.5 m/s 以上。

这种蒸发器的优点是传热系数高,对于黏度较大或易结晶、结垢的物料,适应性较好。适当控制蒸发结晶系统中的固液比及循环速度,可以达到完全防止加热器结垢的目的。因此,这类蒸发器尽管动力消耗较大,近些年仍得到较快发展,并在大规模蒸发结晶领域得到较普遍采用。

另外,也可在标准蒸发器的中央循环管内加一螺旋桨来强化料液循环。可使循环速度提高到 1～1.5 m/s。

2. 单程型蒸发器

1）升膜式蒸发器

升膜式蒸发器的结构如图 4-4 所示,其加热室由一根或数根垂直长管组成,通常加热管直径为 25～50 mm,管长与管径之比为 100～150。原料液经预热后由蒸发器的底部进入,加热蒸汽在管外冷凝。当溶液受热沸腾后迅速汽化,所生成的二次蒸气在管内高速上升,带动液体沿管内壁呈膜状向上流动,上升的液膜因受热而继续蒸发,故溶液自蒸发器底部上升至顶部的过程中逐渐被浓缩,浓溶液进入分离室与二次蒸气分离后由分离器底部排出。常压下加热管出口处的二次蒸气速度不应小于 10 m/s,一般为 20～50 m/s,减压操作时,有时可达 100～160 m/s 或更高。

升膜式蒸发器适用于蒸发量较大(即稀溶液)、热敏性及易起泡沫的溶液,但不适于高黏度、有晶体析出或易结垢的溶液。

2）降膜式蒸发器

降膜式蒸发器如图 4-5 所示。它与升膜式蒸发器的区别在于原料液由加热管的顶部加入。溶液在自身重力作用下沿管内壁呈膜状向下流动并被蒸发浓缩,气液混合物由加热管底部进入分离室,经气液分离后,完成液由分离器的底部排出。

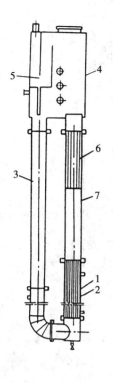

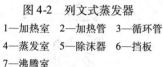

图 4-2 列文式蒸发器

1—加热室 2—加热管 3—循环管
4—蒸发室 5—除沫器 6—挡板
7—沸腾室

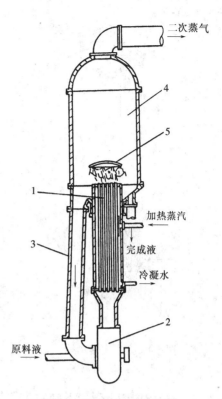

图 4-3 强制循环型蒸发器

1—加热管 2—循环泵 3—循环管
4—蒸发室 5—除沫器

为使溶液能在壁上均匀成膜,在每根加热管的顶部均需设置液体布膜器。

降膜式蒸发器可以蒸发组成较高的溶液,对于黏度较大的物料也能适用。但对于易结晶或易结垢的溶液不适用。此外,由于液膜在管内分布不易均匀,与升膜式蒸发器相比,其传热系数较小。

3)升—降膜式蒸发器

将升膜式和降膜式蒸发器装在一个外壳中,即构成升—降膜式蒸发器。原料液经预热后先由升膜加热室上升,然后由降膜加热器下降,再在分离室中和二次蒸气分离后即得完成液。

这种蒸发器多用于蒸发过程中溶液的黏度变化很大,水分蒸发量不大和厂房高度有一定限制的场合。

4)刮板式蒸发器

这种蒸发器是利用旋转刮片的刮带作用,使液体分布在加热管壁上。它的突出优点是对物料的适应性很强,例如对于高黏度、热敏性和易结晶、结垢的物料都能适用。刮板式蒸发器的结构如图 4-6 所示。它的壳体外部装有加热蒸汽夹套,其内部装有可旋转的搅拌刮片,旋转刮片有固定的和活动的两种。前者与壳体内壁的缝隙为 0.75 ~ 1.5 mm,后者与器壁的间隙随搅拌轴的转数而变。料液由蒸发器上部沿切线方向加入后,在重力和旋转刮片

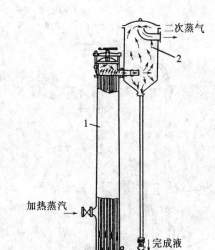

图4-4　升膜式蒸发器

1—蒸发室　2—分离室

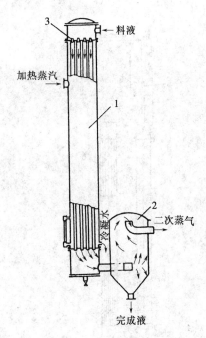

图4-5　降膜式蒸发器

1—蒸发室　2—分离室　3—布膜器

带动下,溶液在壳体内壁上形成下旋的薄膜,并在下降过程中不断被蒸发浓缩,在底部得到完成液。

在某些情况下,可将溶液蒸干而由底部直接获得固体产物。

这类蒸发器的缺点是结构复杂,动力消耗大,传热面积小,一般为 3~4 m²,最大不超过 20 m²,故其处理量较小。

3. 蒸发器选型

蒸发器的结构形式很多,选用时应主要考虑以下原则:

①要有较高的传热系数,能满足生产工艺的要求;

②生产能力大;

③结构简单,操作维修方便;

④能适应所处理物料的工艺特性。

蒸发物料的物理、化学特性常常使一些传热系数高的蒸发器在使用上受到限制。因此,在选型时,能否适应所蒸发物料的工艺特性,是首要考虑的因素。

蒸发物料的工艺特性包括黏度、热敏性、是否结垢、有无结晶析出、发泡性及腐蚀性。

①对于黏度大的物料不宜选择自然循环型蒸发器,选用强制循环型或降膜式蒸发器为宜。通常,自然循环型蒸发器适用的黏度范围为 0.01 ~ 0.1 Pa·s。

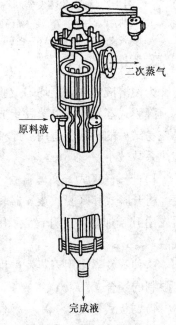

图4-6　刮板式蒸发器

②对热敏性物料应选用停留时间短的各种膜式蒸发器,且常采用真空操作以降低料液的沸点和受热程度。

③对于易结垢的物料,应选用管内流速大的强制循环型蒸发器。

④对有结晶析出的物料,一般应采用管外沸腾型蒸发器,如强制循环式、外热式等。刮板式、悬筐式蒸发器也适合于有结晶析出的情形。

⑤对易发泡的物料,可采用升膜式蒸发器,高速流动的二次蒸气具有破泡作用,强制循环型及外热式蒸发器具有较大的料液流速,能抑制气泡的生长,也可采用。此外,中央循环管式、悬筐式蒸发器具有较强的气液分离空间,也可采用。对发泡严重的物料,也可加入适量的消泡剂,来防止大量泡沫的产生。

⑥对于腐蚀性较大的物料,应选用耐腐蚀的材料,如不透性石墨、特种合金等。

表4-1列出了常见蒸发器的一些重要性能,可供选型时参考。

表4-1 蒸发器的主要性能

蒸发器形式	造价	总传热系数		溶液在管内流速/ $m \cdot s^{-1}$	停留时间	完成液组成能否恒定	浓缩比	处理量	对溶液性质的适应性					
		稀溶液	高黏度						稀溶液	高黏度	易生泡沫	易结垢	热敏性	有结晶析出
标准型	最廉	良好	低	0.1~1.5	长	能	良好	一般	适	适	适	尚适	尚适	稍适
外热式(自然循环)	廉	高	良好	0.4~1.5	较长	能	良好	较大	适	尚适	较好	尚适	尚适	稍适
列文式	高	高	良好	1.5~2.5	较长	能	良好	较大	适	尚适	较好	尚适	尚适	稍适
强制循环型	高	高	高	2.0~3.5	—	能	较高	大	适	适	好	好	适	尚适	适
升膜式	廉	高	良好	0.4~1.0	短	较难	高	大	适	尚适	好	尚适	良好	不适
降膜式	廉	良好	高	0.4~1.0	短	尚能	高	大	较适	好	适	不适	良好	不适
刮板式	最高	高	良好	—	短	尚能	高	较小	较适	好	较好	不适	良好	不适

4.1.2 多效蒸发的效数及流程

1. 效数的确定

实际工业生产中,大多采用多效蒸发,其目的是降低蒸汽的消耗量,从而提高蒸发装置的经济性。表4-2为不同效数蒸发装置的蒸汽消耗量,其中实际消耗量包括蒸发装置的各项热损失。

表4-2 不同效数蒸发装置的蒸汽消耗量

效数	理论蒸汽消耗量		实际蒸汽消耗量		
	蒸发1 kg水所需蒸汽量/kg蒸汽/kg水	1 kg蒸汽所能蒸发水量/kg水/kg蒸汽	蒸发1 kg水所需蒸汽量/kg蒸汽/kg水	1 kg蒸汽所能蒸发水量/kg水/kg蒸汽	本装置若再增加一效可节约的蒸汽量/%
单效	1.0	1	1.1	0.91	48
双效	0.5	2	0.57	1.754	30
三效	0.33	3	0.4	2.5	25
四效	0.25	4	0.3	3.33	10
五效	0.2	5	0.27	3.7	7

由表 4-2 中数据可看出,随效数的增加,蒸汽消耗量减少,但不是效数越多越好,这主要受经济和技术因素的限制。

经济上的限制是指当效数增加到一定值时经济上是不合理的。在多效蒸发中,随效数的增加,总蒸发量相同时所消耗的蒸汽量减少,使操作费用下降。但效数越多,设备的固定投资越大,设备的折旧费越多,而且随效数的增加,所节约的蒸汽量越来越少。如从单效改为双效时,蒸汽节约 48%;但从四效改为五效,仅节约蒸汽 10%。最适宜的效数应使设备费和操作费的总和为最小。

在技术上,蒸发器装置的效数过多,蒸发操作将不能顺利进行。在实际的工业生产中,蒸汽的压力和冷凝器的真空度都有一定的限制,因此,在一定的操作条件下,蒸发器的理论总温差为一定值。当效数增加时,由于各效温差损失总和的增加,使总有效温差减小,分配到各效的有效温差将有可能小至无法保证各效料液的正常沸腾,蒸发操作将难以正常进行。

在蒸发操作中,为保证传热的正常进行,根据经验,每一效的温差不能小于 5~7 ℃。通常,对于沸点升高较大的电解质溶液,如 $NaCl$、$NaOH$、NH_4NO_3、Na_2CO_3、Na_2SO_4 等可采用 3~5 效;对于沸点升高特大的工质,如 $MgCl_2$、$CaCl_2$、KCl、H_3PO_4 等,常采用单效蒸发;对于非电解质溶液,如有机溶剂等,其沸点升高较小,可取 4~6 效;在海水淡化中,温差损失很小,可采用 20~30 效。

2. 多效蒸发流程的选择

根据加热蒸汽与料液流向的不同,多效蒸发的操作流程可分为并流、逆流、平流、错流等流程。

1) 并流流程

并流流程也称顺流加料流程,如图 4-7 所示,料液与蒸汽在效间流动同向。因各效间有较大的压力差,料液能自动从前效流向后效,不需输料泵;前效的温度高于后效,料液从前效进入后效时呈过热状态,过料时有闪蒸。并流流程结构紧凑,操作简便,应用较广。对于并流流程,后效温度低、组成高,料液的黏度逐效增加,传热系数逐效下降,并导致有效温差在各效间的分配不均。因此,并流流程只适用于处理黏度不大的料液。

2) 逆流流程

逆流流程如图 4-8 所示,料液与加热蒸汽在效间呈逆流流动。效间需过料泵,动力消耗大,操作也较复杂;自前效到后效,料液组成渐增,温度同时升高,黏度及传热系数变化不大,温差分配均匀,适合处理黏度较大的料液,不适于处理热敏性料液。

3) 平流流程

平流流程如图 4-9 所示,每一效都有进料和出料,适合有大量结晶析出的蒸发过程。

4) 错流流程

错流流程也称为混流流程,它是并、逆流的结合,其特点是兼有并、逆流的优点,但操作复杂、控制困难。我国目前仅用于造纸工业及有色冶金的碱回收系统中。

4.2 多效蒸发的计算

4.2.1 多效蒸发的工艺计算

多效蒸发工艺计算的主要依据是物料衡算式、热量衡算式及传热速率方程式。计算的

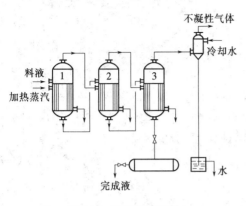

图 4-7　并流蒸发流程

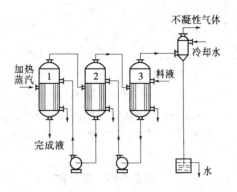

图 4-8　逆流蒸发流程

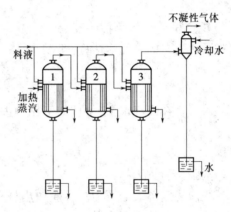

图 4-9　平流蒸发流程

主要项目有加热蒸汽的消耗量、各效溶剂蒸发量以及各效的传热面积。计算的已知参数包括:料液的流量、温度和组成,最终完成液的组成,加热蒸汽的压力和冷凝器中的压力等。

1. 蒸发器的设计步骤

多效蒸发的计算一般采用迭代计算法。

①根据工艺要求及溶液的性质,确定蒸发的操作条件(如加热蒸汽压力及冷凝器压力)及蒸发器的形式、流程和效数。

②根据生产经验数据,初步估计各效蒸发量和各效完成液的组成。

③根据经验假设蒸汽通过各效的压力降相等,估算各效溶液沸点和有效总温差。

④根据蒸发器的焓(热量)衡算,求各效的蒸发量和传热速率。

⑤根据传热速率方程式计算各效的传热面积。若求得的各效传热面积不相等,则应根据各效传热面积相等的原则重新分配有效温度差,重复步骤③至⑤,直到所求得的各效传热面积相等(或满足预先给出的精度要求)为止。

2. 蒸发器的计算方法

以三效并流流程为例介绍多效蒸发装置的计算方法。

1)各效蒸发量和完成液组成的估算

总蒸发量

$$W = F\left(1 - \frac{x_0}{x_n}\right) \tag{4-1}$$

式中　W——总蒸发量，kg/h；

　　　F——原料液量，kg/h；

　　　x_0——原料液中溶质的质量分数，量纲为一；

　　　x_n——第 n 效中溶质的质量分数，量纲为一。

在蒸发过程中，总蒸发量为各效蒸发量之和，即

$$W = \sum W_i \tag{4-2}$$

式中　W_i——各效的蒸发量，kg/h。

任一效中完成液的组成为

$$x_i = \frac{Fx_0}{F - \sum W_i} \tag{4-3}$$

式中　x_i——各效完成液溶质的质量分数，量纲为一。

一般地，各效蒸发量可按总蒸发量的平均值估算，即

$$W_i = \frac{\sum W_i}{n} \tag{4-4}$$

对于并流操作的多效蒸发，因存在闪蒸现象，可按如下比例进行估算。例如，对于三效蒸发：

$$W_1 : W_2 : W_3 = 1 : 1.1 : 1.2 \tag{4-5}$$

2）各效溶液沸点及有效总温度差的估算

为求各效料液的沸点，首先应假定各效的压力。一般加热蒸汽的压力和冷凝器的压力（或末效压力）是给定的，其他各效的压力可按各效间蒸气压力降相等的假设来确定，即

$$\Delta p = \frac{p_1 - p_K'}{n} \tag{4-6}$$

式中　Δp——各效加热蒸汽压力与二次蒸气压力之差，Pa；

　　　p_1——第 I 效加热蒸汽的压力，Pa；

　　　p_K'——末效冷凝器中的压力，Pa。

多效蒸发中的有效传热温差可用下式计算：

$$\sum \Delta t = (T_1 - T_K') - \sum \Delta \tag{4-7}$$

式中　$\sum \Delta t$——有效总温差，为各效有效温差之和，℃；

　　　T_1——第 I 效加热蒸汽的温度，℃；

　　　T_K'——冷凝器的操作压力下二次蒸气的饱和温度，℃；

　　　$\sum \Delta$——总的温度差损失，为各效温差损失之和，℃。

$$\sum \Delta = \Delta' + \Delta'' + \Delta''' \tag{4-8}$$

式中　Δ'——由于溶质的存在而引起的沸点升高（温度差损失），℃；

　　　Δ''——由于液柱静压力而引起的沸点升高（温度差损失），℃；

　　　Δ'''——由于管路流动阻力存在而引起的沸点升高（温度差损失），℃。

下面分别介绍各种温度差损失的计算。

（1）由于溶液中溶质存在引起的沸点升高（温度差损失）Δ'　由于溶液中含有不挥发性

溶质,阻碍了溶剂的汽化,因而溶液的沸点永远高于纯水在相同压力下的沸点。如在 101.3 kPa 下,水的沸点为 100 ℃,而 71.3% 的 NH_4NO_3(质量分数)水溶液的沸点则为 120 ℃。但二者在相同压力下(101.3 kPa)沸腾时产生的饱和蒸汽(二次蒸气)有相同的温度(100 ℃)。由于溶液中溶质存在引起的沸点升高可定义为

$$\Delta' = t_b - T' \tag{4-9}$$

式中　　t_b——溶液的沸点,℃。

　　　　T'——与溶液压力相等时水(溶剂)的沸点,即二次蒸气的饱和温度,℃;

　　溶液的沸点 t_b 主要与溶液的种类、组成及压力有关,一般需由实验测定。常压下某些常见溶液的沸点可查阅有关手册。

　　蒸发操作常常在加压或减压下进行,但从手册中很难直接查到非常压下溶液的沸点。当缺乏实验数据时,可用下式估算。

$$\Delta' = f\Delta'_a \tag{4-10}$$

$$f = \frac{0.016\ 2\ (T' + 273)^2}{r'} \tag{4-11}$$

式中　　Δ'_a——常压(101.3 kPa)下由于溶质存在而引起的沸点升高,℃;

　　　　Δ'——操作压力下由于溶质存在而引起的沸点升高,℃;

　　　　f——校正系数;

　　　　T'——操作压力下二次蒸气的温度,℃;

　　　　r'——操作压力下二次蒸气的汽化潜热,kJ/kg。

　　溶液的沸点亦可用杜林规则(Duhring's rule)估算。杜林规则表明:一定组成的某种溶液的沸点与相同压力下标准液体的沸点呈线性关系。由于不同压力下水的沸点可以从水蒸气表中查得,故一般以纯水作为标准液体。根据杜林规则,以某种溶液的沸点为纵坐标,以同压力下水的沸点为横坐标作图,可得一直线,即

$$\frac{t'_b - t_b}{t'_w - t_w} = k \tag{4-12}$$

或写成

$$t_b = kt_w + m \tag{4-13}$$

式中　　t'_b、t_b——分别为压力 p' 和 p 下溶液的沸点,℃;

　　　　t'_w、t_w——分别为压力 p' 和 p 下水的沸点,℃;

　　　　k——杜林直线的斜率。

　　由式 4-13 可知,只要已知溶液在两个压力下的沸点,即可求出杜林直线的斜率,进而可以求出任何压力下溶液的沸点。

　　(2)由于液柱静压力而引起的沸点升高(温度差损失)Δ''　由于液层内部的压力大于液面上的压力,故相应的溶液内部的沸点高于液面上的沸点 t_b,二者之差即为液柱静压力引起的沸点升高。为简便计,以液层中部点处的压力和沸点代表整个液层的平均压力和平均温度,则根据流体静力学方程,液层的平均压力为

$$p_m = p' + \frac{\rho_m g L}{2} \tag{4-14}$$

式中　　p_m——液层的平均压力,Pa;

p'——液面处的压力,即二次蒸气的压力,Pa;

ρ_m——溶液的平均密度,kg/m³;

L——液层高度,m;

g——重力加速度,m/s²。

溶液的沸点升高为

$$\Delta'' = t_m - t_b \tag{4-15}$$

式中 t_m——平均压力 p_m 下溶液的沸点,℃;

t_b——液面处压力(即二次蒸气压力)p'下溶液的沸点,℃。

作为近似计算,式(4-15)中的 t_m 和 t_b 可分别用相应压力下水的沸点代替。

应当指出,由于溶液沸腾时形成气液混合物,其密度大为减小,因此按上述公式求得的 Δ'' 值比实际值略大。

(3)由流动阻力而引起的温度差损失 Δ''' 在多效蒸发中,末效以前各效的二次蒸气在流到次效的加热室的过程中,由于管路流动阻力使其压力下降,蒸气的饱和温度也相应下降,由此造成的温度差损失以 Δ''' 表示。Δ''' 与二次蒸气在管道中的流速、物性以及管道尺寸有关,但很难定量确定,一般取经验值。对于多效蒸发,效间的温度差损失一般取1℃,末效与冷凝器间为 1~1.5 ℃。

根据已估算的各效二次蒸气压力 p'_i 及温度差损失 Δ_i,即可由下式估算各效溶液的温度(沸点)t_i。

$$t_i = T'_i + \Delta_i \tag{4-16}$$

3)加热蒸汽消耗量及各效蒸发水量的初步估算

第 i 效的热量衡算式为

$$Q_i = D_i r_i = (F c_{po} - W_1 c_{pw} - W_2 c_{pw} - \cdots - W_{i-1} c_{pw})(t_i - t_{i-1}) + W_i r'_i \tag{4-17}$$

由上式可求得第 i 效的蒸发量 W_i。若在热量衡算式中计入溶液的浓缩热及蒸发器的热损失时,尚需考虑热利用系数 η。对于一般溶液的蒸发,热利用系数 η 可取为 $0.7 \sim 0.96 \Delta x$(式中 Δx 为以质量分数表示的溶液的组成变化)。

第 i 效的蒸发量 W_i 的计算式为

$$W_i = \eta_i \left[\frac{D_i r_i}{r'_i} + (F c_{po} - W_1 c_{pw} - W_2 c_{pw} - \cdots - W_{i-1} c_{pw}) \frac{t_{i-1} - t_i}{r'_i} \right] \tag{4-18}$$

式中 D_i——第 i 效加热蒸汽量,kg/h,当无额外蒸汽抽出时,$D_i = W_{i-1}$;

r_i——第 i 效加热蒸汽的汽化潜热,kJ/kg;

r'_i——第 i 效二次蒸气的汽化潜热,kJ/kg;

c_{po}——原料液的比热容,kJ/(kg·℃);

c_{pw}——水的比热容,kJ/(kg·℃);

t_i、t_{i-1}——分别为第 i 效和第 $i-1$ 效溶液的温度(沸点),℃;

η_i——第 i 效的热利用系数,量纲为一。

对于蒸汽的消耗量,可列出各效热量衡算式与式(4-2)联解而求得。

4)传热系数 K 的确定

蒸发器的总传热系数的表达式原则上与普通换热器相同,即

$$K = \cfrac{1}{\cfrac{1}{\alpha_o} + R_{so} + \cfrac{d_o}{\alpha_i d_i} + R_{si} \cfrac{d_o}{d_i} + \cfrac{b}{\lambda} \cfrac{d_o}{d_m}} \tag{4-19}$$

式中　α——对流传热系数，$W/(m^2 \cdot \text{℃})$；

　　　d——管径，m；

　　　R_s——垢层热阻，$(m^2 \cdot \text{℃})/W$；

　　　b——管壁厚度，m；

　　　λ——管材的导热系数，$W/(m \cdot \text{℃})$；

　　　下标 i 表示管内侧，o 表示外侧，m 表示平均。

　　式(4-19)中，管外蒸汽冷凝的传热系数 α_o 可按膜状冷凝的传热系数公式计算，垢层热阻值 R_s 可按经验值估计。

　　但管内溶液沸腾传热系数则受较多因素的影响，例如溶液的性质、蒸发器的形式、沸腾传热的形式以及蒸发操作的条件等。由于管内溶液沸腾传热的复杂性，现有的计算关联式的准确性较差。下面仅给出强制循环型蒸发器管内沸腾传热系数的经验关联式，其他情况可参阅有关专著或手册。

　　在强制循环型蒸发器中，加热管内的液体无沸腾区，因此可采用无相变时管内强制湍流的计算式，即

$$\alpha_i = 0.023 \frac{\lambda_L}{d_i} Re_L^{0.8} Pr_L^{0.4} \tag{4-20}$$

式中　λ_L——液体的导热系数，$W/(m \cdot \text{℃})$；

　　　d_i——加热管的内径，m；

　　　Pr_L——液体的普兰特数，量纲为一；

　　　Re_L——液体的雷诺数，量纲为一。

实验表明，式(4-20)的 α_i 计算值比实验值约低 25%。

　　需要指出，由于 α_i 的关联式精度较差，目前在蒸发器设计计算中，总传热系数 K 大多根据实测或经验值选定。表 4-3 列出了几种常用蒸发器 K 值的大致范围，可供设计时参考。

表 4-3　蒸发器总传热系数 K 的概略值

蒸发器形式	总传热系数 $K/W \cdot (m^2 \cdot \text{℃})^{-1}$
水平浸没加热式	600~2 300
标准式(自然循环)	600~3 000
标准式(强制循环)	1 200~6 000
悬筐式	600~3 000
外加热式(自然循环)	1 200~6 000
外加热式(强制循环)	1 200~6 000
升膜式	1 200~6 000
降膜式	1 200~3 500

　　5)蒸发器的传热面积和有效温差在各效中的分配

　　任一效的传热速率方程为

$$Q_i = K_i S_i \Delta t_i \tag{4-21}$$

式中　Q_i——第 i 效的传热速率，W；

　　　K_i——第 i 效的总传热系数，$W/(m^2 \cdot \text{℃})$；

　　　S_i——第 i 效的传热面积，m^2；

　　　Δt_i——第 i 效的传热温差，℃。

确定总有效温差在各效间分配的目的是求取蒸发器的传热面积 S_i，现以三效为例加以说明。

$$\left.\begin{array}{l} S_1 = \dfrac{Q_1}{K_1 \Delta t_1} \\[2mm] S_2 = \dfrac{Q_2}{K_2 \Delta t_2} \\[2mm] S_3 = \dfrac{Q_3}{K_3 \Delta t_3} \end{array}\right\} \tag{4-22}$$

式中

$$\left.\begin{array}{l} Q_1 = D_1 r_1 \\ Q_2 = W_1\, r_1' \\ Q_3 = W_2\, r_2' \end{array}\right\} \tag{4-23}$$

$$\left.\begin{array}{l} \Delta t_1 = T_1 - t_1 \\ \Delta t_2 = T_2 - t_2 = T_1' - t_2 \\ \Delta t_3 = T_3 - t_3 = T_2' - t_3 \end{array}\right\} \tag{4-24}$$

在多效蒸发中，为了便于制造和安装，通常采用各效传热面积相等的蒸发器，即

$$S_1 = S_2 = S_3 = S$$

若由式 4-22 求得的传热面积不等，应根据各效传热面积相等的原则重新分配各效的有效温度差，具体方法如下。

设以 $\Delta t'$ 表示各效传热面积相等时的有效温差，则

$$\Delta t_1' = \frac{Q_1}{K_1 S}, \quad \Delta t_2' = \frac{Q_2}{K_2 S}, \quad \Delta t_3' = \frac{Q_3}{K_3 S} \tag{4-25}$$

与(4-22)式比较可得

$$\Delta t_1' = \frac{S_1}{S}\Delta t_1, \quad \Delta t_2' = \frac{S_2}{S}\Delta t_2, \quad \Delta t_3' = \frac{S_3}{S}\Delta t_3 \tag{4-26}$$

将(4-26)各式相加，得

$$\Sigma \Delta t = \Delta t_1' + \Delta t_2' + \Delta t_3' = \frac{S_1}{S}\Delta t_1 + \frac{S_2}{S}\Delta t_2 + \frac{S_3}{S}\Delta t_3$$

或

$$S = \frac{S_1 \Delta t_1 + S_2 \Delta t_2 + S_3 \Delta t_3}{\Sigma \Delta t} \tag{4-27}$$

式中 $\Sigma \Delta t$——各效的有效温差之和，称为有效总温差，℃。

由式(4-27)求得传热面积 S 后，即可由式(4-26)重新分配各效的有效温差，重复上述计算步骤，直到求得的各效传热面积相等(或达到所要求的精度)为止，该面积即为所求传热面积。

由上可知，多效蒸发的计算非常烦琐，在实际设计中多采用编程电算，编程时可参考图 4-10 多效蒸发计算框图(以各效传热面积相等为原则)。

4.2.2 蒸发器的主要结构尺寸

下面以中央循环管式蒸发器为例说明蒸发器主要结构尺寸的设计计算方法。

中央循环管式蒸发器的主要结构尺寸包括:加热室和分离室的直径和高度,加热管与中

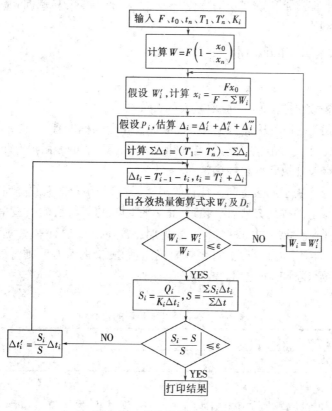

图4-10 多效蒸发计算框图

央循环管的规格、长度及在管板上的排列方式。这些尺寸的确定取决于工艺计算结果,主要是传热面积。

1. 加热管的选择和管数的初步估算

蒸发器的加热管通常选用 $\phi25\ mm \times 2.5\ mm$、$\phi38\ mm \times 2.5\ mm$、$\phi57\ mm \times 3.5\ mm$ 等几种规格的无缝钢管。加热管的长度一般为 $0.6 \sim 2.0\ m$,但也有选用 $2\ m$ 以上的管子。管子长度的选择应根据溶液结垢的难易程度、溶液的起泡性和厂房的高度等因素来考虑。易结垢和易起泡沫的蒸发宜选用短管。

当加热管的规格与长度确定后,可由下式初步估算所需的管子数 n':

$$n' = \frac{S}{\pi d_o (L - 0.1)} \tag{4-28}$$

式中 S——蒸发器的传热面积,m^2,由前面的工艺计算决定;

  d_o——加热管外径,m;

  L——加热管长度,m。

因加热管固定在管板上,考虑管板厚度所占据的传热面积,则计算管子数 n' 时的管长应取 $(L - 0.1)\ m$。

为完成传热任务所需的最小实际管数 n,只有在管板上排列加热管后才能确定。

2. 循环管的选择

循环管的截面积是根据使循环阻力尽量减小的原则来考虑的。中央循环管式蒸发器的循环管截面积可取加热管总截面积的 40% ~ 100% 。加热管的总截面积可按 n' 计算,循环管内径以 D_1 表示,则

$$\frac{\pi}{4}D_1^2 = (40\% \sim 100\%) n'\frac{\pi}{4}d_i^2$$

$$D_1 = \sqrt{(0.4 \sim 1.0) n'} d_i \tag{4-29}$$

对于加热面积较小的蒸发器,应取较大的百分数。

按上式计算出 D_1 后,应从管子规格中选取管径相近的标准管,只要 n 与 n' 相差不大,循环管的规格可一次确定。循环管的管长与加热管相等,循环管的表面积不计入传热面积中。

3. 加热室直径及加热管数目的确定

加热室的内径取决于加热管和循环管的规格、数目及在管板上的排列方式。

加热管在管板上的排列方式有三角形、正方形、同心圆等,目前以三角形排列居多。管心距 t 为相邻两管中心线之间的距离,t 一般为加热管外径的 1.25 ~ 1.5 倍。目前在换热器设计中,管心距的数值已经标准化,管子规格确定后,相应的管心距则为确定值。表 4-4 摘录了管心距的数据,设计时可选用。

表 4-4　不同尺寸加热管的管心距

加热管外径 d_o/mm	19	25	38	57
管心距 t/mm	25	32	48	70

加热室内径和加热管数采用作图法确定,具体做法是,先计算管束中心线上的管数 n_c,管子按正三角形排列时,

$$n_c = 1.1\sqrt{n} \tag{4-30}$$

管子按正方形排列时,

$$n_c = 1.19\sqrt{n} \tag{4-31}$$

式中　n——总加热管数。

然后采用下式初步估算加热室内径,即

$$D_i = t(n_c - 1) + 2b' \tag{4-32}$$

式中,$b' = (1 \sim 1.5) d_o$。

根据初估加热室内径值和容器公称直径系列,试选一个内径作为加热室内径,并以此内径和循环管外径作同心圆,在同心圆的环隙中,按加热管的排列方式和管心距作图。作图所得管数 n 必须大于初估值 n',如不满足,应另选一设备内径,重新作图,直至合适为止。壳体内径的标准尺寸列于表 4-5 中,设计时可作为参考。

表 4-5　壳体的标准尺寸

壳体内径/mm	400 ~ 700	800 ~ 1 000	1 100 ~ 1 500	1 600 ~ 2 000
最小壁厚/mm	8	10	12	14

采用这种作图的方法可同时确定加热室内径和加热管数,简便易行。

4. 分离室直径和高度的确定

分离室的直径和高度取决于分离室的体积,而分离室的体积又与二次蒸气的体积流量及蒸发体积强度有关。

分离室体积的计算式为

$$V = \frac{W}{3\ 600\rho U} \tag{4-33}$$

式中　V——分离室的体积,m^3;

　　　W——某效蒸发器的二次蒸气流量,kg/h;

　　　ρ——某效蒸发器的二次蒸气密度,kg/m^3;

　　　U——蒸发体积强度,$m^3/(m^3 \cdot s)$,即每立方米分离室每秒钟产生的二次蒸气量,一般允许值为 $1.1 \sim 1.5\ m^3/(m^3 \cdot s)$。

根据蒸发器工艺计算得到的各效二次蒸气量,再从蒸发体积强度的数值范围内选取一个值,即可由式(4-33)计算出分离室的体积。

一般情况下,各效的二次蒸气量是不相同的,且密度也不相同,按上式算出的分离室体积也不相同,通常末效体积最大。对于小型蒸发器,为方便起见,设计时各效分离室的尺寸可取一致,分离室体积宜取其中较大者;而对于大型多效蒸发系统,各效分离室尺寸相差较大,各效分离室常采用不同的尺寸。

分离室体积确定后,其高度 H 与直径 D 符合下列关系:

$$V = \frac{\pi}{4} D^2 H \tag{4-34}$$

在利用此关系确定高度和直径时应考虑如下原则。

①分离室的高度与直径之比 $H/D = 1 \sim 2$。对于中央循环管式蒸发器,其分离室的高度一般不能小于 1.8 m,以保证足够的雾沫分离高度。分离室的直径也不能太小,否则二次蒸气流速过大,将导致严重雾沫夹带。

②在允许的条件下,分离室直径应尽量与加热室相同,这样可使结构简单,加工制造方便。

③高度和直径均应满足施工现场的安装要求。

5. 接管尺寸的确定

流体进出口接管的内径按下式计算:

$$d = \sqrt{\frac{4V_s}{\pi u}}$$

式中　V_s——流体的体积流量,m^3/s;

　　　u——流体的适宜流速,m/s。

流体的适宜流速列于表4-6中,设计时可作为参考。

表4-6　流体的适宜流速

强制流动的液体/m·s⁻¹	自然流动的液体/m·s⁻¹	饱和蒸汽/m·s⁻¹	空气及其他气体/m·s⁻¹
0.8 ~ 15	0.08 ~ 0.15	20 ~ 30	15 ~ 20

估算出接管内径后,应从管子的标准系列中选用相近的标准管。

蒸发器有如下主要接管。

(1)溶液的进出口　对于并流加料的三效蒸发,第Ⅰ效溶液的流量最大,若各效设备采用统一尺寸,应根据第Ⅰ效溶液流量来确定接管。溶液的适宜流速按强制流动考虑。为方便起见,进出口可取统一管径。

(2)加热蒸汽进口与二次蒸气出口　若各效结构尺寸一致,则二次蒸气体积流量应取各效中较大者。一般情况下,末效的体积流量最大。

(3)冷凝水出口　冷凝水的排出一般属于自然流动(有泵抽出的情况除外),接管直径应由各效加热蒸汽消耗量较大者确定。

4.3　蒸发装置的辅助设备

蒸发装置的辅助设备主要包括气液分离器与蒸气冷凝器。

4.3.1　气液分离器

蒸发操作时,二次蒸气中夹带大量的液体,虽在分离室得到初步分离,但为了防止损失有用的产品或防止污染冷凝液体,还需设置气液分离器,以使雾沫中的液体聚集并与二次蒸气分离,故气液分离器又称为捕沫器或除沫器。其类型很多,设置在蒸发器分离室顶部的有简易式、惯性式及网式除沫器等,如图 4-11(a)、(b)、(c)所示;设置在蒸发器外部的有折流式、旋流式及离心式除沫器等,如图 4-11(d)、(e)、(f)所示。

惯性式除沫器是利用带有液滴的二次蒸气在突然改变运动方向时,液滴因惯性作用而与蒸气分离。其结构简单,中小型工厂中应用较多。

惯性式除沫器的主要尺寸可按下列关系确定:

$$D_o \approx D_1$$
$$D_1 : D_2 : D_3 = 1 : 1.5 : 2$$
$$H = D_3$$
$$h = (0.4 \sim 0.5)D_1$$

式中　D_o——二次蒸气的管径,m;

D_1——除沫器内管的直径,m;

D_2——除沫器外罩管的直径,m;

D_3——除沫器外壳直径,m;

H——除沫器的总高度,m;

h——除沫器内管顶部与器顶的距离,m。

网式除沫器是让蒸气通过大比表面积的丝网,使液滴附在丝网表面而除去。其除沫效果好,丝网空隙率大,蒸气通过时压力降小,因而应用广泛。网式除沫器易发生堵塞,因此,其不适用于蒸发料液含有大量微细固体颗料及易造成结垢的场合。网式除沫器的金属网一般采用三层或四层,丝网的规格型号可参阅有关手册。其他类型气液分离器尺寸的确定可参阅《气态非均一系分离手册》。

各种气液分离器的性能列于表 4-7 中,设计时可作为参考。

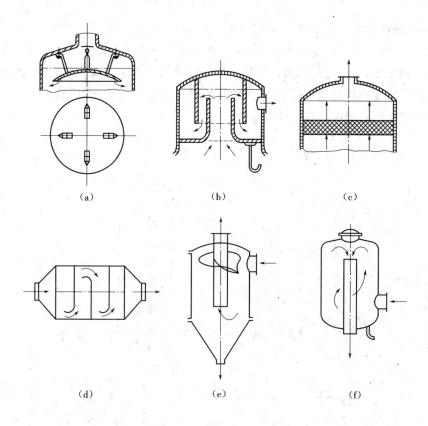

图 4-11　气液分离器的主要类型

（a）简易式　（b）惯性式　（c）网式　（d）折流式　（e）旋流式　（f）离心式

表 4-7　各种气液分离器的性能

形式	捕集雾滴的直径/μm	压力降/Pa	分离效率/%	气速范围/m·s⁻¹
简易式	>50	98~147	80~88	3~5
惯性式	>50	196~588	85~90	常压 12~25(进口), 减压 >25(进口)
网式	>5	245~735	98~100	1~4
折流式	>15	186~785	90~99	3~10
旋流式	>50	392~735	85~94	常压 12~25(进口), 减压 >25(进口)
离心式	>50	~196	>90	3~4.5

4.3.2　蒸气冷凝器

1. 主要类型

蒸气冷凝器的作用是用冷却水将二次蒸气冷凝并通过控制冷凝液的温度来控制末效蒸发器的操作压力或真空度。当二次蒸气为有价值的产品需要回收或会严重污染冷却水时，应采用间壁式冷却器，如列管式、板式、螺旋管式及淋水管式等热交换器。当二次蒸气为水蒸气不需要回收时，可采用直接接触式冷凝器（混凝冷凝器）。二次蒸气与冷却水直接接触进行热交换，冷凝效果好、结构简单、操作方便、价格低廉，因此被广泛采用。

间壁式冷凝器系常用热交换器，可参阅"换热器的设计"一章。此处仅介绍几种常用的直接接触式冷凝器。

直接接触式冷凝器有多孔板式、水帘式、填充塔式及水喷射式等。

多层多孔板式是目前广泛使用的形式之一,其结构如图 4-12(a)所示。冷凝器内部装有 4~9 块不等距的多孔板,冷却水通过板上小孔分散成液滴而与二次蒸气接触,接触面积大,冷凝效果好。但多孔板易堵塞,二次蒸气在折流过程中压力增大,所以也采用压力较小的单层多孔板式冷凝器,但冷凝效果较差。

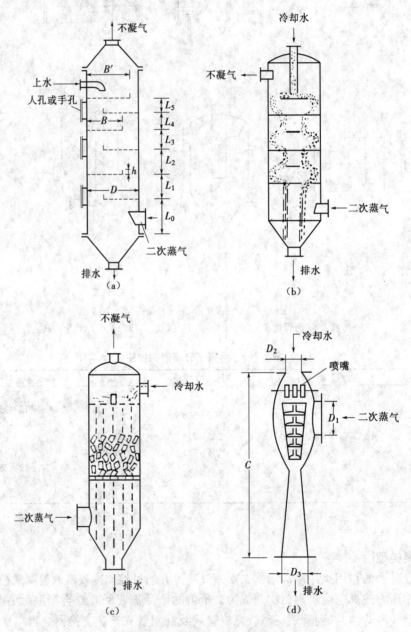

图 4-12 直接接触式冷凝器示意
(a)多层多孔板式 (b)水帘式 (c)填充塔式 (d)水喷射式

水帘式冷凝器的结构如图 4-12(b)所示。器内装有 3~4 对固定的圆形和环形隔板,使冷却水在各板间形成水帘,二次蒸气通过水帘时被冷凝。其结构简单,压力较大。

填充塔式冷凝器的结构如图4-12(c)所示。塔内上部装有多孔板式液体分布板,塔内装填拉西环填料。冷水与二次蒸气在填料表面接触,提高了冷凝效果。此种冷凝器适用于二次蒸气量较大的情况及冷凝具有腐蚀性气体的情况。

水喷射式冷凝器的结构如图4-12(d)所示。冷却水依靠泵加压后经喷嘴雾化使二次蒸气冷凝。不凝气也随冷凝水由排水管排出。此过程产生真空,则不需要真空泵就可造成和保持系统的真空度。但单位二次蒸气所需的冷却水量大,二次蒸气量过大时不宜采用。

各种形式蒸气冷凝器的性能列于表4-8中,设计时可作为参考。

表4-8 蒸气冷凝器的性能

冷凝器形式	多层多孔板式	单层多孔板式	水帘式	填充塔式	水喷射式
水气接触面积	大	较小	较大	大	最大
压降/Pa	1 067 ~ 2 000	小,可不计	1 333 ~ 3 333	较小	大
塔径范围/mm	大小均可	不宜过大	≤350	≤100	不宜过大
结构与要求	较简单	简单	较简单,安装有一定要求	简单	不简易,加工有一定的要求
水量	较大	较大	较大	较大	最大
其他		孔易堵塞		适用于腐蚀性蒸气的冷凝	

2. 设计与选用

在此仅介绍常用的多层孔板式蒸气冷凝器的设计计算及水喷射式蒸气冷凝器的选用。填充塔式冷凝器及水帘式冷凝器的设计与选用可参阅有关手册。

1)多层多孔板式蒸气冷凝器

(1)冷却水量 V_L 冷却水的流量由冷凝器的热量衡算来确定:

$$V_L = \frac{W_V(h - c_w t_k)}{c_w(t_k - t_w)} \tag{4-35}$$

式中　V_L——冷却水量,kg/h;

　　h——进入冷凝器二次蒸气的焓,J/kg;

　　W_V——进入冷凝器二次蒸气的流量,kg/h;

　　c_w——水的比热容,4.187×10^3 J/(kg·℃);

　　t_w——冷却水的初始温度,℃;

　　t_k——水、冷凝液混合物的排出温度,℃。

另一种确定冷却水流量的方法是利用图4-13所示的多孔板式蒸气冷凝器的性能曲线,由冷凝器进口蒸气压力和冷却水进口温度可查得1 m³冷却水可冷却的蒸气量 X kg,则

$$V_L = W_V/X \tag{4-36}$$

与实际数据相比,由图4-13所计算的 V_L 值偏低,故设计时取

$$V_L = (1.2 \sim 1.25) W_V/X \tag{4-36a}$$

(2)冷凝器的直径   二次蒸气流速 u 为15 ~ 20 m/s。若已知进入冷凝器的二次蒸气的体积流量,即可根据流量公式求出冷凝器的直径 D。此外,也可根据图4-14来确定蒸气冷

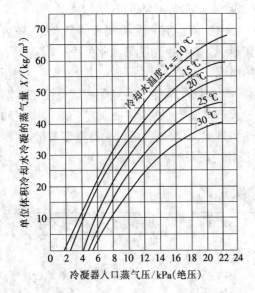

图 4-13 多孔板式冷凝器的性能曲线

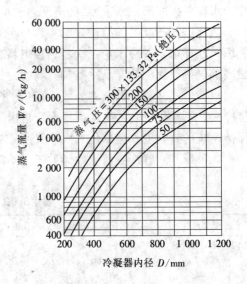

图 4-14 冷凝器内径与蒸气流量的关系

凝器的直径。

(3)淋水板的设计 淋水板的设计主要包括以下内容。

淋水板数:当 $D < 500$ mm 时,取 4~6 块;当 $D \geqslant 500$ mm 时,取 7~9 块。

淋水板间距:当 4~6 块板时, $L_{n+1} = (0.5 \sim 0.7) L_n$, $L_0 = D + (0.15 \sim 0.3)$ m;当 7~9 块板时, $L_{n+1} = (0.6 \sim 0.7) L_n$, $L_{末} \geqslant 0.15$ m。

弓形淋水板的宽度:最上面一块 $B' = (0.8 \sim 0.9) D$, m;其他各块淋水板 $B = 0.5D + 0.05$ m。

淋水板堰高 h:当 $D < 500$ mm 时, $h = 40$ mm;当 $D \geqslant 500$ mm 时, $h = 50 \sim 70$ mm。

淋水板孔径:若冷却水质较好或冷却水不循环使用时, d 可取 4~5 mm;反之,可取 6~10 mm。

淋水板孔数:淋水孔流速 u_0 可采用下式计算:

$$u_0 = \eta \varphi \sqrt{2gh}$$

式中 η——淋水孔的阻力系数, $\eta = 0.95 \sim 0.98$;

φ——水流收缩系数, $\varphi = 0.80 \sim 0.82$;

h——淋水板堰高,m。

淋水孔数 $\quad n = \dfrac{V_L}{3\,600\,\dfrac{\pi}{4}d^2 u_0}$

考虑到长期操作时易造成孔的堵塞,最上层板的实际淋水孔数应加大 10% ~ 15%,其他各板孔数应加大 5%。淋水孔采用正三角形排列。

2)水喷射式蒸气冷凝器

冷凝器所使用的喷射水水压大于或等于 1.96×10^5 Pa(表压)时,水蒸气的抽吸压力为 5 333 Pa。水喷射式冷凝器的标准尺寸及性能列于表 4-9 中。当蒸发器采用减压操作时,需要在冷凝器后安装真空装置,不断抽出蒸气所带的不凝气,以维持蒸发系统所需的真空度。常用的真空泵有水环式、往复式真空泵及喷射泵。对于有腐蚀性的气体,宜采用水环泵,但真空度不太高。喷射泵又分为水喷射泵、水—汽串联喷射泵及蒸汽喷射泵。蒸汽喷射泵的结构简单,产生的真空度较水喷射泵高,可达 $9.999 \times 10^4 \sim 10.06 \times 10^4$ Pa,还可按不同真空度要求设计成单级或多级。当采用水喷射式冷凝器时,不需安装真空泵。

表 4-9　水喷射式冷凝器的标准尺寸及性能

D_1/mm	D_2/mm	D_3/mm	C/mm	冷凝水量/ $m^3 \cdot h^{-1}$	冷凝蒸气流量/kg $\cdot h^{-1}$		
					5 333 Pa	8 000 Pa	10 666 Pa
75	38	38	570	7	60	75	95
100	50	63	750	13	125	150	190
150	63	75	1 000	21	190	230	290
200	75	88	1 260	30	270	320	420
250	88	100	1 410	54	310	610	800
300	100	125	1 740	90	360	1 030	1 360
350	125	125	2 070	136	1 320	1 600	2 100
450	150	150	2 500	194	1 880	2 300	3 000
500	175	200	2 800	252	2 470	3 000	3 920

4.4　三效蒸发装置设计示例

【设计示例】

在三效并流加料的蒸发器中,每小时将 10 000 kg 质量分数为 0.12 的 NaOH 水溶液浓缩到质量分数为 0.30。原料液在第 I 效的沸点下加入蒸发器。第 I 效的加热蒸汽压力为 500 kPa(绝压),冷凝器的绝压为 20 kPa。各效蒸发器的总传热系数分别为

$$K_1 = 1\ 800\ \text{W}/(\text{m}^2 \cdot \text{℃}),\ K_2 = 1\ 200\ \text{W}/(\text{m}^2 \cdot \text{℃}),\ K_3 = 600\ \text{W}/(\text{m}^2 \cdot \text{℃})$$

原料液的恒压比热容为 3.77 kJ/(kg·℃)。估计蒸发器中溶液的液面高度为 1.2 m。在三效中液体的平均密度分别为 1 120 kg/m³、1 290 kg/m³ 及 1 460 kg/m³。各效加热蒸汽的冷凝液在饱和温度下排出,忽略热损失。

试计算蒸发器的传热面积(设备各效的传热面积相等)。蒸发器主要结构尺寸的确定和辅助设备的选型从略。

并流加料三效蒸发的物料衡算和热量衡算示意如图 4-15 所示。

【设计计算】

1)估算各效蒸发量和完成液浓度

总蒸发量　$W = F\left(1 - \dfrac{x_0}{x_3}\right) = 10\ 000 \times \left(1 - \dfrac{0.12}{0.30}\right) = 6\ 000$ kg/h

因并流加料,蒸发中无额外蒸气引出,可设

$$W_1 : W_2 : W_3 = 1 : 1.1 : 1.2$$

$$W = W_1 + W_2 + W_3 = 3.3 W_1$$

$$W_1 = \frac{6\ 000}{3.3} = 1\ 818.2\ \text{kg/h}$$

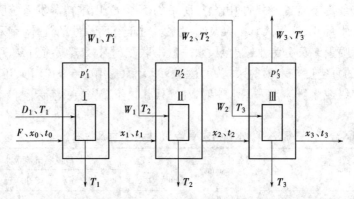

图 4-15　并流加料三效蒸发的物料衡算和热量衡算示意

$$W_2 = 1.1 \times 1\,818.2 = 2\,000.0 \text{ kg/h}$$

$$W_3 = 1.2 \times 1\,818.2 = 2\,181.8 \text{ kg/h}$$

$$x_1 = \frac{Fx_0}{F - W_1} = \frac{10\,000 \times 0.12}{10\,000 - 1\,818.2} = 0.146\,7$$

$$x_2 = \frac{Fx_0}{F - W_1 - W_2} = \frac{10\,000 \times 0.12}{10\,000 - 1\,818.2 - 2\,000.0} = 0.194\,1$$

$$x_3 = 0.30$$

2）估算各效溶液的沸点和有效总温度差

设备效间压力降相等,则总压力差为

$$\Sigma\Delta p = p_1 - p_K' = 500 - 20 = 480 \text{ kPa}$$

各效间的平均压力差为

$$\Delta p_i = \frac{\Sigma\Delta p}{3} = \frac{480}{3} = 160 \text{ kPa}$$

由各效的压力差可求得各效蒸发室的压力,即

$$p_1' = p_1 - \Delta p_i = 500 - 160 = 340 \text{ kPa}$$

$$p_2' = p_1 - 2\Delta p_i = 500 - 2 \times 160 = 180 \text{ kPa}$$

$$p_3' = p_K' = 20 \text{ kPa}$$

由各效的二次蒸气压力,从手册中可查得相应的二次蒸气的温度和汽化潜热,列于表 4-10 中。

表 4-10　各效二次蒸气的温度和汽化潜热

效数	I	II	III
二次蒸气压力 p_i'/kPa	340	180	20
二次蒸气温度 T_i'/℃ （即下一效加热蒸汽的温度）	137.7	116.6	60.1
二次蒸气的汽化潜热 r_i'/kJ·kg^{-1} （即下一效加热蒸汽的汽化潜热）	2 155	2 214	2 355

（1）各效由于溶液沸点而引起的温度差损失 Δ'　根据各效二次蒸气温度（也即相同压

力下水的沸点)和各效完成液的浓度 x_i,由 NaOH 水溶液的杜林线图可查得各效溶液的沸点 t_{Ai} 分别为

$$t_{A1} = 143 \ ℃$$
$$t_{A2} = 125 \ ℃$$
$$t_{A3} = 78 \ ℃$$

则各效由于溶液蒸气压下降所引起的温度差损失为

$$\Delta_1' = t_{A1} - T_1' = 143 - 137.7 = 5.3 \ ℃$$
$$\Delta_2' = t_{A2} - T_2' = 125 - 116.6 = 8.4 \ ℃$$
$$\Delta_3' = t_{A3} - T_3' = 78 - 60.1 = 17.9 \ ℃$$

所以　　$\Sigma\Delta' = 5.3 + 8.4 + 17.9 = 31.6 \ ℃$

(2)由于液柱静压力而引起的沸点升高(温度差损失)Δ''　为简便计,以液层中部点处的压力和沸点代表整个液层的平均压力和平均温度,则根据流体静力学方程,液层的平均压力为

$$p_{av} = p' + \frac{\rho_{av}gL}{2}$$

所以　　　$p_{av1} = p_1' + \dfrac{\rho_{av1}gL}{2} = 340 + \dfrac{1.120 \times 9.81 \times 1.2}{2} = 346.6 \ \text{kPa}$

$$p_{av2} = p_2' + \frac{\rho_{av2}gL}{2} = 180 + \frac{1.290 \times 9.81 \times 1.2}{2} = 187.4 \ \text{kPa}$$

$$p_{av3} = p_3' + \frac{\rho_{av3}gL}{2} = 20 + \frac{1.460 \times 9.81 \times 1.2}{2} = 28.6 \ \text{kPa}$$

由平均压力可查得对应的饱和温度为

$$T_{p_{av1}}' = 138.5 \ ℃ , T_{p_{av2}}' = 118.1 \ ℃ , T_{p_{av3}}' = 67.9 \ ℃$$

所以

$$\Delta_1'' = T_{p_{av1}}' - T_1' = 138.5 - 137.7 = 0.8 \ ℃$$
$$\Delta_2'' = T_{p_{av2}}' - T_2' = 118.1 - 116.6 = 1.5 \ ℃$$
$$\Delta_3'' = T_{p_{av3}}' - T_3' = 67.9 - 60.1 = 7.8 \ ℃$$
$$\Sigma\Delta'' = 0.8 + 1.5 + 7.8 = 10.1 ℃$$

(3)由流动阻力而引起的温度差损失 Δ'''　取经验值 1 ℃,即$\Delta_1''' = \Delta_2''' = \Delta_3''' = 1 \ ℃$,则 $\Sigma\Delta''' = 3 \ ℃$。

故蒸发装置的总的温度差损失为

$$\Sigma\Delta = \Sigma\Delta' + \Sigma\Delta'' + \Sigma\Delta''' = 31.6 + 10.1 + 3 = 44.7 \ ℃$$

(4)各效料液的温度和有效总温差　由各效二次蒸气压力p_i'及温度差损失 Δ_i,即可根据下式估算各效料液的温度 t_i,

$$t_i = T_i' + \Delta_i$$
$$\Delta_1 = \Delta_1' + \Delta_1'' + \Delta_1''' = 5.3 + 0.8 + 1 = 7.1 \ ℃$$
$$\Delta_2 = \Delta_2' + \Delta_2'' + \Delta_2''' = 8.4 + 1.5 + 1 = 10.9 \ ℃$$
$$\Delta_3 = \Delta_3' + \Delta_3'' + \Delta_3''' = 17.9 + 7.8 + 1 = 26.7 \ ℃$$

各效料液的温度为

$$t_1 = T_1' + \Delta_1 = 137.7 + 7.1 = 144.8 \ ℃$$

$$t_2 = T_2' + \Delta_2 = 116.6 + 10.9 = 127.5 \ ℃$$

$$t_3 = T_3' + \Delta_3 = 60.1 + 26.7 = 86.8 \ ℃$$

有效总温度差

$$\Sigma \Delta t = (T_s - T_K') - \Sigma \Delta$$

由手册可查得 500 kPa 饱和蒸汽的温度为 151.7 ℃、汽化潜热为 2 113 kJ/kg,所以

$$\Sigma \Delta t = (T_s - T_K') - \Sigma \Delta = 151.7 - 60.1 - 44.7 = 46.9 \ ℃$$

3)加热蒸汽消耗量和各效蒸发水量的初步计算

第 I 效的热量衡算式为

$$W_1 = \eta_1 \left(\frac{D_1 r_1}{r_1'} + F c_{p0} \frac{t_0 - t_1}{r_1'} \right)$$

对于沸点进料,$t_0 = t_1$,考虑到 NaOH 溶液浓缩热的影响,热利用系数计算式为 $\eta_i = 0.98 - 0.7 \Delta x_i$,式中 Δx_i 为第 i 效蒸发器中料液溶质质量分数的变化。

$$\eta_1 = 0.98 - 0.7 \times (0.146\ 7 - 0.12) = 0.961\ 3$$

所以 $\quad W_1 = \eta_1 \dfrac{D_1 r_1}{r_1'} = 0.961\ 3 D_1 \dfrac{2\ 113}{2\ 155} = 0.942\ 6$ $\hfill$ (a)

第 II 效的热量衡算式为

$$W_2 = \eta_2 \left[\frac{W_1 r_2}{r_2'} + (F c_{po} - W_1 c_{pw}) \frac{t_1 - t_2}{r_2'} \right]$$

$$\eta_2 = 0.98 - 0.7 \Delta x_2 = 0.98 - 0.7 \times (0.194\ 7 - 0.146\ 7) = 0.946\ 8$$

$$
\begin{aligned}
W_2 &= \eta_2 \left[\frac{W_1 r_2}{r_2'} + (F c_{po} - W_1 c_{pw}) \frac{t_1 - t_2}{r_2'} \right] \\
&= 0.946\ 8 \times \left[\frac{2\ 115}{2\ 214} W_1 + (10\ 000 \times 3.77 - 4.187 W_1) \frac{144.8 - 127.5}{2\ 214} \right] \\
&= 0.873\ 5 W_1 + 278.9 \hfill \text{(b)}
\end{aligned}
$$

对于第 III 效,同理可得

$$\eta_3 = 0.98 - 0.7 \Delta x_3 = 0.98 - 0.7 \times (0.30 - 0.194\ 1) = 0.905\ 9$$

$$
\begin{aligned}
W_3 &= \eta_3 \left[\frac{W_2 r_3}{r_3'} + (F c_{po} - W_1 c_{pw} - W_2 c_{pw}) \frac{t_2 - t_3}{r_3'} \right] \\
&= 0.905\ 9 \times \left[\frac{2\ 214}{2\ 355} W_2 + (10\ 000 \times 3.77 - 4.187 W_1 - 4.187 W_2) \frac{127.5 - 86.8}{2\ 355} \right] \\
&= 0.686\ 1 W_1 + 0.065\ 55 W_1 + 590.2 \hfill \text{(c)}
\end{aligned}
$$

又

$$W_1 + W_2 + W_3 = 6\ 000 \hfill \text{(d)}$$

联解式(a)至式(d),可得

$$W_1 = 1\ 968.9 \ \text{kg/h}$$

$$W_2 = 1\ 998.5 \ \text{kg/h}$$

$$W_3 = 2\ 032.5 \ \text{kg/h}$$

$$D_1 = 2\ 088.8 \ \text{kg/h}$$

4)蒸发器传热面积的估算

$$S_i = \frac{Q_i}{K_i \Delta t_i}$$

$$Q_1 = D_1 r_1 = 2\,088.8 \times 2\,113 \times 10^3 / 3\,600 = 1.226 \times 10^6 \text{ W}$$

$$\Delta t_1 = T_1 - t_1 = 151.7 - 144.8 = 6.9 \text{ ℃}$$

$$S_1 = \frac{Q_1}{K_1 \Delta t_1} = \frac{1.226 \times 10^6}{1\,800 \times 6.9} = 98.7 \text{ m}^2$$

$$Q_2 = W_1 r_2' = 1\,968.9 \times 2\,155 \times 10^3 / 3\,600 = 1.179 \times 10^6 \text{ W}$$

$$\Delta t_2 = T_2 - t_2 = T_1' - t_2 = 137.7 - 127.5 = 10.2 \text{ ℃}$$

$$S_2 = \frac{Q_2}{K_2 \Delta t_2} = \frac{1.179 \times 10^6}{1\,200 \times 10.2} = 96.3 \text{ m}^2$$

$$Q_3 = W_2 r_3' = 1\,998.5 \times 2\,214 \times 10^3 / 3\,600 = 1.229 \times 10^6 \text{ W}$$

$$\Delta t_3 = T_3 - t_3 = T_2' - t_3 = 116.6 - 86.8 = 29.8 \text{ ℃}$$

$$S_3 = \frac{Q_3}{K_3 \Delta t_3} = \frac{1.229 \times 10^6}{600 \times 29.8} = 68.7 \text{ m}^2$$

误差为 $1 - \dfrac{S_{\min}}{S_{\max}} = 1 - \dfrac{68.7}{98.7} = 0.304$，误差较大，应调整各效的有效温差，重复上述计算过程。

5)有效温差的再分配

$$S = \frac{S_1 \Delta t_1 + S_2 \Delta t_2 + S_3 \Delta t_3}{\sum \Delta t} = \frac{98.7 \times 6.9 + 96.3 \times 10.2 + 68.7 \times 29.8}{46.9} = 79.1 \text{ m}^2$$

重新分配有效温度差，得

$$\Delta t_1' = \frac{S_1}{S} \Delta t_1 = \frac{98.7}{79.1} \times 6.9 = 8.6 \text{ ℃}$$

$$\Delta t_2' = \frac{S_2}{S} \Delta t_2 = \frac{96.3}{79.1} \times 10.2 = 12.4 \text{ ℃}$$

$$\Delta t_3' = \frac{S_3}{S} \Delta t_3 = \frac{68.7}{79.1} \times 29.8 = 25.9 \text{ ℃}$$

6)重复上述计算步骤

(1)计算各效料液浓度　由所求得的各效蒸发量，可求各效料液的浓度，即

$$x_1 = \frac{F x_0}{F - W_1} = \frac{10\,000 \times 0.12}{10\,000 - 1\,968.9} = 0.149$$

$$x_2 = \frac{F x_0}{F - W_1 - W_2} = \frac{10\,000 \times 0.12}{10\,000 - 1\,968.9 - 1\,998.5} = 0.200$$

$$x_3 = 0.30$$

(2)计算各效料液的温度　因末效完成液浓度和二次蒸气压力均不变，各种温度差损失可视为恒定，故末效溶液的温度仍为 86.8 ℃，即

$$t_3 = 86.8 \text{ ℃}$$

则第Ⅲ效加热蒸汽的温度(也即第Ⅱ效二次蒸气温度)为

$$T_3 = T_2' = t_3 + \Delta t_3' = 86.8 + 25.9 = 112.7 \text{ ℃}$$

由第Ⅱ效二次蒸气的温度(112.7 ℃)及第Ⅱ效料液的浓度(0.200)查杜林线图，可得第Ⅱ

效料液的沸点为 122 ℃。由液柱静压力及流动阻力而引起的温度差损失可视为不变,故第 Ⅱ 效料液的温度为

$$t_2 = t_{A2} + \Delta''_2 + \Delta'''_2 = 122 + 1.5 + 1.0 = 124.5 \text{ ℃}$$

同理

$$T_2 = T'_1 = t_2 + \Delta t'_2 = 124.5 + 12.4 = 136.9 \text{ ℃}$$

由第 Ⅰ 效二次蒸气的温度(136.9 ℃)及第 Ⅰ 效料液的浓度(0.149)查杜林线图,可得第 Ⅱ 效料液的沸点为 142 ℃。则第 Ⅰ 效料液的温度为

$$t_1 = t_{A1} + \Delta''_1 + \Delta'''_1 = 142 + 0.8 + 1.0 = 143.8 \text{ ℃}$$

第 Ⅰ 效料液的温度也可由下式计算:

$$t_1 = T_1 - \Delta t'_1 = 151.7 - 8.6 = 143.1 \text{ ℃}$$

说明溶液的各种温度差损失变化不大,不需重新计算,故有效总温度差不变,即

$$\Sigma\Delta t = 46.9 \text{ ℃}$$

温度差重新分配后各效温度情况列于表 4-11。

表 4-11　温度差更新分配后各效温度情况

效次	Ⅰ	Ⅱ	Ⅲ
加热蒸汽温度/℃	$T_1 = 151.7$	$T'_1 = 136.9$	$T'_2 = 112.7$
有效温度差/℃	$\Delta t'_1 = 8.6$	$\Delta t'_2 = 12.4$	$\Delta t'_3 = 25.9$
料液温度(沸点)/℃	$t_1 = 143.8$	$t_2 = 124.5$	$t_3 = 86.8$

(3)各效的热量衡算

$$T'_1 = 136.9 \text{ ℃} \qquad r'_1 = 2\ 157 \text{ kJ/kg}$$
$$T'_2 = 112.7 \text{ ℃} \qquad r'_2 = 2\ 225 \text{ kJ/kg}$$
$$T'_3 = 60.1 \text{ ℃} \qquad r'_3 = 2\ 355 \text{ kJ/kg}$$

第 Ⅰ 效

$$\eta_1 = 0.98 - 0.7\Delta x_1 = 0.98 - 0.7 \times (0.149 - 0.12) = 0.960$$

$$W_1 = \eta_1 \frac{D_1 r_1}{r'_1} = 0.960 D_1 \frac{2\ 113}{2\ 157} = 0.940 D_1 \qquad\qquad (e)$$

第 Ⅱ 效

$$\eta_2 = 0.98 - 0.7\Delta x_2 = 0.98 - 0.7 \times (0.200 - 0.149) = 0.944\ 3$$

$$W_2 = \eta_2 \left[\frac{W_1 r_2}{r'_2} + (Fc_{po} - W_1 c_{pw}) \frac{t_1 - t_2}{r'_2} \right]$$

$$= 0.944\ 3 \times \left[\frac{2\ 157}{2\ 225} W_1 + (10\ 000 \times 3.77 - 4.187 W_1) \frac{143.8 - 124.5}{2\ 225} \right]$$

$$= 0.881\ 1 W_1 + 308.8 \qquad\qquad (f)$$

第 Ⅲ 效

$$\eta_3 = 0.98 - 0.7\Delta x_3 = 0.98 - 0.7 \times (0.30 - 0.200) = 0.91$$

$$W_3 = \eta_3 \left[\frac{W_2 r_3}{r'_3} + (Fc_{po} - W_1 c_{pw} - W_2 c_{pw}) \frac{t_2 - t_3}{r'_3} \right]$$

$$= 0.91 \times \left[\frac{2\ 225}{2\ 355} W_2 + (10\ 000 \times 3.77 - 4.187 W_1 - 4.187 W_2) \frac{124.5 - 86.8}{2\ 355} \right]$$

$$= 0.798\ 8W_2 + 0.061\ 0W_2 + 549.2 \tag{g}$$

又 $\qquad W_1 + W_2 + W_3 = 6\ 000 \tag{h}$

联解式（e）至式（h），可得

$$W_1 = 1\ 939.6\ \text{kg/h}$$

$$W_2 = 2\ 017.8\ \text{kg/h}$$

$$W_3 = 2\ 042.6\ \text{kg/h}$$

$$D_1 = 2\ 063.4\ \text{kg/h}$$

与第一次计算结果比较，其相对误差为

$$\left| 1 - \frac{1\ 968.9}{1\ 939.6} \right| = 0.015$$

$$\left| 1 - \frac{1\ 998.5}{2\ 017.8} \right| = 0.009\ 6$$

$$\left| 1 - \frac{2\ 032.3}{2\ 042.6} \right| = 0.005\ 0$$

计算相对误差均在 0.05 以下，故各效蒸发量的计算结果合理。各效溶液浓度无明显变化，不需重新计算。

（4）蒸发器传热面积的计算

$$Q_1 = D_1 r_1 = 2\ 063 \times 2\ 113 \times 10^3 / 3\ 600 = 1.211 \times 10^6\ \text{W}$$

$$\Delta t_1' = 8.6\ ℃$$

$$S_1 = \frac{Q_1}{K_1 \Delta t_1'} = \frac{1.211 \times 10^6}{1\ 800 \times 8.6} = 78.2\ \text{m}^2$$

$$Q_2 = W_1 r_1' = 1\ 939.6 \times 2\ 157 \times 10^3 / 3\ 600 = 1.162 \times 10^6\ \text{W}$$

$$\Delta t_2' = 12.4\ ℃$$

$$S_2 = \frac{Q_2}{K_2 \Delta t_2'} = \frac{1.162 \times 10^6}{1\ 200 \times 12.4} = 78.1\ \text{m}^2$$

$$Q_3 = W_2 r_2' = 2\ 017.8 \times 2\ 225 \times 10^3 / 3\ 600 = 1.247 \times 10^6\ \text{W}$$

$$\Delta t_3' = 25.9\ ℃$$

$$S_3 = \frac{Q_3}{K_3 \Delta t_3'} = \frac{1.247 \times 10^6}{600 \times 25.9} = 80.3\ \text{m}^2$$

误差为 $1 - \dfrac{S_{\min}}{S_{\max}} = 1 - \dfrac{78.2}{80.3} = 0.027 < 0.05$，迭代计算结果合理，取平均传热面积 $S = 78.9\ \text{m}^2$。

7）计算结果列表

效次	I	II	III	冷凝器
加热蒸汽温度 T_i/℃	151.7	136.9	112.7	60.1
操作压力 p_i'/kPa	327	163	20	20
溶液温度（沸点）t_i/℃	143.8	124.5	86.8	
完成液浓度 x_i/%	14.9	20	30	
蒸发量 W_i/kg·h^{-1}	1 939.6	2 017.8	2 042.6	
蒸汽消耗量 D/kg·h^{-1}	2 063.4			
传热面积 S_i/m^2	78.9	78.9	78.9	

附:蒸发器设计任务两则

任务1 NaOH 水溶液蒸发装置的设计

1. 设计题目
NaOH 水溶液三效并流加料蒸发装置的设计。

2. 设计任务及操作条件
(1)处理能力 1.667×10^5 t/a NaOH 水溶液。

(2)设备型式 中央循环管式蒸发器。

(3)操作条件

①NaOH 水溶液的原料液质量分数为 0.12,完成液质量分数为 0.40,原料液温度为第 I 效沸点温度。

②加热蒸汽压力为 500 kPa(绝压),冷凝器压力为 15 kPa(绝压)。

③各效蒸发器的总传热系数为:$K_1 = 1\,500$ W/(m² · ℃),$K_2 = 1\,000$ W/(m² · ℃),$K_3 = 600$ W/(m² · ℃)。

④各效蒸发器中料液液面高度为 1.5 m。

⑤各效加热蒸汽的冷凝液均在饱和温度下排出。假设各效传热面积相等,并忽略热损失。

⑥每年按 300 天计,每天 24 小时连续运行。

⑦厂址:天津地区。

3. 设计项目
(1)设计方案简介,对确定的工艺流程及蒸发器形式进行简要论述。

(2)蒸发器的工艺计算确定蒸发器的传热面积。

(3)蒸发器的主要结构尺寸设计。

(4)主要辅助设备选型,包括气液分离器及蒸气冷凝器等。

(5)绘制 NaOH 水溶液三效并流加料蒸发装置的流程图及蒸发器设备工艺简图。

(6)对本设计进行评述。

任务2 KNO₃水溶液蒸发装置的设计

1. 设计题目
KNO₃水溶液三效并流加料蒸发装置的设计。

2. 设计任务及操作条件
(1)处理能力 7.92×10^4 t/a KNO₃水溶液。

(2)设备形式 中央循环管式蒸发器。

(3)操作条件

①KNO₃水溶液的原料液质量分数为 0.15,完成液质量分数为 0.45,原料液温度为 80℃、恒压比热容为 3.5 kJ/(kg · ℃)。

②加热蒸汽压力为 400 kPa(绝压),冷凝器压力为 20 kPa(绝压)。

③各效蒸发器的总传热系数为:$K_1 = 2\,000\ \text{W}/(\text{m}^2 \cdot \text{℃})$,$K_2 = 1\,000\ \text{W}/(\text{m}^2 \cdot \text{℃})$,$K_3 = 500\ \text{W}/(\text{m}^2 \cdot \text{℃})$。

④各效加热蒸汽的冷凝液均在饱和温度下排出,假设各效传热面积相等,并忽略溶液的浓缩热和蒸发器的热损失,不考虑液柱静压和流动阻力对沸点的影响。

⑤每年按 300 天计,每天 24 小时连续运行。

⑥厂址:天津地区。

3. 设计项目

(1)设计方案简介,对确定的工艺流程及蒸发器形式进行简要论述。

(2)蒸发器的工艺计算确定蒸发器的传热面积。

(3)蒸发器的主要结构尺寸设计。

(4)主要辅助设备选型,包括气液分离器及蒸气冷凝器等。

(5)绘制 KNO_3 水溶液三效并流加料蒸发装置的流程图及蒸发器设备工艺简图。

(6)对本设计进行评述。

参 考 文 献

[1]柴诚敬,刘国维,李阿娜. 化工原理课程设计[M]. 天津:天津科学技术出版社,1994.

[2]柴诚敬,张国亮. 化工流体流动与传热[M]. 2 版. 北京:化学工业出版社,2007.

[3]时钧,汪家鼎,余国琮,等. 化学工程手册(上卷)[M]. 2 版. 北京:化学工业出版社,1996.

[4]COULSON J M, RICHARDSON J F. Chemical Engineering Vol. 2[M]. 3rd ed. Oxford:Pergamon,1994.

[5]MCCABE W L, SMITH J C, HARRIOTT P. Unit Operations of Chemical Engineering[M]. 6th ed. New York:McGraw-Hill Inc. ,2001.

第5章 塔设备的设计

◆◆◆ 本章符号说明 ◆◆◆

英文字母

a——填料的有效比表面积，m^2/m^3；

a_t——填料的总比表面积，m^2/m^3；

a_w——填料的润湿比表面积，m^2/m^3；

A_a——塔板开孔区面积，m^2；

A_f——降液管截面积，m^2；

A_0——筛孔总面积，m^2；

A_T——塔截面积，m^2；

c_0——流量系数，量纲为一；

C——计算 u_{max} 时的负荷系数，m/s；

C_s——气相负荷因子，m/s；

d——填料直径，m；

d_0——筛孔直径，m；

D——塔径，m；

D_L——液体扩散系数，m^2/s；

D_V——气体扩散系数，m^2/s；

e_V——液沫夹带量，$kg(液)/kg(气)$；

E——液流收缩系数，量纲为一；

E_T——总板效率，量纲为一；

F——气相动能因子，$kg^{1/2}/(s \cdot m^{1/2})$；

F_0——筛孔气相动能因子，$kg^{1/2}/(s \cdot m^{1/2})$；

g——重力加速度，$9.81\ m/s^2$；

h——填料层分段高度，m；

  $HETP$ 关联式常数；

h_1——进口堰与降液管间的水平距离，m；

h_c——与干板压降相当的液柱高度，m 液柱；

h_d——与液体流过降液管的压降相当的液柱高度，m；

h_f——塔板上鼓泡层高度，m；

h_l——与板上液层阻力相当的液柱高度，m 液柱；

h_L——板上清液层高度，m；

h_{max}——允许的最大填料层高度，m；

h_0——降液管的底隙高度，m；

h_{ow}——堰上液层高度，m；

h_w——出口堰高度，m；

h'_w——进口堰高度，m；

h_σ——与克服表面张力的压降相当的液柱高度，m 液柱；

H——板式塔高度，m；

  溶解度系数，$kmol/(m^3 \cdot kPa)$；

H_B——塔底空间高度，m；

H_d——降液管内清液层高度，m；

H_D——塔顶空间高度，m；

H_F——进料板处塔板间距，m；

H_{OG}——气相总传质单元高度，m；

H_p——人孔处塔板间距，m；

H_T——塔板间距，m；

H_1——封头高度，m；

H_2——裙座高度，m；

$HETP$——等板高度，m；

k_G——气膜吸收系数，$kmol/(m^2 \cdot s \cdot kPa)$；

k_L——液膜吸收系数，m/s；

K——稳定系数，量纲为一；

K_G——气相总吸收系数，$kmol/(m^2 \cdot s \cdot kPa)$；

l_w——堰长，m；

L_h——液体体积流量，m^3/h；

L_s——液体体积流量，m^3/s；

L_w——润湿速率，$m^3/(m \cdot s)$；

m——相平衡常数,量纲为一;

n——筛孔数目;

N_{OG}——气相总传质单元数;

N_T——理论板层数;

p——操作压力,Pa;

Δp——压力降,Pa;

Δp_p——气体通过每层筛板的压降,Pa;

r——鼓泡区半径,m;

t——筛孔的中心距,m;

u——空塔气速,m/s;

u_F——泛点气速,m/s;

u_0——气体通过筛孔的速度,m/s;

$u_{0,min}$——漏液点气速,m/s;

u_0'——液体通过降液管底隙的速度,m/s;

U——液体喷淋密度,$m^3/(m^2 \cdot h)$;

U_L——液体质量通量,$kg/(m^2 \cdot h)$;

U_{min}——最小液体喷淋密度,$m^3/(m^2 \cdot h)$;

U_V——气体质量通量,$kg/(m^2 \cdot h)$;

V_h——气体体积流量,m^3/h;

V_s——气体体积流量,m^3/s;

w_L——液体质量流量,kg/s;

w_V——气体质量流量,kg/s;

W_c——边缘无效区宽度,m;

W_d——弓形降液管宽度,m;

W_s——破沫区宽度,m;

x——液相摩尔分数;

X——液相摩尔比;

y——气相摩尔分数;

Y——气相摩尔比;

Z——板式塔的有效高度,m;

　　　填料层高度,m。

希腊字母

β——充气系数,量纲为一;

δ——筛板厚度,m;

ε——空隙率,量纲为一;

θ——液体在降液管内停留时间,s;

μ——黏度,$mPa \cdot s$;

ρ——密度,kg/m^3;

σ——表面张力,N/m;

ϕ——开孔率或孔流系数,量纲为一;

Φ——填料因子,1/m;

ψ——液体密度校正系数,量纲为一。

下标

max——最大的;

min——最小的;

L——液相的;

V——气相的。

5.1　概　　述

5.1.1　塔设备的类型

　　塔设备是化工、石油化工、生物化工、制药等生产过程中广泛采用的气液传质设备。根据塔内气液接触构件的结构形式,可分为板式塔和填料塔两大类。

　　板式塔内设置一定数量的塔板,气体以鼓泡或喷射形式穿过板上的液层,进行传质与传热。在正常操作下,气相为分散相,液相为连续相,气相组成呈阶梯变化,属逐级接触逆流操作过程。

　　填料塔内装有一定高度的填料层,液体自塔顶沿填料表面下流,气体逆流向上(有时也采用并流向下)流动,气液两相密切接触,进行传质与传热。在正常操作下,气相为连续相,液相为分散相,气相组成呈连续变化,属微分接触逆流操作过程。

5.1.2 塔设备的性能要求

工业上,塔设备主要用来分离气体或液体混合物,通过气液两相之间的相际传质过程,实现均相混合物的分离。为此,塔设备必须满足气液接触和传质过程的要求,具有以下基本性能:

①气液两相充分接触,两相分布均匀,传质效率高;

②流体流动阻力小,气体通过塔内构件的压降低、能耗低;

③流体的通量大,单位设备体积的处理量大;

④操作弹性大,在气液负荷较大的变动范围内,能维持传质效率基本不变;

⑤性能稳定,安全可靠,稳定运行时间长;

⑥对物料的适应性强,适于分离组成复杂的物料;

⑦结构简单,制造成本低;

⑧易于安装、检修和清洗。

5.1.3 板式塔与填料塔的比较及选型

1. 板式塔与填料塔的比较

工业上,评价塔设备的性能指标主要有几个方面:①生产能力;②分离效率;③塔压降;④操作弹性;⑤结构、制造及造价,等等。现就板式塔与填料塔的性能比较如下。

1)生产能力

板式塔与填料塔的液体流动和传质机理不同。板式塔的传质是通过上升气体穿过板上的液层来实现,塔板的开孔面积一般占塔截面积的 7% ~10% ;而填料塔的传质是通过上升气体和靠重力沿填料表面下降的液流接触实现。填料塔内件的开孔率通常在 50% 以上,而填料层的空隙率则超过 90% ,一般液泛点较高,故单位塔截面积上,填料塔的生产能力一般均高于板式塔。

2)分离效率

一般情况下,填料塔具有较高的分离效率。工业上常用填料塔的每米理论级为 2 ~ 8 级。而常用的板式塔,每米理论板最多不超过 2 级。研究表明,在减压、常压和低压(压力小于 0.3 MPa)操作下,填料塔的分离效率明显优于板式塔;在高压操作下,板式塔的分离效率略优于填料塔。

3)塔压降

填料塔由于空隙率高,故其压降远远小于板式塔。一般情况下,板式塔的每个理论级压降为 0.4 ~1.1 kPa,填料塔为 0.01 ~0.27 kPa,通常,板式塔的压降高于填料塔 5 倍左右。压降低不仅能降低操作费用,节约能耗,对于精馏过程,可使塔釜温度降低,有利于热敏性物系的分离。

4)操作弹性

一般来说,填料本身对气液负荷变化的适应性很强,故填料塔的操作弹性取决于塔内件的设计,特别是液体分布器的设计,因而可根据实际需要确定填料塔的操作弹性。而板式塔的操作弹性则受到塔板液泛、液沫夹带及降液管能力的限制,一般操作弹性较小。

5）结构、制造及造价等

一般来说，填料塔的结构较板式塔简单，故制造、维修也较为方便，但填料塔的造价通常高于板式塔。

应予指出，填料塔的持液量小于板式塔，持液量大，可使塔的操作平稳，不易引起产品的迅速变化，故板式塔较填料塔更易于操作。板式塔容易实现侧线进料和出料，而填料塔对侧线进料和出料等复杂情况不太适合。对于比表面积较大的高性能填料，填料层容易堵塞，故填料塔不宜直接处理有悬浮物或容易聚合的物料。

2. 塔设备的选型

工业上，塔设备主要用于蒸馏和吸收传质单元操作过程。传统的设计中，蒸馏过程多选用板式塔，而吸收过程多选用填料塔。近年来，随着塔设备设计水平的提高及新型塔构件的出现，上述传统已逐渐被打破。在蒸馏过程中采用填料塔及在吸收过程中采用板式塔已有不少应用范例，尤其是填料塔在精馏过程中的应用已非常普遍。

对于一个具体的分离过程，设计中选择何种塔型，应根据生产能力、分离效率、塔压降、操作弹性等要求并结合制造、维修、造价等因素综合考虑。例如，对于热敏性物系的分离，要求塔压降尽可能低，选用填料塔较为适宜；对于有侧线进料和出料的工艺过程，选用板式塔较为适宜；对于有悬浮物或容易聚合物系的分离，为防止堵塞，宜选用板式塔；对于液体喷淋密度极小的工艺过程，若采用填料塔，填料层得不到充分润湿，使分离效率明显下降，故宜选用板式塔；对于易发泡物系的分离，因填料层具有使泡沫破碎的作用，宜选用填料塔。

5.2 板式塔的设计

板式塔的类型很多，但其设计原则基本相同。一般来说，板式塔的设计步骤大致如下：

①根据设计任务和工艺要求，确定设计方案；

②根据设计任务和工艺要求，选择塔板类型；

③确定塔径、塔高等工艺尺寸；

④进行塔板的设计，包括溢流装置的设计、塔板的布置、升气道（泡罩、筛孔或浮阀等）的设计及排列；

⑤进行流体力学验算；

⑥绘制塔板的负荷性能图；

⑦根据负荷性能图，对设计进行分析，若设计不够理想，可对某些参数进行调整，重复上述设计过程，一直到满意为止。

5.2.1 设计方案的确定

1. 装置流程的确定

蒸馏装置包括精馏塔、原料预热器、蒸馏釜（再沸器）、冷凝器、釜液冷却器和产品冷却器等设备。蒸馏过程按操作方式的不同，分为连续蒸馏和间歇蒸馏两种流程。连续蒸馏具有生产能力大、产品质量稳定等优点，工业生产中以连续蒸馏为主。间歇蒸馏具有操作灵活、适应性强等优点，适合于小规模、多品种或多组分物系的初步分离。

蒸馏是通过物料在塔内的多次部分汽化与多次部分冷凝实现分离的，热量自塔釜输入，由冷凝器和冷却器中的冷却介质将余热带走。在此过程中，热能利用率很低，为此，在确定装置流程时应考虑余热的利用。譬如,用原料作为塔顶产品(或釜液产品)冷却器的冷却介质,既可将原料预热,又可节约冷却介质。

另外,为保持塔的操作稳定性,流程中除用泵直接送入塔原料外也可采用高位槽送料,以免受泵操作波动的影响。

塔顶冷凝装置可采用全凝器、分凝器—全凝器两种不同的设置。工业上以采用全凝器为主,以便于准确地控制回流比。塔顶分凝器对上升蒸气有一定的增浓作用,若后续装置使用气态物料,则宜用分凝器。

总之,确定流程时要较全面、合理地兼顾设备费用、操作费用、操作控制及安全诸因素。

2. 操作压力的选择

蒸馏过程按操作压力不同分为常压蒸馏、减压蒸馏和加压蒸馏。一般,除热敏性物系外,凡通过常压蒸馏能够达到分离要求,并能用江河水或循环水将馏出物冷凝下来的物系,都应采用常压蒸馏;对热敏性物系或者混合物泡点过高的物系,则宜采用减压蒸馏;对常压下馏出物的冷凝温度过低的物系,需提高塔压或者采用深井水、冷冻盐水作为冷却剂;而常压下呈气态的物系必须采用加压蒸馏。例如苯乙烯常压沸点为 145.2 ℃,而将其加热到102 ℃以上就会发生聚合,故苯乙烯应采用减压蒸馏;脱丙烷塔操作压力提高到 1 765 kPa时,冷凝温度约为 50℃,便可用江河水或者循环水进行冷却,则运转费用减少;石油气常压呈气态,必须采用加压蒸馏。

3. 进料热状况的选择

蒸馏操作有 5 种进料热状况,进料热状况不同,会影响塔内各层塔板的气、液相负荷。工业上多采用接近泡点的液体进料和饱和液体(泡点)进料,通常用釜残液预热原料。若工艺要求减少塔釜的加热量,以避免釜温过高,料液产生聚合或结焦,则应采用气态进料。

4. 加热方式的选择

蒸馏大多采用间接蒸汽加热,设置再沸器。有时也可采用直接蒸汽加热,例如蒸馏釜残液中的主要组分是水,且在低浓度下轻组分的相对挥发度较大时(如乙醇与水的混合液)宜用直接蒸汽加热,其优点是可以利用压力较低的加热蒸汽以节省操作费用,并省掉间接加热设备。但由于直接蒸汽的加入对釜内溶液起一定稀释作用,在进料条件和产品纯度、轻组分收率一定的前提下,釜液浓度相应降低,故需要在提馏段增加塔板以达到生产要求。

5. 回流比的选择

回流比是精馏操作的重要工艺条件,其选择的原则是使设备费用和操作费用之和最低。设计时,应根据实际需要选定回流比,也可参考同类生产的经验值选定。必要时可选若干个 R 值,利用吉利兰图(简捷法)求出对应的理论板数 N,作出 $N—R$ 曲线,从中找出适宜操作回流比 R,也可作出 R 对精馏操作费用的关系线,从中确定适宜回流比 R。

5.2.2 塔板的类型与选择

塔板是板式塔的主要构件,分为错流式塔板和逆流式塔板两类,工业应用以错流式塔板为主,常用的错流式塔板主要有下列几种。

1. 泡罩塔板

泡罩塔板是工业上应用最早的塔板,其主要元件为升气管及泡罩。泡罩安装在升气管的顶部,分圆形和条形两种,国内应用较多的是圆形泡罩。泡罩尺寸分为 $\phi 80$ mm、

$\phi 100$ mm、$\phi 150$ mm 3 种,可根据塔径的大小选择。通常,塔径小于 1 000 mm 时选用 $\phi 80$ mm 的泡罩;塔径大于 2 000 mm 时选用 $\phi 150$ mm 的泡罩。

泡罩塔板的主要优点是操作弹性较大,液气比范围大,不易堵塞,适于处理各种物料,操作稳定可靠。其缺点是结构复杂,造价高;板上液层厚,塔板压降大,生产能力及板效率较低。近年来,泡罩塔板已逐渐被筛板、浮阀塔板和其他新型塔板所取代。在设计中除特殊需要(如分离黏度大、易结焦等物系)外一般不宜选用。

2. 筛孔塔板

筛孔塔板简称筛板,结构特点为塔板上开有许多均匀的小孔。根据孔径的大小,分为小孔径筛板(孔径为 3 ~ 8 mm)和大孔径筛板(孔径为 10 ~ 25 mm)两类。工业应用中以小孔径筛板为主,大孔径筛板多用于某些特殊场合(如分离黏度大、易结焦的物系)。

筛板的优点是结构简单,造价低;板上液面落差小,气体压降低,生产能力较大;气体分散均匀,传质效率较高。其缺点是筛孔易堵塞,不宜处理易结焦、黏度大的物料。

应予指出,尽管筛板传质效率高,但若设计和操作不当,易产生漏液,使得操作弹性减小,传质效率下降,故过去工业上应用较为谨慎。近年来,由于设计和控制水平的不断提高,可使筛板的操作非常精确,弥补了上述不足,故应用日趋广泛。在确保精确设计和采用先进控制手段的前提下,设计中可大胆选用。

3. 浮阀塔板

浮阀塔板是在泡罩塔板和筛孔塔板的基础上发展起来的,它吸收了两种塔板的优点。其结构特点是在塔板上开有若干个阀孔,每个阀孔装有一个可以上下浮动的阀片。气流从浮阀周边水平地进入塔板上液层,浮阀可根据气流流量的大小而上下浮动,自行调节。浮阀的类型很多,国内常用的有 F1 型、V- 4 型及 T 型等,其中以 F1 型浮阀应用最普遍。

浮阀塔板的优点:结构简单、制造方便、造价低;塔板开孔率大,生产能力大;由于阀片可随气量变化自由升降,故操作弹性大;因上升气流水平吹入液层,气液接触时间较长,故塔板效率较高。其缺点:处理易结焦、高黏度的物料时,阀片易与塔板黏结;在操作过程中有时会发生阀片脱落或卡死等现象,使塔板效率和操作弹性下降。

应予指出,以上介绍的仅是几种较为典型的浮阀形式。由于浮阀塔板具有生产能力大、操作弹性大及塔板效率高等优点,且加工方便,故有关浮阀塔板的研究开发远较其他形式的塔板广泛,是目前新型塔板研究开发的主要方向。近年来研究开发出的新型浮阀有船形浮阀、管形浮阀、梯形浮阀、双层浮阀、V-V 浮阀、混合浮阀等,其共同的特点是加强了流体的导向作用和气体的分散作用,使气液两相的流动更趋于合理,操作弹性和塔板效率得到进一步的提高。但应指出,在工业应用中,目前还多采用 F1 型浮阀,其原因是 F1 型浮阀已有系列化标准,各种设计数据完善,便于设计和对比。而采用新型浮阀,设计数据不够完善,给设计带来一定的困难,但随着新型浮阀性能测定数据的不断发表及工业应用的增加,其设计数据会逐步完善,在有较完善的性能数据下,设计中可选用新型浮阀。

4. 斜孔塔板

斜孔塔板是 20 世纪 70 年代后期研制的一种新型塔板,经过 30 余年的实验研究和工业实践,技术已趋于成熟,现已作为一种通用板型,在工业分离特别在石油炼制过程中得到广泛应用。

斜孔塔板属于气液并流喷射型塔板,在板上开有斜孔,孔口与板面成一定角度。斜孔的

114

开口方向与液流方向垂直,同一排孔的孔口方向一致,相邻两排开孔方向相反,使相邻两排孔的气体反方向喷出。这样,气流不会对喷,既可得到水平方向较大的气速,又阻止了液沫夹带,使板面上液层低而均匀,气体和液体不断分散和聚集,其表面不断更新,气液接触良好,传质效率提高。

斜孔塔板的生产能力比浮阀塔板大 30% 左右,效率与之相当,且结构简单,加工制造方便,是一种性能优良的塔板。

5. 立体传质塔板

立体传质塔板作为一种新型塔板,日益受到人们的关注,现已在化肥、制药等行业中得到广泛的应用。

立体传质塔板有多种类型,但其结构大体类似,即在塔板上开孔(有圆孔、方孔和矩形孔等),孔上相应布置有各种形式的帽罩(有圆形、方形和矩形等),并设有降液管。垂直筛板是一种典型的立体传质塔板,它是由直径为 100~200 mm 的大筛孔和侧壁开有许多小筛孔的圆形泡罩组成。塔板上液体被从大筛孔上升的气体拉成膜状沿泡罩内壁向上流动,并与气体一起由筛孔水平喷出。垂直筛板要求一定的液层高度,以维持泡罩底部的液封,故必须设置溢流堰。垂直筛板集中了泡罩塔板、筛孔塔板及喷射型塔板的特点,具有液沫夹带量小、生产能力大、传质效率高等优点,其综合性能优于斜孔塔板。

5.2.3 板式塔的塔体工艺尺寸计算

板式塔的塔体工艺尺寸包括塔体的有效高度和塔径。

1. 塔的有效高度计算

1)基本计算公式

板式塔的有效高度是指安装塔板部分的高度,可按下式计算:

$$Z = \left(\frac{N_T}{E_T} - 1 \right) H_T \tag{5-1}$$

式中　Z——板式塔的有效高度,m ;

　　　N_T——塔内所需的理论板层数;

　　　E_T——总板效率;

　　　H_T——塔板间距,m。

2)理论板层数的计算

对给定的设计任务,当分离要求和操作条件确定后,所需的理论板层数可采用逐板计算法或图解法求得,有关内容在《化工原理》(下册)或《化工传质与分离过程》等教材的蒸馏一章中已详尽讨论,此处不再赘述。

应予指出,近年来,随着模拟计算技术和计算机技术的发展,已开发出许多用于精馏过程模拟计算的软件,设计中常用的有 ASPEN、PRO/Ⅱ 等。这些模拟软件虽有各自的特点,但其模拟计算的原理基本相同,即采用不同的数学方法,联立求解物料衡算方程(M 方程)、相平衡方程(E 方程)、热量衡算方程(H 方程)及组成加和方程(S 方程),简称 MEHS 方程组。在 ASPEN、PRO/Ⅱ 等软件包中,存储了大多数物系的物性参数及气液平衡数据,对缺乏数据的物系,可通过软件包内的计算模块,通过一定的算法,求出相关的参数。设计中,给定相应的设计参数,通过模拟计算,即可获得所需的理论板层数,进料板位置,各层理论板的气液相负荷、气液相密度、气液相黏度,各层理论板的温度与压力等,计算快捷准确。

3)塔板间距的确定

塔板间距 H_T 的选取与塔高、塔径、物系性质、分离效率、操作弹性以及塔的安装、检修等因素有关。设计时通常根据塔径的大小,由表5-1列出的塔板间距的经验数值选取。

表5-1　塔板间距与塔径的关系

塔径 D/m	0.3~0.5	0.5~0.8	0.8~1.6	1.6~2.0	2.0~2.4	>2.4
板间距 H_T/mm	200~300	300~350	350~450	450~600	500~800	≥800

选取塔板间距时,还要考虑实际情况。例如塔板层数很多时,宜选用较小的板间距,适当加大塔径以降低塔的高度;塔内各段负荷差别较大时,也可采用不同的板间距以保持塔径的一致;对易发泡的物系,板间距应取大些,以保证塔的分离效果;对生产负荷波动较大的场合,也需加大板间距以提高操作弹性。在设计中,有时需反复调整,选定适宜的板间距。

塔板间距的数值应按系列标准选取,常用的塔板间距有300、350、400、450、500、600、800 mm 等几种系列标准。应予指出,板间距的确定除考虑上述因素外,还应考虑安装、检修的需要。例如在塔体的人孔处,应采用较大的板间距,一般不低于600 mm。

2. 塔径的计算

板式塔的塔径依据流量公式计算,即

$$D = \sqrt{\frac{4V_s}{\pi u}} \tag{5-2}$$

式中　D——塔径,m;

　　　V_s——气体体积流量,m^3/s;

　　　u——空塔气速,m/s。

由式(5-2)可知,计算塔径的关键是计算空塔气速 u。设计中,空塔气速 u 的计算方法是,先求得最大空塔气速 u_{max},然后根据设计经验,乘以一定的安全系数,即

$$u = (0.6~0.8)u_{max} \tag{5-3}$$

安全系数的选取与分离物系的发泡程度密切相关。对不易发泡的物系,可取较高的安全系数,对易发泡的物系,应取较低的安全系数。

最大空塔气速 u_{max} 可依据悬浮液滴沉降原理导出,其结果为

$$u_{max} = C\sqrt{\frac{\rho_L - \rho_V}{\rho_V}} \tag{5-4}$$

式中　ρ_L——液相密度,kg/m^3;

　　　ρ_V——气相密度,kg/m^3;

　　　C——负荷因子,m/s。

负荷因子 C 值与气液负荷、物性及塔板结构有关,一般由实验确定。史密斯(Smith)等人汇集了若干泡罩、筛板和浮阀塔的数据,整理成负荷因子与诸影响因素间的关系曲线,如图5-1所示。

图中横坐标 $L_h/V_h(\rho_L/\rho_V)^{1/2}$ 为量纲为一的比值,称为液气动能参数,它反映液、气两相

的负荷与密度对负荷因子的影响;纵坐标 C_{20} 为物系表面张力为 20 mN/m 时的负荷系数;参数 $H_T - h_L$ 反映液滴沉降空间高度对负荷因子的影响。

设计中,板上液层高度 h_L 由设计者选定。对常压塔一般取为 $0.05 \sim 0.08$ m;对减压塔一般取为 $0.025 \sim 0.03$ m。

图 5-1 是按液体表面张力 $\sigma_1 = 20$ mN/m 的物系绘制的,当所处理的物系表面张力为其他值时,应按下式进行校正,即

$$C = C_{20}\left(\frac{\sigma_1}{20}\right)^{0.2} \tag{5-5}$$

式中　C——操作物系的负荷因子,m/s;

　　　σ_1——操作物系的液体表面张力,mN/m。

应予指出,由式(5-2)计算出塔径 D 后,还应按塔径系列标准进行圆整。常用的标准塔径为 400、500、600、700、800、1 000、1 200、1 400、1 600、2 000、2 200 mm 等。

还应指出,以上算出的塔径只是初估值,还要根据流体力学原则进行验算。另外,对于精馏过程,精馏段和提馏段的气、液相负荷及物性数据是不同的,故设计中两段的塔径应分别计算,若二者相差不大,应取较大者作为塔径,若二者相差较大,应采用变径塔。

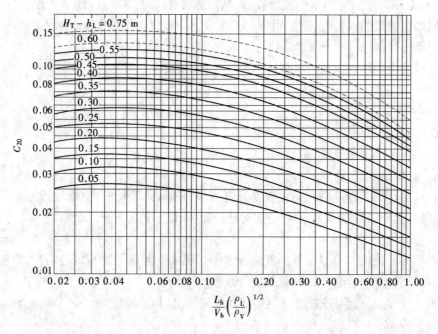

图 5-1　史密斯关联图

图中:V_h、L_h——分别为塔内气、液两相的体积流量,m^3/h;ρ_V、ρ_L——分别为塔内气、液两相的密度,kg/m^3;H_T——塔板间距,m;h_L——塔上液层高度,m。

5.2.4　板式塔的塔板工艺尺寸计算

1. 溢流装置的设计

板式塔的溢流装置包括溢流堰、降液管和受液盘等几部分,其结构和尺寸对塔的性能有着重要的影响。

1）降液管的类型与溢流方式

（1）降液管的类型　降液管是塔板间流体流动的通道，也是使溢流液中所夹带气体得以分离的场所。降液管有圆形与弓形两类，如图 5-2 所示。圆形降液管一般只用于小直径塔，对于直径较大的塔，常用弓形降液管。

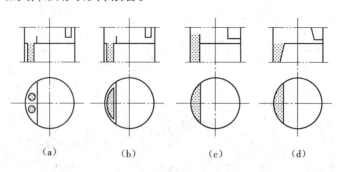

图 5-2　降液管的类型

（a）圆形降液管　（b）内弓形降液管　（c）弓形降液管　（d）倾斜式弓形降液管

（2）溢流方式　溢流方式与降液管的布置有关。常用的降液管布置方式有 U 形流、单溢流、双溢流及阶梯式双溢流等，如图 5-3 所示。

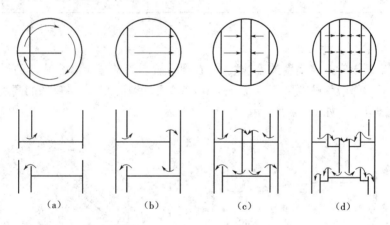

图 5-3　塔板溢流类型

（a）U 型流　（b）单溢流　（c）双溢流　（d）阶梯式双溢流

U 形流也称回转流。其结构是将弓形降液管用挡板隔成两半，一半作受液盘，另一半作降液管，降液和受液装置安排在同一侧。此种溢流方式液体流径长，可以提高板效率，其板面利用率也高，但它的液面落差大，只适用于小塔及液体流量小的场合。

单溢流又称直径流。液体自受液盘横向流过塔板至溢流堰。此种溢流方式液体流径较长，塔板效率较高，塔板结构简单，加工方便，在直径小于 2.2 m 的塔中被广泛使用。

双溢流又称半径流。其结构是降液管交替设在塔截面的中部和两侧，来自上层塔板的液体分别从两侧的降液管进入塔板，横过半块塔板而进入中部降液管，到下层塔板则液体由中央向两侧流动。此种溢流方式的优点是液体流动的路程短，可降低液面落差，但塔板结构复杂，板面利用率低，一般用于直径大于 2 m 的塔中。

阶梯式双溢流的塔板做成阶梯形式，每一阶梯均有溢流。此种溢流方式可在不缩短液体流径的情况下减小液面落差。这种塔板结构最为复杂,只适用于塔径很大、液流量很大的特殊场合。

溢流类型与液体流量及塔径有关。表5-2列出了溢流类型与液体流量及塔径的经验关系,可供设计时参考。

表5-2 溢流类型与液体流量及塔径的关系

塔径 D/mm	液体流量 L_h/m³·h⁻¹			
	U 型流	单溢流	双溢流	阶梯式双溢流
600	<5	5~25		
900	<7	7~50		
1 000	<7	<45		
1 400	<9	<70		
2 000	<11	<90	90~160	
3 000	<11	<110	110~200	200~300
4 000	<11	<110	110~230	230~350
5 000	<11	<110	110~250	250~400
6 000	<11	<110	110~250	250~450
应用场合	用于较低液气比	一般场合	用于高液气比或大型塔板	用于极高液气比或超大型塔板

2)溢流装置的设计计算

为维持塔板上有一定高度的流动液层,必须设置溢流装置。溢流装置的设计包括堰长 l_w、堰高 h_w,弓形降液管的宽度 W_d、截面积 A_f,降液管底隙高度 h_0,进口堰的高度 h'_w 与降液管间的水平距离 h_1 等,如图5-4所示。

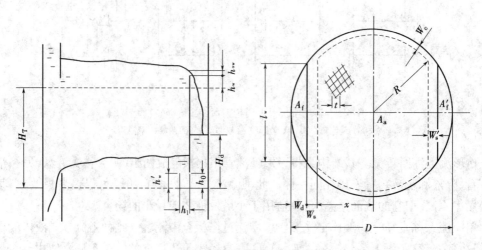

图5-4 塔板的结构参数

(1)溢流堰(出口堰) 使降液管的上端高出塔板板面,即形成溢流堰。溢流堰板的形状有平直形与齿形两种,设计中一般采用平直形溢流堰板。

①堰长。弓形降液管的弦长称为堰长,以 l_w 表示。堰长 l_w 一般根据经验确定,对于常用的弓形降液管:

单溢流 $l_w = (0.6 \sim 0.8)D$

双溢流 $l_w = (0.5 \sim 0.6)D$

式中 D——塔内径,m。

②堰高。降液管端面高出塔板板面的距离,称为堰高,以 h_w 表示。堰高与板上清液层高度及堰上液层高度的关系为

$$h_L = h_w + h_{ow} \tag{5-6}$$

式中 h_L——板上清液层高度,m;

h_{ow}——堰上液层高度,m。

设计时,一般应保持塔板上清液层高度在 $50 \sim 100$ mm,于是,堰高 h_w 可由板上清液层高度及堰上液层高度而定。堰上液层高度对塔板的操作性能有很大的影响。堰上液层高度太小,会造成液体在堰上分布不均,影响传质效果,设计时应使堰上液层高度大于 6 mm,若小于此值须采用齿形堰;堰上液层高度太大,会增大塔板压降及液沫夹带量。一般设计时 h_{ow} 不宜大于 $60 \sim 70$ mm,超过此值时可改用双溢流形式。

对于平直堰,堰上液层高度 h_{ow} 可用弗兰西斯(Francis)公式计算,即

$$h_{ow} = \frac{2.84}{1\,000} E \left(\frac{L_h}{l_w} \right)^{2/3} \tag{5-7}$$

式中 L_h——塔内液体流量,m^3/h;

E——液流收缩系数,由图 5-5 查得。

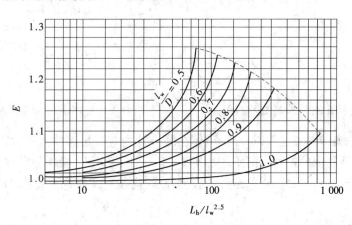

图 5-5 液流收缩系数计算

根据设计经验,取 $E = 1$ 时所引起的误差能满足工程设计要求。当 $E = 1$ 时,由式(5-7)可看出,h_{ow} 仅与 L_h 及 l_w 有关,于是可用图 5-6 所示的列线图求出 h_{ow}。

求出 h_{ow} 后,即可按下式确定 h_w 的范围:

$$0.05 - h_{ow} \leqslant h_w \leqslant 0.1 - h_{ow} \tag{5-8}$$

在工业塔中,堰高 h_w 一般为 $0.04 \sim 0.05$ m;减压塔为 $0.015 \sim 0.025$ m;加压塔为 $0.04 \sim 0.08$ m,一般不宜超过 0.1 m。

(2)降液管   工业中以弓形降液管应用为主,故此处只讨论弓形降液管的设计。

①弓形降液管的宽度及截面积。弓形降液管的宽度以 W_d 表示,截面积以 A_f 表示,设计中可根据堰长与塔径之比 l_w/D 由图 5-7 查得。

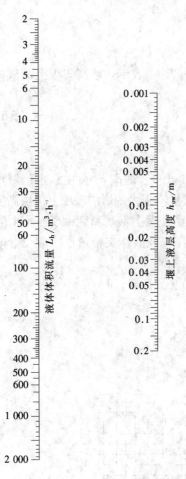

图 5-6　求 h_{ow} 的列线图　　　　　　　图 5-7　弓形降液管的参数

为使液体中夹带的气泡得以分离,液体在降液管内应有足够的停留时间。由实践经验可知,液体在降液管内的停留时间不应小于 3～5 s,对于高压下操作的塔及易起泡的物系,停留时间应更长一些。为此,在确定降液管尺寸后,应按下式验算降液管内液体的停留时间 θ,即

$$\theta = \frac{3\,600A_fH_T}{L_h} \geqslant 3\sim5 \text{ s} \tag{5-9}$$

若不能满足式(5-9)要求,应调整降液管尺寸或板间距,直至满足要求为止。

②降液管底隙高度。降液管底隙高度是指降液管下端与塔板间的距离,以 h_0 表示。降液管底隙高度 h_0 应小于出口堰高度 h_w,才能保证降液管底端有良好的液封,一般不应低于 6 mm,即

$$h_0 = h_w - 0.006 \tag{5-10}$$

h_0 也可按下式计算:

$$h_0 = \frac{L_h}{3\,600 l_w u_0'} \tag{5-11}$$

式中　u_0'——液体通过底隙时的流速,m/s。

根据经验,一般取$u'_0 = 0.07 \sim 0.25$ m/s。

降液管底隙高度一般不宜小于 20 ~ 25 mm,否则易于堵塞,或因安装偏差致使液流不畅,造成液泛。

(3)受液盘　受液盘有平形受液盘和凹形受液盘两种形式,如图5-8所示。

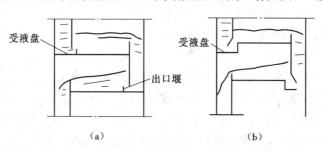

图 5-8　受液盘示意
(a)平形受液盘　(b)凹形受液盘

平形受液盘一般需在塔板上设置进口堰,以保证降液管的液封,并使液体在板上分布均匀。进口堰高度h'_w可按下述原则考虑:当出口堰高度h_w大于降液管底隙高度h_0(一般都是这样)时,取$h'_w = h_w$,在个别情况下$h_w < h_0$,则应取$h'_w > h_0$,以保证液体由降液管流出时不致受到很大阻力,进口堰与降液管间的水平距离h_1不应小于h_0。

设置进口堰既占用板面,又易使沉淀物淤积此处造成阻塞。采用凹形受液盘不需设置进口堰。凹形受液盘既可在低液量时形成良好的液封,又有改变液体流向的缓冲作用,并便于液体从侧线抽出。对于$\phi600$ mm 以上的塔,多采用凹形受液盘。凹形受液盘的深度一般为 50 ~ 80 mm,有侧线采出时宜取深些。凹形受液盘不适于易聚合及有悬浮固体的情况,因易造成死角而堵塞。

2. 塔板设计

塔板具有不同的类型,不同类型塔板的设计原则虽基本相同,但又各自有不同的特点,现对筛板的设计方法进行讨论,其他类型塔板的设计方法可参见有关书籍。

1)塔板布置

塔板板面根据所起作用不同分为 4 个区域,如图5-4 所示。

(1)开孔区　图5-4 中虚线以内的区域为布置筛孔的有效传质区,亦称鼓泡区。开孔区面积以A_a表示,对单溢流型塔板,开孔区面积可用下式计算,即

$$A_a = 2\left(x\ \sqrt{r^2 - x^2} + \frac{\pi r^2}{180}\arcsin \frac{x}{r} \right) \tag{5-12}$$

式中　$x = \dfrac{D}{2} - (W_d + W_s)$,m;

$\quad\quad r = \dfrac{D}{2} - W_c$,m;

$\quad\quad \arcsin \dfrac{x}{r}$为以角度表示的反正弦函数。

(2)溢流区　溢流区为降液管及受液盘所占的区域,其中降液管所占面积以A_f表示,受液盘所占面积以A'_f表示。

(3)安定区　开孔区与溢流区之间的不开孔区域称为安定区,也称为破沫区。溢流堰前的安定区宽度为 W_s,其作用是在液体进入降液管之前有一段不鼓泡的安定地带,以免液体大量夹带气泡进入降液管;进口堰后的安定区宽度为 W'_s,其作用是在液体入口处,由于板上液面落差,液层较厚,有一段不开孔的安全地带,可减少漏液量。安定区的宽度可按下述范围选取,即

溢流堰前的安定区宽度: $W_s = 70 \sim 100$ mm;

进口堰后的安定区宽度: $W'_s = 50 \sim 100$ mm。

对小直径的塔($D < 1$ m),因塔板面积小,安定区要相应减小。

(4)无效区　在靠近塔壁的一圈边缘区域供支持塔板的边梁之用,称为无效区,也称边缘区。其宽度 W_c 视塔板的支承需要而定,小塔一般为 30 ~ 50 mm,大塔一般为 50 ~ 70 mm。为防止液体经无效区流过而产生短路现象,可在塔板上沿塔壁设置挡板。

应予指出,为便于设计及加工,塔板的结构参数已逐渐系列化。附录4中列出了塔板结构参数系列化标准,可供设计时参考。

2)筛孔的计算及其排列

(1)筛孔直径　筛孔直径 d_0 的选取与塔的操作性能要求、物系性质、塔板厚度、加工要求等有关,是影响气相分散和气液接触的重要工艺尺寸。按设计经验,表面张力为正系统的物系,可采用 d_0 为 3 ~ 8 mm(常用 4 ~ 5 mm)的小孔径筛板;表面张力为负系统的物系或易堵塞物系,可采用 d_0 为 10 ~ 25 mm 的大孔径筛板。近年来,随着设计水平的提高和操作经验的积累,采用大孔径筛板逐渐增多,因大孔径筛板加工简单、造价低,且不易堵塞,只要设计合理,操作得当,仍可获得满意的分离效果。

(2)筛板厚度　筛孔的加工一般采用冲压法,故确定筛板厚度应根据筛孔直径的大小,考虑加工的可能性。

对于碳钢塔板,板厚 δ 为 3 ~ 4 mm,孔径 d_0 应不小于板厚 δ;对于不锈钢塔板,板厚 δ 为 2 ~ 2.5 mm, d_0 应不小于 $(1.5 \sim 2)\delta$。

(3)孔中心距　相邻两筛孔中心的距离称为孔中心距,以 t 表示。孔中心距 t 一般为 $(2.5 \sim 5)d_0$, t/d_0 过小易使气流相互干扰,过大则鼓泡不均匀,都会影响传质效率。设计推荐值为 $t/d_0 = 3 \sim 4$。

(4)筛孔的排列与筛孔数　设计时,筛孔按正三角形排列,如图5-9所示。

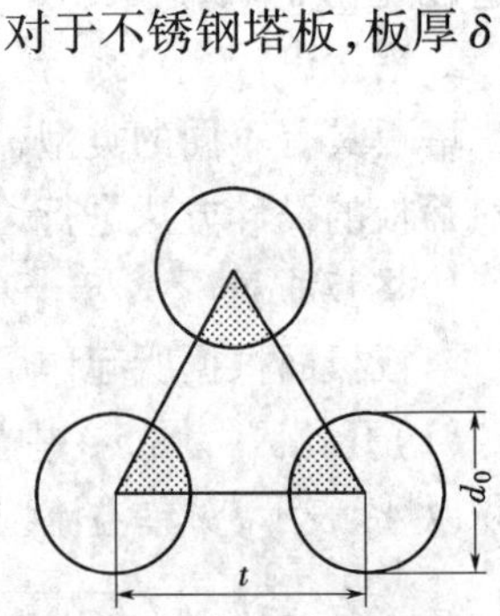

图5-9　筛孔的正三角形排列

当采用正三角形排列时,筛孔的数目 n 可按下式计算,即

$$n = \frac{1.155A_a}{t^2} \tag{5-13}$$

式中　A_a——鼓泡区面积,m^2;

　　　t——筛孔的中心距,m。

(5)开孔率　筛板上筛孔总面积 A_0 与开孔区面积 A_a 的比值称为开孔率 ϕ,即

$$\phi = \frac{A_0}{A_a} \times 100\% \tag{5-14}$$

筛孔按正三角形排列时,可以导出

$$\phi = \frac{A_0}{A_a} = 0.907 \left(\frac{d_0}{t} \right)^2 \tag{5-15}$$

应予指出,按上述方法求出筛孔的直径 d_0、筛孔数目 n 后,还需通过流体力学验算,检验其是否合理,若不合理需进行调整。

5.2.5 塔板的流体力学验算

塔板流体力学验算的目的在于检验初步设计的塔板计算是否合理,塔板能否正常操作。验算内容有以下几项:塔板压降、液面落差、液沫夹带、漏液及液泛等。

1. 塔板压降

气体通过筛板时,需克服筛板本身的干板阻力、板上充气液层的阻力及液体表面张力造成的阻力,这些阻力即形成了筛板的压降。气体通过筛板的压降 Δp_p 可由下式计算:

$$\Delta p_p = h_p \rho_L g \tag{5-16}$$

式(5-16)中的液柱高度 h_p 可按下式计算,即

$$h_p = h_c + h_1 + h_\sigma \tag{5-17}$$

式中 h_c——与气体通过筛板的干板压降相当的液柱高度,m 液柱;

h_1——与气体通过板上液层的压降相当的液柱高度,m 液柱;

h_σ——与克服液体表面张力的压降相当的液柱高度,m 液柱。

1)干板阻力

干板阻力 h_c 可按以下经验公式估算,即

$$h_c = 0.051 \left(\frac{u_0}{c_0} \right)^2 \left(\frac{\rho_V}{\rho_L} \right) \left[1 - \left(\frac{A_0}{A_a} \right)^2 \right] \tag{5-18}$$

式中 u_0——气体通过筛孔的速度,m/s;

c_0——流量系数。

通常,筛板的开孔率 $\phi \leqslant 15\%$,故式(5-18)可简化为

$$h_c = 0.051 \left(\frac{u_0}{c_0} \right)^2 \left(\frac{\rho_V}{\rho_L} \right) \tag{5-19}$$

流量系数的求取方法较多,当 $d_0 < 10$ mm 时,其值可由图 5-10 直接查出。当 $d_0 \geqslant 10$ mm 时,由图 5-10 查得 c_0 后再乘以 1.15 的校正系数。

2)气体通过液层的阻力

气体通过液层的阻力 h_1 与板上清液层的高度 h_L 及气泡的状况等许多因素有关,其计算方法很多,设计中常采用下式估算:

$$h_1 = \beta h_L = \beta (h_w + h_{ow}) \tag{5-20}$$

式中 β——充气系数,反映板上液层的充气程度,其值由图 5-11 查取,通常可取 $\beta = 0.5 \sim 0.6$。

图 5-11 中 F_0 为气相动能因子,其定义式为

$$F_0 = u_a \sqrt{\rho_V} \tag{5-21}$$

$$u_a = \frac{V_s}{A_T - A_f} \text{(单溢流板)} \tag{5-22}$$

式中 F_0——气相动能因子,$kg^{1/2}/(s \cdot m^{1/2})$;

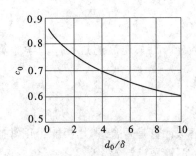

图 5-10　干筛孔的流量系数　　　　图 5-11　充气系数关联

u_a——通过有效传质区的气速，m/s；

A_T——塔截面积，m^2。

3）液体表面张力的阻力

液体表面张力的阻力 h_σ 可由下式估算，即

$$h_\sigma = \frac{4\sigma_L}{\rho_L g d_0} \tag{5-23}$$

式中　σ_L——液体的表面张力，N/m。

由以上各式分别求出 h_c、h_1 及 h_σ 后，即可计算出气体通过筛板的压降 Δp_p，该计算值应低于设计允许值。

2.液面落差

当液体横向流过塔板时，为克服板上的摩擦阻力和板上构件的局部阻力，需要一定的液位差，此即液面落差。由于筛板上没有凸起的气液接触构件，故液面落差较小。在正常的液体流量范围内，对于 $D \leqslant 1\ 600$ mm 的筛板，液面落差可忽略不计。对于液体流量很大及 $D \geqslant 2\ 000$ mm 的筛板，需要考虑液面落差的影响。液面落差的计算方法参考有关书籍。

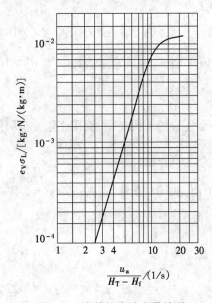

图 5-12　亨特的液沫夹带关联

3.液沫夹带

液沫夹带造成液相在塔板间的返混，严重的液沫夹带会使塔板效率急剧下降，为保证塔板效率的基本稳定，通常将液沫夹带量限制在一定范围内，设计中规定液沫夹带量 $e_v < 0.1$ kg 液体/kg 气体。

计算液沫夹带量的方法很多，设计中常采用亨特关联图，如图 5-12 所示。图中直线部分可回归成下式：

$$e_V = \frac{5.7 \times 10^{-6}}{\sigma_L} \left(\frac{u_a}{H_T - h_f} \right)^{3.2} \tag{5-24}$$

式中　e_V——液沫夹带量，kg 液体/kg 气体；

　　　h_f——塔板上鼓泡层高度，m。

根据设计经验，一般取 $h_f = 2.5 h_L$。

4.漏液

当气体通过筛孔的流速较小，气体的动能不足以阻止液体向下流动时，便会发生漏液现象。根据

经验,当漏液量小于塔内液流量的 10% 时对塔板效率影响不大。故漏液量等于塔内液流量的 10% 时的气速称为漏液点气速,它是塔板操作气速的下限,以 $u_{0,\min}$ 表示。

计算筛板塔漏液点气速有不同的方法。设计中可采用下式计算,即

$$u_{0,\min} = 4.4c_0 \sqrt{(0.005\ 6 + 0.13h_L - h_\sigma)\rho_L/\rho_V} \qquad (5\text{-}25)$$

当 $h_L < 30$ mm 或筛孔孔径 $d_0 < 3$ mm 时,用下式计算较适宜:

$$u_{0,\min} = 4.4c_0 \sqrt{(0.01 + 0.13h_L - h_\sigma)\rho_L/\rho_V} \qquad (5\text{-}26)$$

因漏液量与气体通过筛孔的动能因子有关,故亦可采用动能因子计算漏液点气速,即

$$u_{0,\min} = \frac{F_{0,\min}}{\sqrt{\rho_V}} \qquad (5\text{-}27)$$

式中　$F_{0,\min}$——漏液点动能因子,$F_{0,\min}$ 值的适宜范围为 8 ~ 10。

气体通过筛孔的实际速度 u_0 与漏液点气速 $u_{0,\min}$ 之比,称为稳定系数,即

$$K = \frac{u_0}{u_{0,\min}} \qquad (5\text{-}28)$$

式中　K——稳定系数,量纲为一,K 值的适宜范围为 1.5 ~ 2。

5. 液泛

液泛分为降液管液泛和液沫夹带液泛两种情况。因设计中已对液沫夹带量进行了验算,故在筛板的流体力学验算中通常只对降液管液泛进行验算。

为使液体能由上层塔板稳定地流入下层塔板,降液管内须维持一定的液层高度 H_d。降液管内液层高度用来克服相邻两层塔板间的压降、板上清液层阻力和液体流过降液管的阻力,因此,可用下式计算 H_d,即

$$H_d = h_p + h_L + h_d \qquad (5\text{-}29)$$

式中　H_d——降液管中清液层高度,m 液柱;

　　　h_d——与液体流过降液管的压降相当的液柱高度,m 液柱。

h_d 主要是由降液管底隙处的局部阻力造成的,可按下面的经验公式估算。

塔板上不设置进口堰:

$$h_d = 0.153\left(\frac{L_s}{l_w h_0}\right)^3 = 0.153(u'_0)^2 \qquad (5\text{-}30)$$

塔板上设置进口堰:

$$h_d = 0.2\left(\frac{L_s}{l_w h_0}\right)^2 = 0.2(u'_0)^2 \qquad (5\text{-}31)$$

式中　u'_0——流体流过降液管底隙时的流速,m/s。

按式(5-29)可算出降液管中清液层高度 H_d,而降液管中液体和泡沫的实际高度大于此值。为了防止液泛,应保证降液管中泡沫液体总高度不能超过上层塔板的出口堰,即

$$H_d \leqslant \varphi(H_T + h_w) \qquad (5\text{-}32)$$

式中　φ——安全系数。对易发泡物系,$\varphi = 0.3 ~ 0.5$;对不易发泡物系,$\varphi = 0.6 ~ 0.7$。

5.2.6　塔板的负荷性能图

按上述方法进行流体力学验算后,还应绘出塔板的负荷性能图,以检验设计的合理性。塔板的负荷性能图的绘制方法见"筛板塔设计示例"。

5.2.7 板式塔的结构与附属设备

1. 塔体结构

1)塔顶空间

塔顶空间指塔内最上层塔板与塔顶的间距。为利于出塔气体夹带的液滴沉降,其高度应大于板间距,设计中通常取塔顶间距为$(1.5 \sim 2.0)H_T$。若需要安装除沫器时,要根据除沫器的安装要求确定塔顶间距。

2)塔底空间

塔底空间指塔内最下层塔板与塔底的间距。其值由如下因素决定:

①塔底储液空间依储存液量停留$3 \sim 8$ min(易结焦物料可缩短停留时间)而定;

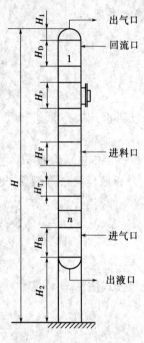

图5-13 板式塔塔高示意

②再沸器的安装方式及安装高度;

③塔底液面至最下层塔板之间要留有$1 \sim 2$ m 的间距。

3)人孔

对于$D \geqslant 1\ 000$ mm 的板式塔,为安装、检修的需要,一般每隔$6 \sim 8$ 层塔板设一人孔。人孔直径一般为$450 \sim 600$ mm,其伸出塔体的筒体长为$200 \sim 250$ mm,人孔中心距操作平台$800 \sim 1\ 200$ mm。人孔处的板间距应等于或大于600 mm。

4)塔高

板式塔的塔高如图5-13 所示。可按下式计算,即

$$H = (n - n_F - n_p - 1)H_T + n_F H_F + n_p H_p + H_D + H_B \\ + H_1 + H_2 \tag{5-33}$$

式中 H——塔高,m;

n——实际塔板数;

n_F——进料板数;

H_F——进料板处板间距,m;

n_p——人孔数;

H_B——塔底空间高度,m;

H_p——人孔处的板间距,m;

H_D——塔顶空间高度,m;

H_1——封头高度,m;

H_2——裙座高度 m。

2. 塔板结构

塔板按结构特点,大致可分为整块式和分块式两类。塔径小于800 mm 时,一般采用整块式;塔径超过800 mm 时,由于刚度、安装、检修等要求,多将塔板分成数块通过人孔送入塔内。对于单溢流型塔板,塔板分块数如表5-3 所示,其常用的分块方法如图5-14 所示。

表 5-3　单溢流型塔板分块数

塔径/mm	800 ~ 1 200	1 400 ~ 1 600	1 800 ~ 2 000	2 200 ~ 2 400
塔板分块数	3	4	5	6

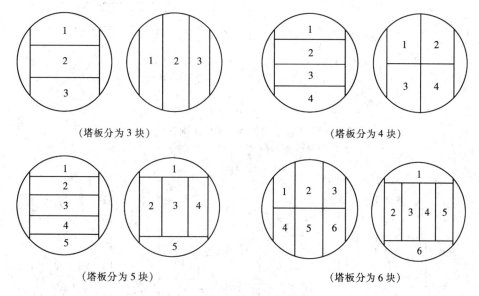

图 5-14　单溢流型塔板分块示意

3. 精馏塔的附属设备

精馏塔的附属设备包括蒸气冷凝器、产品冷却器、再沸器(蒸馏釜)、原料预热器等,可根据有关教材或化工手册进行选型与设计。以下着重介绍再沸器(蒸馏釜)和冷凝器的形式和特点,具体设计计算过程从略。

1)再沸器(蒸馏釜)

该装置的作用是加热塔底料液使之部分汽化,以提供精馏塔内的上升气流。工业上常用的再沸器(蒸馏釜)有以下几种。

(1)内置式再沸器(蒸馏釜)　将加热装置直接设置于塔的底部,称为内置式再沸器(蒸馏釜),如图 5-15(a)所示。加热装置可采用夹套、蛇管或列管式加热器等不同形式,其装料系数依物系起泡倾向取为 60% ~80%。内置式再沸器(蒸馏釜)的优点是安装方便、可减少占地面积,通常用于直径小于 600 mm 的蒸馏塔中。

(2)釜式(罐式)再沸器　对直径较大的塔,一般将再沸器置于塔外,如图 5-15(b)所示。其管束可抽出,为保证管束浸于沸腾液中,管束末端设溢流堰,堰外空间为出料液的缓冲区。其液面以上空间为气液分离空间,设计中,一般要求气液分离空间占再沸器总体积的 30% 以上。釜式(罐式)再沸器的优点是汽化率高,可达 80% 以上。若工艺过程要求较高的汽化率,宜采用釜式(罐式)再沸器。此外,对于某些塔底物料需分批移除的塔或间歇精馏塔,因操作范围变化大,也宜采用釜式(罐式)再沸器。

(3)热虹吸式再沸器　利用热虹吸原理,即再沸器内液体被加热部分汽化后,气液混合物密度小于塔内液体密度,使再沸器与塔间产生静压差,促使塔底液体被"虹吸"进入再沸器,在再沸器内汽化后返回塔中,因而不必用泵便可使塔底液体循环。热虹吸式再沸器有立

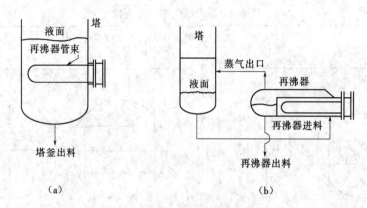

图 5-15　内置式及釜式再沸器
(a)内置式再沸器　(b)釜式再沸器

式、卧式两种形式,如图 5-16 所示。

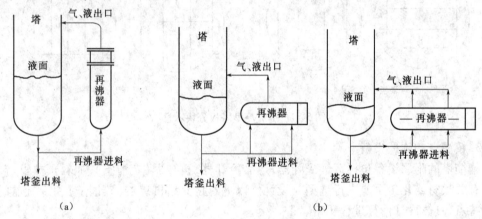

图 5-16　热虹吸式再沸器
(a)立式热虹吸式再沸器　(b)卧式热虹吸式再沸器

　　立式热虹吸式再沸器的优点是,按单位面积计的金属耗用量显著低于其他形式,并且传热效果较好、占地面积小、连接管线短。但立式热虹吸式再沸器安装时要求精馏塔底部液面与再沸器顶部管板持平,要有固定标高,其循环速率受流体力学因素制约。当处理能力大,要求循环量大,传热面也大时,常选用卧式热虹吸式再沸器。一是由于随传热面加大其单位面积的金属耗量降低较快,二是其循环量受流体力学因素影响较小,可在一定范围内调整塔底与再沸器之间的高度差以适应要求。

　　热虹吸式再沸器的汽化率不能大于 40%,否则传热不良,且因加热管不能充分润湿而易结垢,故对要求较高汽化率的工艺过程和处理易结垢的物料不宜采用。

　　(4)强制循环式再沸器　用泵使塔底液体在再沸器与塔间进行循环的再沸器,称为强制循环式再沸器,可采用立式、卧式两种形式,如图 5-17 所示。强制循环式再沸器的优点是,液体流速大,停留时间短,便于控制和调节液体循环量。该方式特别适用于高黏度液体和热敏性物料的蒸馏过程。

　　采用强制循环式再沸器较采用虹吸式再沸器,可提高管程流体的速度,从而使传热效率

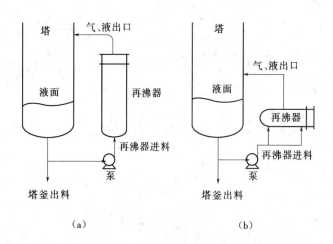

图 5-17　强制循环式再沸器

(a)立式强制循环式再沸器　(b)卧式强制循环式再沸器

得到较大提高。通常情况下,总传热系数可提高 30% 以上。但采用强制循环式再沸器需设置循环泵,使得操作费用增加,而且釜温较高时需选用耐高温的泵,设备费用较高,另外料液有发生泄漏的可能。故在设计中,采用何种形式的再沸器需进行权衡。近年来,随着新型泵的开发和制造水平的提高,有多种密闭性能好的耐高温泵(如磁力泵、屏蔽泵等)可供选择,故强制循环式再沸器的应用日趋广泛。

应予指出,再沸器的传热面积是决定塔操作弹性的主要因素之一,故估算其传热面积时安全系数要选大一些,以防塔底蒸发量不足影响操作。

2)塔顶回流冷凝器

塔顶回流冷凝器通常采用管壳式换热器,有卧式、立式、管内或管外冷凝等形式。按冷凝器与塔的相对位置区分,有以下几类。

(1)整体式及自流式　将冷凝器直接安置于塔顶,冷凝液借重力回流入塔,此即整体式冷凝器,又称内回流式,如图 5-18(a)、(b)所示。其优点是蒸气压降较小,节省安装面积,可借改变升气管或塔板位置调节位差以保证回流与采出所需的压头。缺点是塔顶结构复杂,维修不便,且回流比难于精确控制。该方式常用于以下几种情况:①传热面较小(例如 50 m^2 以下);②冷凝液难以用泵输送或泵送有危险的场合;③减压蒸馏过程。

图 5-18(c)所示为自流式冷凝器,即将冷凝器置于塔顶附近的台架上,靠改变台架高度获得回流和采出所需的位差。

(2)强制循环式　当塔的处理量很大或塔板数很多时,若回流冷凝器置于塔顶将造成安装、检修等诸多不便,且造价高,可将冷凝器置于塔下部适当位置,用泵向塔顶输送回流,在冷凝器和泵之间需设回流罐,即为强制循环式。图 5-18(d)所示为冷凝器置于回流罐之上,回流罐的位置应保证其中液面与泵入口间之位差大于泵的气蚀余量,若罐内液温接近沸点时,应使罐内液面比泵入口高出 3 m 以上。图 5-18(e)所示为将回流罐置于冷凝器的上部,冷凝器置于地面,冷凝液借压差流入回流罐中,这样可减少台架,且便于维修,主要用于常压或加压蒸馏。

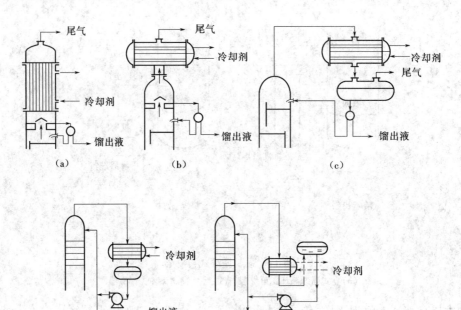

图 5-18　塔顶回流冷凝器

（a）整体式（立式）　（b）整体式（卧式）　（c）自流式　（d）强制循环式（冷凝器置于回流罐之上）
（e）强制循环式（冷凝器置于回流罐之下）

5.2.8　筛板塔设计示例

【设计示例】

在一常压操作的连续精馏塔内分离苯—甲苯混合物。已知原料液的处理量为4 000 kg/h、组成为0.41（苯的质量分数，下同），要求塔顶馏出液的组成为0.96，塔底釜液的组成为0.01。

设计条件如下：

操作压力　　　　　4 kPa（塔顶表压）；

进料热状况　　　　自选；

回流比　　　　　　自选；

单板压降　　　　　≤0.7 kPa；

全塔效率　　　　　$E_T = 52\%$；

建厂地址　　　　　天津地区。

试根据上述工艺条件作筛板塔的设计计算。

【设计计算】

1. 设计方案的确定

本设计任务为分离苯—甲苯混合物。对于二元混合物的分离，应采用连续精馏流程。设计中采用泡点进料，将原料液通过预热器加热至泡点后送入精馏塔内。塔顶上升蒸气采用全凝器冷凝，冷凝液在泡点下一部分回流至塔内，其余部分经产品冷却器冷却后送至储罐。该物系属易分离物系，最小回流比较小，故操作回流比取最小回流比的2倍。塔釜采用间接蒸汽加热,塔底产品经冷却后送至储罐。

2. 精馏塔的物料衡算

1)原料液及塔顶、塔底产品的摩尔分数

苯的摩尔质量 $M_A = 78.11 \text{ kg/kmol}$

甲苯的摩尔质量 $M_B = 92.13 \text{ kg/kmol}$

$$x_F = \frac{0.41/78.11}{0.41/78.11 + 0.59/92.13} = 0.450$$

$$x_D = \frac{0.96/78.11}{0.96/78.11 + 0.04/92.13} = 0.966$$

$$x_W = \frac{0.01/78.11}{0.01/78.11 + 0.99/92.13} = 0.012$$

2)原料液及塔顶、塔底产品的平均摩尔质量

$$M_F = 0.450 \times 78.11 + (1 - 0.450)92.13 = 85.82 \text{ kg/kmol}$$

$$M_D = 0.966 \times 78.11 + (1 - 0.966)92.13 = 78.59 \text{ kg/kmol}$$

$$M_W = 0.012 \times 78.11 + (1 - 0.012)92.13 = 91.96 \text{ kg/kmol}$$

3)物料衡算

原料处理量 $F = \dfrac{4\,000}{85.82} = 46.61 \text{ kmol/h}$

总物料衡算 $46.61 = D + W$

苯物料衡算 $46.61 \times 0.45 = 0.966D + 0.012W$

联立解得 $D = 21.40 \text{ kmol/h}$

$W = 25.21 \text{ kmol/h}$

3. 塔板数的确定

1)理论板层数 N_T 的求取

苯—甲苯属理想物系,可采用图解法求理论板层数。

①由手册查得苯—甲苯物系的气液平衡数据,绘出 x—y 图,见图5-19。

②求最小回流比及操作回流比。

采用作图法求最小回流比。在图5-19中对角线上,自点 $e(0.45, 0.45)$ 作垂线 ef 即为进料线(q 线),该线与平衡线的交点坐标为

$$y_q = 0.667, x_q = 0.450$$

故最小回流比为

$$R_{min} = \frac{x_D - y_q}{y_q - x_q} = \frac{0.966 - 0.667}{0.667 - 0.45} = 1.38$$

取操作回流比为

$$R = 2R_{min} = 2 \times 1.38 = 2.76$$

③求精馏塔的气、液相负荷。

$$L = RD = 2.76 \times 21.40 = 59.06 \text{ kmol/h}$$

$$V = (R + 1)D = (2.76 + 1)21.40 = 80.46 \text{ kmol/h}$$

$$L' = L + F = 59.06 + 46.61 = 105.67 \text{ kmol/h}$$

$$V' = V = 80.46 \text{ kmol/h}$$

④求操作线方程。

精馏段操作线方程为

$$y = \frac{L}{V}x + \frac{D}{V}x_D + \frac{59.06}{80.46}x + \frac{21.40}{80.46} \times 0.966 = 0.734x + 0.257$$

提馏段操作线方程为

$$y' = \frac{L'}{V'}x' - \frac{W}{V'}x_W = \frac{105.67}{80.46}x' - \frac{25.21}{80.46} \times 0.012 = 1.313x' - 0.004$$

⑤图解法求理论板层数。

采用图解法求理论板层数,如图 5-19 所示。求解结果为

总理论板层数 $N_T = 12.5$(包括再沸器)

进料板位置 $N_F = 6$

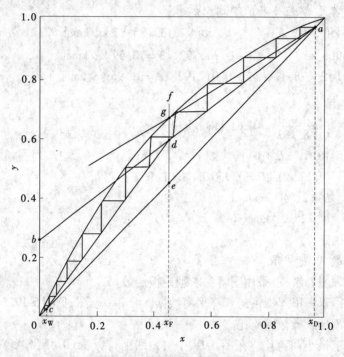

图 5-19   图解法求理论板层数

2)实际板层数的求取

精馏段实际板层数 $N_{精} = 5/0.52 = 9.6 \approx 10$

提馏段实际板层数 $N_{提} = 7.5/0.52 = 14.42 \approx 15$

4. 精馏塔的工艺条件及有关物性数据的计算

以精馏段为例进行计算。

1)操作压力计算

塔顶操作压力 $p_D = 101.3 + 4 = 105.3 \ kPa$

每层塔板压降 $\Delta p = 0.7 \ kPa$

进料板压力 $p_F = 105.3 + 0.7 \times 10 = 112.3 \ kPa$

精馏段平均压力 $p_m = (105.3 + 112.3)/2 = 108.8 \ kPa$

2）操作温度计算

依据操作压力,由泡点方程通过试差法计算出泡点温度,其中苯、甲苯的饱和蒸气压由安托尼方程计算,计算过程略。计算结果如下:

塔顶温度　　　　　$t_D = 82.1$ ℃

进料板温度　　　　$t_F = 99.5$ ℃

精馏段平均温度　　$t_m = (82.1 + 99.5)/2 = 90.8$ ℃

3）平均摩尔质量计算

（1）塔顶平均摩尔质量计算

由 $x_D = y_1 = 0.966$,查平衡曲线（见图 5-19）,得

$\quad x_1 = 0.916$

$\quad M_{VDm} = 0.966 \times 78.11 + (1 - 0.966) \times 92.13 = 78.59$ kg/kmol

$\quad M_{LDm} = 0.916 \times 78.11 + (1 - 0.916) \times 92.13 = 79.29$ kg/kmol

（2）进料板平均摩尔质量计算

由图解理论板（见图 5-19）,得

$\quad y_F = 0.604$

查平衡曲线（见图 5-19）,得

$\quad x_F = 0.388$

$\quad M_{VFm} = 0.604 \times 78.11 + (1 - 0.604) \times 92.13 = 83.66$ kg/kmol

$\quad M_{LFm} = 0.388 \times 78.11 + (1 - 0.388) \times 92.13 = 86.69$ kg/kmol

（3）精馏段平均摩尔质量

$\quad M_{Vm} = (78.59 + 83.66)/2 = 81.13$ kg/kmol

$\quad M_{Lm} = (79.29 + 86.69)/2 = 82.99$ kg/kmol

4）平均密度计算

（1）气相平均密度计算

由理想气体状态方程计算,即

$$\rho_{Vm} = \frac{P_m M_{Vm}}{RT_m} = \frac{108.8 \times 81.13}{8.314 \times (90.8 + 273.15)} = 2.92 \text{ kg/m}^3$$

（2）液相平均密度计算

液相平均密度依下式计算,即

$$1/\rho_{Lm} = \sum a_i/\rho_i$$

塔顶液相平均密度的计算:

由 $t_D = 82.1$ ℃,查手册得

$\quad \rho_A = 812.7$ kg/m^3,$\rho_B = 807.9$ kg/m^3

$$\rho_{LDm} = \frac{1}{(0.96/812.7 + 0.04/807.9)} = 812.5 \text{ kg/m}^3$$

进料板液相平均密度的计算:

由 $t_F = 99.5$ ℃,查手册得

$\quad \rho_A = 793.1$ kg/m^3,$\rho_B = 790.8$ kg/m^3

进料板液相的质量分数为

$$a_A = \frac{0.388 \times 78.11}{0.388 \times 78.11 + 0.612 \times 92.13} = 0.350$$

$$\rho_{LFm} = \frac{1}{(0.35/793.1 + 0.65/790.8)} = 791.6 \text{ kg/m}^3$$

精馏段液相平均密度为

$$\rho_{Lm} = (812.5 + 791.6)/2 = 802.1 \text{ kg/m}^3$$

5) 液体平均表面张力计算

液相平均表面张力依下式计算,即

$$\sigma_{Lm} = \Sigma x_i \sigma_i$$

塔顶液相平均表面张力的计算:

由 $t_D = 82.1$ ℃,查手册得

$$\sigma_A = 21.24 \text{ mN/m}, \sigma_B = 21.42 \text{ mN/m}$$

$$\sigma_{LDm} = 0.966 \times 21.24 + 0.034 \times 21.42 = 21.25 \text{ mN/m}$$

进料板液相平均表面张力的计算:

由 $t_F = 99.5$ ℃,查手册得

$$\sigma_A = 18.90 \text{ mN/m}, \sigma_B = 20.0 \text{ mN/m}$$

$$\sigma_{LFm} = 0.388 \times 18.90 + 0.612 \times 20.0 = 19.57 \text{ mN/m}$$

精馏段液相平均表面张力为

$$\sigma_{Lm} = (21.25 + 19.57)/2 = 20.41 \text{ mN/m}$$

6) 液体平均黏度计算

液相平均黏度依下式计算,即

$$\lg \mu_{Lm} = \Sigma x_i \lg \mu_i$$

塔顶液相平均黏度的计算:

由 $t_D = 82.1$ ℃,查手册得

$$\mu_A = 0.302 \text{ mPa} \cdot \text{s}, \mu_B = 0.306 \text{ mPa} \cdot \text{s}$$

$$\lg \mu_{LDm} = 0.966 \lg 0.302 + 0.034 \lg 0.306$$

解出 $\mu_{LDm} = 0.302 \text{ mPa} \cdot \text{s}$

进料板液相平均黏度的计算:

由 $t_F = 99.5$ ℃,查手册得

$$\mu_A = 0.256 \text{ mPa} \cdot \text{s}, \mu_B = 0.265 \text{ mPa} \cdot \text{s}$$

$$\lg \mu_{LFm} = 0.388 \lg 0.256 + 0.612 \lg 0.265$$

解出 $\mu_{LFm} = 0.261 \text{ mPa} \cdot \text{s}$

精馏段液相平均黏度为

$$\mu_{Lm} = (0.302 + 0.261)/2 = 0.282 \text{ mPa} \cdot \text{s}$$

5. 精馏塔的塔体工艺尺寸计算

1) 塔径的计算

精馏段的气、液相体积流量为

$$V_s = \frac{VM_{Vm}}{3600\rho_{Vm}} = \frac{80.46 \times 81.13}{3600 \times 2.92} = 0.621 \text{ m}^3/\text{s}$$

$$L_s = \frac{LM_{Lm}}{3\,600\rho_{Lm}} = \frac{59.06 \times 82.99}{3\,600 \times 802.1} = 0.001\,7 \text{ m}^3/\text{s}$$

$$u_{max} = C\sqrt{\frac{\rho_L - \rho_V}{\rho_V}}$$

式中 C 由式(5-5)计算,其中的 C_{20} 由图 5-1 查取,图的横坐标为

$$\frac{L_h}{V_h}\left(\frac{\rho_L}{\rho_V}\right)^{1/2} = \frac{0.001\,7 \times 3\,600}{0.621 \times 3\,600} \times \left(\frac{802.1}{2.92}\right)^{1/2} = 0.045\,4$$

取板间距 $H_T = 0.40$ m,板上液层高度 $h_L = 0.06$ m,则

$$H_T - h_L = 0.40 - 0.06 = 0.34 \text{ m}$$

查图 5-1 得 $C_{20} = 0.072$

$$C = C_{20}\left(\frac{\sigma_L}{20}\right)^{0.2} = 0.072 \times \left(\frac{20.41}{20}\right)^{0.2} = 0.072\,3$$

$$u_{max} = 0.072\,3\sqrt{\frac{802.1 - 2.92}{2.92}} = 1.196 \text{ m/s}$$

取安全系数为 0.7,则空塔气速为

$$u = 0.7u_{max} = 0.7 \times 1.196 = 0.837 \text{ m/s}$$

$$D = \sqrt{\frac{4V_s}{\pi u}} = \sqrt{\frac{4 \times 0.621}{\pi \times 0.837}} = 0.972 \text{ m}$$

按标准塔径圆整后为 $D = 1.0$ m。

塔截面积为

$$A_T = \frac{\pi}{4}D^2 = \frac{\pi}{4} \times 1.0^2 = 0.785 \text{ m}^2$$

实际空塔气速为

$$u = \frac{0.621}{0.785} = 0.791 \text{ m/s}$$

2)精馏塔有效高度的计算

精馏段有效高度为

$$Z_{精} = (N_{精} - 1)H_T = (10 - 1) \times 0.4 = 3.6 \text{ m}$$

提馏段有效高度为

$$Z_{提} = (N_{提} - 1)H_T = (15 - 1) \times 0.4 = 5.6 \text{ m}$$

在进料板上方开一人孔,其高度为 0.8 m。

故精馏塔的有效高度为

$$Z = Z_{精} + Z_{提} + 0.8 = 3.6 + 5.6 + 0.8 = 10 \text{ m}$$

6. 塔板主要工艺尺寸的计算

1)溢流装置计算

因塔径 $D = 1.0$ m,可选用单溢流弓形降液管,采用凹形受液盘。各项计算如下。

(1)堰长 l_w

取　　$l_w = 0.66D = 0.66 \times 1.0 = 0.66$ m

(2)溢流堰高度 h_w

$$h_w = h_L - h_{ow}$$

选用平直堰,堰上液层高度 h_{ow} 由式(5-7)计算,即

$$h_{ow} = \frac{2.84}{1\,000} E \left(\frac{L_h}{l_w}\right)^{2/3}$$

近似取 $E = 1$,则

$$h_{ow} = \frac{2.84}{1\,000} \times 1 \times \left(\frac{0.001\,7 \times 3\,600}{0.66}\right)^{2/3} = 0.013 \text{ m}$$

取板上清液层高度 $h_L = 60$ mm,则

$$h_w = 0.06 - 0.013 = 0.047 \text{ m}$$

(3)弓形降液管宽度 W_d 和截面积 A_f

由 $\dfrac{l_w}{D} = 0.66$ 查图 5-7,得

$$\frac{A_f}{A_T} = 0.072\,2, \frac{W_d}{D} = 0.124$$

故 $\qquad A_f = 0.072\,2 A_T = 0.072\,2 \times 0.785 = 0.056\,7 \text{ m}^2$

$$W_d = 0.124 D = 0.124 \times 1.0 = 0.124 \text{ m}$$

依式(5-9)验算液体在降液管中的停留时间,即

$$\theta = \frac{3\,600 A_f H_T}{L_h} = \frac{3\,600 \times 0.056\,7 \times 0.40}{0.001\,7 \times 3\,600} = 13.34 \text{ s} > 5 \text{ s}$$

故降液管设计合理。

(4)降液管底隙高度 h_0

$$h_0 = \frac{L_h}{3\,600 l_w u_0'}$$

取 $u_0' = 0.08$ m/s,则

$$h_0 = \frac{0.001\,7 \times 3\,600}{3\,600 \times 0.66 \times 0.08} = 0.032 \text{ m}$$

$$h_w - h_0 = 0.047 - 0.032 = 0.015 \text{ m} > 0.006 \text{ m}$$

故降液管底隙高度设计合理。

选用凹形受液盘,深度 $h_w' = 50$ mm。

2)塔板布置

(1)塔板的分块

因 $D \geqslant 800$ mm,故塔板采用分块式。查表 5-3 得,塔板分为 3 块。

(2)边缘区宽度确定

取 $W_s = W_s' = 0.065$ m, $W_c = 0.035$ m。

(3)开孔区面积计算

开孔区面积 A_a 按式(5-12)计算,即

$$A_a = 2\left(x\sqrt{r^2 - x^2} + \frac{\pi r^2}{180} \arcsin \frac{x}{r}\right)$$

其中 $\qquad x = \dfrac{D}{2} - (W_d + W_s) = \dfrac{1.0}{2} - (0.124 + 0.065) = 0.311 \text{ m}$

$$r = \frac{D}{2} - W_c = \frac{1.0}{2} - 0.035 = 0.465 \text{ m}$$

故　　　$A_a = 2 \times \left(0.311 \sqrt{0.465^2 - 0.311^2} + \frac{\pi \times 0.465^2}{180} \arcsin \frac{0.311}{0.465} \right) = 0.532 \text{ m}^2$

（4）筛孔计算及其排列

本例所处理的物系无腐蚀性，可选用 $\delta = 3$ mm 的碳钢板，取筛孔直径 $d_0 = 5$ mm。

筛孔按正三角形排列，取孔中心距 t 为

$$t = 3d_0 = 3 \times 5 = 15 \text{ mm}$$

筛孔数目 n 为

$$n = \frac{1.155 A_0}{t^2} = \frac{1.155 \times 0.532}{0.015^2} = 2\,731$$

开孔率为

$$\phi = 0.907 \left(\frac{d_0}{t} \right)^2 = 0.907 \times \left(\frac{0.005}{0.015} \right)^2 = 10.1\%$$

气体通过阀孔的气速为

$$u_0 = \frac{V_s}{A_0} = \frac{0.621}{0.101 \times 0.532} = 11.56 \text{ m/s}$$

7. 筛板的流体力学验算

1）塔板压降

（1）干板阻力 h_c 计算

干板阻力 h_c 由式（5-19）计算，即

$$h_c = 0.051 \left(\frac{u_0}{c_0} \right)^2 \left(\frac{\rho_V}{\rho_L} \right)$$

由 $d_0/\delta = 5/3 = 1.67$，查图 5-10 得，$c_0 = 0.772$，故

$$h_c = 0.051 \times \left(\frac{11.56}{0.772} \right)^2 \times \left(\frac{2.92}{802.1} \right) = 0.041\,6 \text{ m 液柱}$$

（2）气体通过液层的阻力 h_1 计算

气体通过液层的阻力 h_1 由式（5-20）计算，即

$$h_1 = \beta h_L$$

$$u_a = \frac{V_s}{A_T - A_f} = \frac{0.621}{0.785 - 0.056\,7} = 0.853 \text{ m/s}$$

$$F_0 = 0.853 \sqrt{2.92} = 1.46 \text{ kg}^{1/2} / (\text{s} \cdot \text{m}^{1/2})$$

查图 5-11，得 $\beta = 0.61$，故

$$h_1 = \beta h_L = \beta (h_w + h_{ow}) = 0.61 \times (0.047 + 0.013) = 0.036\,6 \text{ m 液柱}$$

（3）液体表面张力的阻力 h_σ 计算

液体表面张力所产生的阻力 h_σ 由式（5-23）计算，即

$$h_\sigma = \frac{4\sigma_L}{\rho_L g d_0} = \frac{4 \times 20.41 \times 10^{-3}}{802.1 \times 9.81 \times 0.005} = 0.002\,1 \text{ m 液柱}$$

气体通过每层塔板的液柱高度 h_p 可按下式计算，即

$$h_p = h_c + h_1 + h_\sigma = 0.041\,6 + 0.036\,6 + 0.002\,1 = 0.080 \text{ m 液柱}$$

气体通过每层塔板的压降为

$$\Delta p_p = h_p \rho_L g = 0.08 \times 802.1 \times 9.81 = 629 \ Pa < 0.7 \ kPa(设计允许值)$$

2)液面落差

对于筛板塔,液面落差很小,且本例的塔径和液流量均不大,故可忽略液面落差的影响。

3)液沫夹带

液沫夹带量由式(5-24)计算,即

$$e_V = \frac{5.7 \times 10^{-6}}{\sigma_L} \left(\frac{u_a}{H_T - h_f} \right)^{3.2}$$

$$h_f = 2.5 h_L = 2.5 \times 0.06 = 0.15 \ m$$

故

$$e_V = \frac{5.7 \times 10^{-6}}{20.41 \times 10^{-3}} \times \left(\frac{0.853}{0.40 - 0.15} \right)^{3.2} = 0.014 \ kg \ 液/kg \ 气 < 0.1 \ kg \ 液/kg \ 气$$

故在本设计中液沫夹带量 e_v 在允许范围内。

4)漏液

对筛板塔,漏液点气速 $u_{0,min}$ 可由式(5-25)计算,即

$$u_{0,min} = 4.4 c_0 \sqrt{(0.005 6 + 0.13 h_L - h_\sigma) \rho_L / \rho_V}$$
$$= 4.4 \times 0.772 \sqrt{(0.005 6 + 0.13 \times 0.06 - 0.002 1)802.1/2.92} = 5.985 \ m/s$$

实际孔速 $u_0 = 11.56 \ m/s > u_{0,min}$。

稳定系数为

$$K = \frac{u_0}{u_{0,min}} = \frac{11.56}{5.985} = 1.93 > 1.5$$

故在本设计中无明显漏液。

5)液泛

为防止塔内发生液泛,降液管内液层高 H_d 应服从式(5-32)的关系,即

$$H_d \leqslant \varphi(H_T + h_w)$$

苯—甲苯物系属一般物系,取 $\varphi = 0.5$,则

$$\varphi(H_T + h_w) = 0.5 \times (0.40 + 0.047) = 0.224 \ m$$

而

$$H_d = h_p + h_L + h_d$$

板上不设进口堰,h_d 可由式(5-30)计算,即

$$h_d = 0.153(u_0')^2 = 0.153 \times (0.08)^2 = 0.001 \ m \ 液柱$$

$$H_d = 0.08 + 0.06 + 0.001 = 0.141 \ m \ 液柱$$

$$H_d \leqslant \varphi(H_T + h_w)$$

故在本设计中不会发生液泛现象。

8. 塔板负荷性能图

1)漏液线

由

$$u_{0,min} = 4.4 c_0 \sqrt{(0.005 6 + 0.13 h_L - h_\sigma) \rho_L / \rho_V}$$

$$u_{0,min} = \frac{V_{s,min}}{A_0}$$

$$h_L = h_w + h_{ow}$$

$$h_{ow} = \frac{2.84}{1\,000} E \left(\frac{L_h}{l_w} \right)^{2/3}$$

得　　$V_{s,min} = 4.4 c_0 A_0 \sqrt{\left\{ 0.005\,6 + 0.13 \left[h_w + \frac{2.84}{1\,000} E \left(\frac{L_h}{l_w} \right)^{2/3} \right] - h_\sigma \right\} \rho_L / \rho_V}$

$$= 4.4 \times 0.772 \times 0.101 \times 0.532$$

$$\times \sqrt{\left\{ 0.005\,6 + 0.13 \left[0.047 + \frac{2.84}{1\,000} \times 1 \times \left(\frac{3\,600 L_s}{0.66} \right)^{2/3} \right] - 0.002\,1 \right\} 802.1 / 2.92}$$

整理得　　$V_{s,min} = 3.025 \sqrt{0.009\,61 + 0.114 L_s^{2/3}}$

在操作范围内,任取几个 L_s 值,依上式计算出 V_s 值,计算结果列于表 5-4。

表 5-4　V_s 计算结果

$L_s / m^3 \cdot s^{-1}$	0.000 6	0.001 5	0.003 0	0.004 5
$V_s / m^3 \cdot s^{-1}$	0.309	0.319	0.331	0.341

由上表数据即可作出漏液线 1。

2) 液沫夹带线

以 $e_V = 0.1$ kg 液/kg 气为限,求 V_s—L_s 关系如下:

$$e_V = \frac{5.7 \times 10^{-6}}{\sigma_L} \left(\frac{u_a}{H_T - h_f} \right)^{3.2}$$

$$u_a = \frac{V_s}{A_T - A_f} = \frac{V_s}{0.785 - 0.056\,7} = 1.373\,V_s$$

$$h_f = 2.5 h_L = 2.5 (h_w + h_{ow})$$

$$h_w = 0.047$$

$$h_{ow} = \frac{2.84}{1\,000} \times 1 \times \left(\frac{3\,600 L_s}{0.66} \right)^{2/3} = 0.88 L_s^{2/3}$$

故　　$h_f = 0.118 + 2.2 L_s^{2/3}$

$$H_T - h_f = 0.282 - 2.2 L_s^{2/3}$$

$$e_V = \frac{5.7 \times 10^{-6}}{20.41 \times 10^{-3}} \times \left[\frac{1.373\,V_s}{0.282 - 2.2 L_s^{2/3}} \right]^{3.2} = 0.1$$

整理得　　$V_s = 1.29 - 10.07 L_s^{2/3}$

在操作范围内,任取几个 L_s 值,依上式计算出 V_s 值,计算结果列于表 5-5。

表 5-5　V_s 计算结果

$L_s / m^3 \cdot s^{-1}$	0.000 6	0.001 5	0.003 0	0.004 5
$V_s / m^3 \cdot s^{-1}$	1.218	1.158	1.081	1.016

由上表数据即可作出液沫夹带线 2。

3）液相负荷下限线

对于平直堰，取堰上液层高度 $h_{ow}=0.006$ m 作为最小液体负荷标准。由式(5-7)得

$$h_{ow} = \frac{2.84}{1\,000}E\left(\frac{3\,600L_s}{l_w}\right)^{2/3} = 0.006 \text{ m}$$

取 $E=1$，则

$$L_{s,min} = \left(\frac{0.006 \times 1\,000}{2.84}\right)^{3/2} \times \frac{0.66}{3\,600} = 0.000\,56 \text{ m}^3/\text{s}$$

据此可作出与气体流量无关的垂直液相负荷下限线3。

4）液相负荷上限线

以 $\theta=4$ s 作为液体在降液管中停留时间的下限，由式(5-9)得

$$\theta = \frac{A_f H_T}{L_s} = 4$$

故 $\qquad L_{s,max} = \frac{A_f H_T}{4} = \frac{0.056\,7 \times 0.40}{4} = 0.005\,67 \text{ m}^3/\text{s}$

据此可作出与气体流量无关的垂直液相负荷上限线4。

5）液泛线

令 $\qquad H_d = \varphi(H_T + h_w)$

$$H_d = h_p + h_L + h_d, h_p = h_c + h_1 + h_\sigma, h_1 = \beta h_L, h_L = h_w + h_{ow}$$

联立得 $\qquad \varphi H_T + (\varphi - \beta - 1)h_w = (\beta + 1)h_{ow} + h_c + h_d + h_\sigma$

忽略 h_σ，将 h_{ow} 与 L_s，h_d 与 L_s，h_c 与 V_s 的关系式代入上式，并整理得

$$a'V_s^2 = b' - c'L_s^2 - d'L_s^{2/3}$$

式中 $\qquad a' = \frac{0.051}{(A_0 c_0)^2}\left(\frac{\rho_V}{\rho_L}\right)$

$\qquad b' = \varphi H_T + (\varphi - \beta - 1)h_w$

$\qquad c' = 0.153/(l_w h_0)^2$

$\qquad d' = 2.84 \times 10^{-3} E(1 + \beta)\left(\frac{3\,600}{l_w}\right)^{2/3}$

将有关的数据代入，得

$$a' = \frac{0.051}{(0.101 \times 0.532 \times 0.772)^2} \times \left(\frac{2.92}{802.1}\right) = 0.108$$

$$b' = 0.5 \times 0.40 + (0.5 - 0.61 - 1) \times 0.047 = 0.148$$

$$c' = \frac{0.153}{(0.66 \times 0.032)^2} = 343.01$$

$$d' = 2.84 \times 10^{-3} \times 1 \times (1 + 0.61) \times \left(\frac{3\,600}{0.66}\right)^{2/3} = 1.421$$

故 $\qquad 0.108V_s^2 = 0.148 - 343.01L_s^2 - 1.421L_s^{2/3}$

或 $\qquad V_s^2 = 1.37 - 3\,176L_s^2 - 13.16L_s^{2/3}$

在操作范围内，任取几个 L_s 值，依上式计算出 V_s 值，计算结果列于表5-6。

表 5-6　V_s 计算结果

$L_s/\mathrm{m^3 \cdot s^{-1}}$	0.000 6	0.001 5	0.003 0	0.004 5
$V_s/\mathrm{m^3 \cdot s^{-1}}$	1.275	1.190	1.068	0.948

由上表数据即可作出液泛线 5。

根据以上各线方程,可作出筛板塔的负荷性能图,如图 5-20 所示。

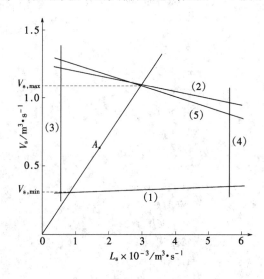

图 5-20　精馏段筛板塔负荷性能

在负荷性能图上,作出操作点 A,连接 OA,即作出操作线。由图可看出,该筛板塔的操作上限为液泛控制,下限为漏液控制。由图 5-20 查得

$$V_{s,max} = 1.075 \ \mathrm{m^3/s}, V_{s,min} = 0.317 \ \mathrm{m^3/s}$$

故操作弹性为

$$\frac{V_{s,max}}{V_{s,min}} = \frac{1.075}{0.317} = 3.391$$

所设计筛板塔的主要结果汇总于表 5-7。

表 5-7　筛板塔设计计算结果

序　号	项　　目	数　值
1	平均温度 $t_m/^{\circ}\mathrm{C}$	90.8
2	平均压力 p_m/kPa	108.8
3	气相流量 $V_s/\mathrm{m^3 \cdot s^{-1}}$	0.621
4	液相流量 $L_s/\mathrm{m^3 \cdot s^{-1}}$	0.001 7
5	实际塔板数	25
6	有效段高度 Z/m	10
7	塔径/m	1.0
8	板间距/m	0.4
9	溢流形式	单溢流

序 号	项 目	数 值
10	降液管形式	弓形
11	堰长/m	0.66
12	堰高/m	0.047
13	板上液层高度/m	0.06
14	堰上液层高度/m	0.013
15	降液管底隙高度/m	0.032
16	安定区宽度/m	0.065
17	边缘区宽度/m	0.035
18	开孔区面积/m²	0.532
19	筛孔直径/m	0.005
20	筛孔数目	2 731
21	孔中心距/m	0.015
22	开孔率/%	10.1
23	空塔气速/m·s⁻¹	0.791
24	筛孔气速/m·s⁻¹	11.56
25	稳定系数	1.93
26	每层塔板压降/Pa	629
27	负荷上限	液泛控制
28	负荷下限	漏液控制
29	液沫夹带 e_v/(kg液/kg气)	0.014
30	气相负荷上限/m³·s⁻¹	1.075
31	气相负荷下限/m³·s⁻¹	0.317
32	操作弹性	3.391

5.3 填料塔的设计

填料塔的类型很多,其设计的原则大体相同,一般来说,填料塔的设计步骤如下:

①根据设计任务和工艺要求,确定设计方案;

②根据设计任务和工艺要求,合理地选择填料;

③确定塔径、填料层高度等工艺尺寸;

④计算填料层的压降;

⑤进行填料塔塔内件的设计与选型。

5.3.1 设计方案的确定

1. 填料精馏塔设计方案的确定

填料精馏塔设计方案的确定包括装置流程的确定、操作压力的确定、进料热状况的选择、加热方式的选择及回流比的选择等,其确定原则与板式精馏塔基本相同,参见5.2。

2. 填料吸收塔设计方案的确定

1)装置流程的确定

吸收装置的流程主要有以下几种。

（1）逆流操作 气相自塔底进入由塔顶排出，液相自塔顶进入由塔底排出，此即逆流操作。逆流操作的特点是，传质平均推动力大，传质速率快，分离效率高，吸收剂利用率高。工业生产中多采用逆流操作。

（2）并流操作 气液两相均从塔顶流向塔底，此即并流操作。并流操作的特点是，系统不受液流限制，可提高操作气速，以提高生产能力。并流操作通常用于以下情况：当吸收过程的平衡曲线较平坦时，流向对推动力影响不大；易溶气体的吸收或待处理的气体不需吸收很完全；吸收剂用量特别大，逆流操作易引起液泛。

（3）吸收剂部分再循环操作 在逆流操作系统中，用泵将吸收塔排出液体的一部分冷却后与补充的新鲜吸收剂一同送回塔内，即为部分再循环操作。该操作通常用于以下情况：当吸收剂用量较小时，为提高塔的液体喷淋密度；对于非等温吸收过程，为控制塔内的温升，需取出一部分热量。该流程特别适宜于相平衡常数 m 值很小的情况，通过吸收液的部分再循环，提高吸收剂的使用效率。应予指出，吸收剂部分再循环操作较逆流操作的平均推动力要低，且需设置循环泵，操作费用增加。

（4）多塔串联操作 若设计的填料层高度过大，或由于所处理物料等原因需经常清理填料，为便于维修，可把填料层分装在几个串联的塔内，每个吸收塔通过的吸收剂和气体量都相等，即为多塔串联操作。此种操作因塔内需留较大空间，输液、喷淋、支撑板等辅助装置增加，使设备投资加大。

（5）串联—并联混合操作 若吸收过程处理的液量很大，如果用通常的流程，则液体在塔内的喷淋密度过大，操作气速势必很小（否则易引起塔的液泛），塔的生产能力很低。实际生产中可采用气相作串联、液相作并联的混合流程；若吸收过程处理的液量不大而气相流量很大时，可采用液相作串联、气相作并联的混合流程。

总之，在实际应用中，应根据生产任务、工艺特点，结合各种流程的优缺点选择适宜的流程布置。

2）吸收剂的选择

吸收过程是依靠气体溶质在吸收剂中的溶解来实现的，因此，吸收剂性能的优劣，是决定吸收操作效果的关键之一，选择吸收剂时应着重考虑以下几方面。

（1）溶解度 吸收剂对溶质组分的溶解度要大，以提高吸收速率并减少吸收剂的需用量。

（2）选择性 吸收剂对溶质组分要有良好的吸收能力，而对混合气体中的其他组分不吸收或吸收甚微，否则不能直接实现有效的分离。

（3）挥发度 操作温度下吸收剂的蒸气压要低，以减少吸收和再生过程中吸收剂的挥发损失。

（4）黏度 吸收剂在操作温度下的黏度越低，其在塔内的流动性越好，有助于传质速率和传热速率的提高。

（5）其他 所选用的吸收剂应尽可能满足无毒性、无腐蚀性、不易燃易爆、不发泡、冰点低、价廉易得以及化学性质稳定等要求。

一般说来，任何一种吸收剂都难以满足以上所有要求，选用时应针对具体情况和主要矛盾，既考虑工艺要求又兼顾经济合理性。工业上常用的吸收剂列于表5-8。

表 5-8 工业常用吸收剂

溶　质	吸　收　剂
氨	水、硫酸
丙酮蒸气	水
氯化氢	水
二氧化碳	水、碱液、碳酸丙烯酯
二氧化硫	水
硫化氢	碱液、砷碱液、有机溶剂
苯蒸气	煤油、洗油
丁二烯	乙醇、乙腈
二氯乙烯	煤油
一氧化碳	铜氨液

3）操作温度与压力的确定

（1）操作温度的确定　由吸收过程的气液平衡关系可知,温度降低可增加溶质组分的溶解度,即低温有利于吸收,但操作温度的低限应由吸收系统的具体情况决定。例如水吸收 CO_2 的操作中用水量极大,吸收温度主要由水温决定,而水温又取决于大气温度,故应考虑夏季循环水温高时补充一定量地下水以维持适宜温度。

（2）操作压力的确定　由吸收过程的气液平衡关系可知,压力升高可增加溶质组分的溶解度,即加压有利于吸收。但随着操作压力的升高,对设备的加工制造要求提高,且能耗增加,因此需结合具体工艺条件综合考虑,以确定操作压力。

5.3.2　填料的类型与选择

塔填料(简称为填料)是填料塔中气液接触的基本构件,其性能的优劣是决定填料塔操作性能的主要因素,因此,塔填料的选择是填料塔设计的重要环节。

1. 填料的类型

填料的种类很多,根据装填方式的不同,可分为散装填料和规整填料两大类。

1）散装填料

散装填料是一个个具有一定几何形状和尺寸的颗粒体,一般以随机的方式堆积在塔内,又称为乱堆填料或颗粒填料。散装填料根据结构特点不同,又可分为环形填料、鞍形填料、环鞍形填料、球形填料及花环填料等。现介绍几种较典型的散装填料。

（1）拉西环填料　拉西环填料是最早提出的工业填料,其结构为外径与高度相等的圆环,可用陶瓷、塑料、金属等材质制造。拉西环填料的气液分布较差,传质效率低,阻力大,通量小,目前工业上已很少应用。

（2）鲍尔环填料　鲍尔环是在拉西环的基础上改进而得。其结构为在拉西环的侧壁上开出两排长方形的窗孔,被切开的环壁的一侧仍与壁面相连,另一侧向环内弯曲,形成内伸的舌叶,诸舌叶的侧边在环中心相搭,可用陶瓷、塑料、金属等材质制造。鲍尔环由于环壁开孔,大大提高了环内空间及环内表面的利用率,气流阻力小,液体分布均匀。与拉西环相比,其通量可增加 50% 以上,传质效率提高 30% 左右。鲍尔环是目前应用较广的填料之一。

（3）阶梯环填料　阶梯环是对鲍尔环的改进。与鲍尔环相比,阶梯环高度减小了一半,并在一端增加了一个锥形翻边。由于高径比减小,使得气体绕填料外壁的平均路径大为缩短,减少了气体通过填料层的阻力。锥形翻边不仅增加了填料的机械强度,而且使填料之间由线接触为主变成以点接触为主,这样不但增加了填料间的空隙,同时成为液体沿填料表面流动的汇集分散点,可以促进液膜的表面更新,有利于传质效率的提高。阶梯环的综合性能优于鲍尔环,成为目前所使用的环形填料中最为优良的一种。

(4)弧鞍填料　弧鞍填料属鞍形填料的一种,其形状如同马鞍,一般采用瓷质材料制成。弧鞍填料的特点是表面全部敞开,不分内外,液体在表面两侧均匀流动,表面利用率高,流道呈弧形,流动阻力小。其缺点是易发生套叠,致使一部分填料表面重合,使传质效率降低。弧鞍填料强度较差,容易破碎,工业生产中应用不多。

(5)矩鞍填料　将弧鞍填料两端的弧形面改为矩形面,且两面大小不等,即成为矩鞍填料。矩鞍填料堆积时不会套叠,液体分布较均匀。矩鞍填料一般采用瓷质材料制成,其性能优于拉西环。目前,国内绝大多数应用瓷拉西环的场合,均已被瓷矩鞍填料所取代。

(6)环矩鞍填料　环矩鞍填料(国外称为 Intalox)是兼顾环形和鞍形结构特点而设计出的一种新型填料,该填料一般以金属材质制成,故又称为金属环矩鞍填料。环矩鞍填料将环形填料和鞍形填料两者的优点集于一体,其综合性能优于鲍尔环和阶梯环,是工业应用最为普遍的一种金属散装填料。

(7)球形填料　球形填料的外部轮廓为一个球体,一般采用塑料材质注塑而成,其结构有多种,常见的有由许多板片构成的多面球填料和由许多枝条的格栅组成的 TRI 球形填料等。球形填料的特点是球体为空心,可以允许气体、液体从其内部通过。由于球体结构的对称性,填料装填密度均匀,不易产生空穴和架桥,所以气液分散性好。球形填料通常用于气体的吸收和除尘净化等过程。

(8)花环填料　花环填料是近年来开发出的具有各种独特构型的塑料填料的统称,是散装填料的另一种形式。花环填料的结构形式有多种,如泰勒花环填料、茵派克填料、海尔环填料、花轭环填料等。花环填料除具有通量大、压降低、耐腐蚀及抗冲击性能好等特点外,还有填料间不会嵌套、壁流效应小及气液分布均匀等优点。工业上,花环填料多用于气体吸收和冷却等过程。

工业上常用散装填料的特性参数列于附录 5 中,可供设计时参考。

2)规整填料

规整填料是按一定的几何图形排列,整齐堆砌的填料。规整填料种类很多,根据其几何结构可分为格栅填料、波纹填料、脉冲填料等,工业上应用的规整填料绝大部分为波纹填料。波纹填料按结构分为网波纹填料和板波纹填料两大类,可用陶瓷、塑料、金属等材质制造。加工中,波纹与塔轴的倾角有 30° 和 45° 两种,倾角为 30° 以代号 BX（或 X）表示,倾角为45° 以代号 CY（或 Y）表示。

金属丝网波纹填料是网波纹填料的主要形式,是由金属丝网制成的。其特点是压降低、分离效率高,特别适用于精密精馏及真空精馏装置,为难分离物系、热敏性物系的精馏提供了有效的手段。尽管其造价高,但因性能优良仍得到了广泛的应用。

金属板波纹填料是板波纹填料的主要形式。该填料的波纹板片上冲压有许多 $\phi4$ mm ~ $\phi6$ mm 的小孔,可起到粗分配板片上的液体、加强横向混合的作用。波纹板片上轧成细小沟纹,可起到细分配板片上的液体、增强表面润湿性能的作用。金属孔板波纹填料强度高、耐腐蚀性强,特别适用于大直径塔及气液负荷较大的场合。

波纹填料的优点是结构紧凑,阻力小,传质效率高,处理能力大,比表面积大。其缺点是不适于处理黏度大、易聚合或有悬浮物的物料,且装卸、清理困难,造价高。

工业上常用规整填料的性能参数列于附录6中,可供设计时参考。

2.填料的选择

填料的选择包括确定填料的种类、规格及材质等。所选填料既要满足生产工艺的要求,又要使设备投资和操作费用较低。

1)填料种类的选择

填料种类的选择要考虑分离工艺的要求,通常考虑以下几个方面。

(1)传质效率 传质效率即分离效率,它有两种表示方法:一是以理论级进行计算的表示方法,以每个理论级当量的填料层高度表示,即 $HETP$ 值;另一是以传质速率进行计算的表示方法,以每个传质单元相当的填料层高度表示,即 HTU 值。在满足工艺要求的前提下,应选用传质效率高,即 $HETP$(或 HTU)值低的填料。对于常用的工业填料,其 $HETP$(或 HTU)值可从有关手册或文献中查到,也可通过一些经验公式估算。

(2)通量 在相同的液体负荷下,填料的泛点气速越高或气相动能因子越大,则通量越大,塔的处理能力亦越大。因此,在选择填料种类时,在保证具有较高传质效率的前提下,应选择具有较高泛点气速或气相动能因子较大的填料。对于大多数常用填料,其泛点气速或气相动能因子可从有关手册或文献中查到,也可通过一些经验公式估算。

(3)填料层的压降 填料层的压降是填料的主要应用性能,填料层的压降越低,动力消耗越低,操作费用越少。选择低压降的填料对热敏性物系的分离尤为重要。比较填料层的压降有两种方法,一是比较填料层单位高度的压降 $\Delta p/Z$;另一是比较填料层单位传质效率的比压降 $\Delta p/N_\mathrm{T}$。填料层的压降可用经验公式计算,亦可从有关图表中查出。

(4)填料的操作性能 填料的操作性能主要指操作弹性、抗污堵性及抗热敏性等。所选填料应具有较大的操作弹性,以保证塔内气液负荷发生波动时维持操作稳定。同时,还应具有一定的抗污堵、抗热敏能力,以适应物料的变化及塔内温度的变化。

此外,所选的填料要便于安装、拆卸和检修。

2)填料规格的选择

通常,散装填料与规整填料的规格表示方法不同,选择的方法亦不尽相同,现分别加以介绍。

(1)散装填料规格的选择 散装填料的规格通常是指填料的公称直径。工业塔常用的散装填料主要有 $DN16$、$DN25$、$DN38$、$DN50$、$DN76$ 等几种规格。同类填料,尺寸越小,分离效率越高,但阻力增加,通量减小,填料费用也增加很多。而大尺寸的填料应用于小直径塔中,又会产生液体分布不良及严重的壁流,使塔的分离效率降低。因此,对塔径与填料尺寸的比值要有一规定,常用填料的塔径与填料公称直径比值 D/d 的推荐值列于表5-9。

表 5-9 塔径与填料公称直径的比值 D/d 的推荐值

填 料 种 类	D/d 的推荐值
拉西环	$D/d \geqslant (20 \sim 30)$
鞍环	$D/d \geqslant 15$
鲍尔环	$D/d \geqslant (10 \sim 15)$

填 料 种 类	D/d 的推荐值
阶梯环	$D/d > 8$
环矩鞍	$D/d > 8$

（2）规整填料规格的选择　工业上常用规整填料的型号和规格的表示方法很多，国内习惯用比表面积表示，主要有 125、150、250、350、500、700（m^2/m^3）等几种规格，同种类型的规整填料，其比表面积越大，传质效率越高，但阻力增加，通量减小，填料费用也明显增加。选用时应从分离要求、通量要求、场地条件、物料性质及设备投资、操作费用等方面综合考虑，使所选填料既能满足工艺要求，又具有经济合理性。

应予指出，一座填料塔可以选用同种类型、同一规格的填料，也可选用同种类型、不同规格的填料；可以选用同种类型的填料，也可以选用不同类型的填料；有的塔段可选用规整填料，而有的塔段可选用散装填料。设计时应灵活掌握，根据技术经济统一的原则来选择填料的规格。

3）填料材质的选择

工业上，填料的材质分为陶瓷、金属和塑料 3 大类。

（1）陶瓷填料　陶瓷填料具有良好的耐腐蚀性及耐热性，一般能耐除氢氟酸以外的常见的各种无机酸、有机酸的腐蚀，对强碱介质，可以选用耐碱配方制造的耐碱陶瓷填料。

陶瓷填料因其质脆、易碎，不宜在高冲击强度下使用。陶瓷填料价格便宜，具有很好的表面润湿性能，工业上，主要用于气体吸收、气体洗涤、液体萃取等过程。

（2）金属填料　金属填料可用多种材质制成，金属材质的选择主要根据物系的腐蚀性和金属材质的耐腐蚀性来综合考虑。碳钢填料造价低，且具有良好的表面润湿性能，对于无腐蚀或低腐蚀性物系应优先考虑使用；不锈钢填料耐腐蚀性强，一般能耐除 Cl^- 以外常见物系的腐蚀，但其造价较高；钛材、特种合金钢等材质制成的填料造价极高，一般只在某些腐蚀性极强的物系下使用。

金属填料可制成薄壁结构（0.2~1.0 mm），与同种类型、同种规格的陶瓷、塑料填料相比，它的通量大、气体阻力小，且具有很高的抗冲击性能，能在高温、高压、高冲击强度下使用，工业应用主要以金属填料为主。

（3）塑料填料　塑料填料的材质主要包括聚丙烯（PP）、聚乙烯（PE）及聚氯乙烯（PVC）等，国内一般多采用聚丙烯材质。塑料填料的耐腐蚀性能较好，可耐一般的无机酸、碱和有机溶剂的腐蚀。其耐温性良好，可长期在 100 ℃以下使用。聚丙烯填料在低温（低于 0 ℃）时具有冷脆性，在低于 0 ℃的条件下使用要慎重，可选用耐低温性能好的聚氯乙烯填料。

塑料填料具有质轻、价廉、耐冲击、不易破碎等优点，多用于吸收、解吸、萃取、除尘等装置中。塑料填料的缺点是表面润湿性能差，在某些特殊应用场合，需要对其表面进行处理，以提高表面润湿性能。

5.3.3　填料塔工艺尺寸的计算

填料塔工艺尺寸的计算包括塔径的计算、填料层高度的计算及分段等。

1. 塔径的计算

填料塔直径仍采用式（5-2）计算，即

$$D = \sqrt{\frac{4V_s}{\pi u}}$$

式中气体体积流量 V_s 由设计任务给定。

由上式可见,计算塔径的核心问题是确定空塔气速 u。

1)空塔气速的确定

(1)泛点气速法　泛点气速是填料塔操作气速的上限,填料塔的操作空塔气速 u 必须小于泛点气速 u_F,操作空塔气速与泛点气速之比称为泛点率。

对于散装填料,其泛点率的经验值为

$$u/u_F = 0.5 \sim 0.85$$

对于规整填料,其泛点率的经验值为

$$u/u_F = 0.6 \sim 0.95$$

泛点率的选择主要考虑填料塔的操作压力和物系的发泡程度两方面的因素。设计中,对于加压操作的塔,应取较高的泛点率;对于减压操作的塔,应取较低的泛点率;对易起泡沫的物系,泛点率应取低限值;而无泡沫的物系,可取较高的泛点率。

泛点气速可用经验方程式计算,亦可用关联图求取。

①贝恩(Bain)—霍根(Hougen)关联式。填料的泛点气速可由贝恩—霍根关联式计算,即

$$\lg\left[\frac{u_F^2}{g}\left(\frac{a_t}{\varepsilon^3}\right)\left(\frac{\rho_V}{\rho_L}\right)\mu_L^{0.2}\right] = A - K\left(\frac{w_L}{w_V}\right)^{1/4}\left(\frac{\rho_V}{\rho_L}\right)^{1/8} \tag{5-34}$$

式中　u_F——泛点气速,m/s;

g——重力加速度,9.81 m/s^2;

a_t——填料总比表面积,m^2/m^3;

ε——填料层空隙率,m^3/m^3;

ρ_V、ρ_L——气相、液相密度,kg/m^3;

μ_L——液体黏度,mPa·s;

w_L、w_V——液相、气相的质量流量,kg/h;

A、K——关联常数。

常数 A 和 K 与填料的形状及材质有关,不同类型填料的 A、K 值列于表 5-10 中。由式(5-34)计算泛点气速,误差在 15% 以内。

表 5-10　式 5-34 中的 A、K 值

散装填料类型	A	K	规整填料类型	A	K
塑料鲍尔环	0.094 2	1.75	金属丝网波纹填料	0.30	1.75
金属鲍尔环	0.1	1.75	塑料丝网波纹填料	0.420 1	1.75
塑料阶梯环	0.204	1.75	金属网孔波纹填料	0.155	1.47
金属阶梯环	0.106	1.75	金属孔板波纹填料	0.291	1.75
瓷矩鞍	0.176	1.75	塑料孔板波纹填料	0.291	1.563
金属环矩鞍	0.062 25	1.75			

②埃克特(Eckert)通用关联图。散装填料的泛点气速可用埃克特通用关联图计算,如图 5-21 所示。计算时,先由气液相负荷及有关物性数据求出横坐标 $\frac{w_L}{w_V}\left(\frac{\rho_V}{\rho_L}\right)^{0.5}$ 的值,然后作垂线与相应的泛点线相交,再通过交点作水平线与纵坐标相交,求出纵坐标 $\frac{u^2\Phi\psi}{g}\left(\frac{\rho_V}{\rho_L}\right)\mu_L^{0.2}$ 值。此时所对应的 u 即为泛点气速 u_F。

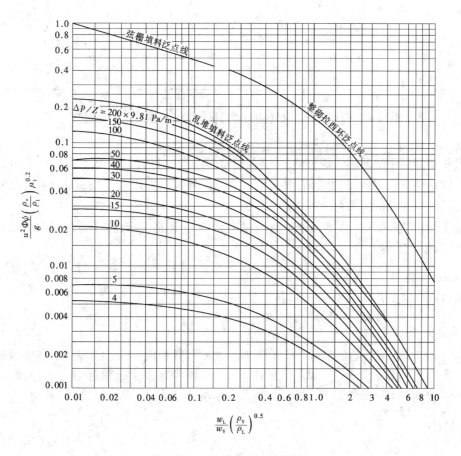

图 5-21 埃克特通用关联图

u—空塔气速,m/s;g—重力加速度,9.81 m/s²;Φ—填料因子,1/m;ψ—液体密度校正系数,$\psi = \rho_水/\rho_L$;

ρ_L、ρ_V—液体、气体的密度,kg/m³;μ_L—液体黏度,mPa·s;w_L、w_V—液体、气体的质量流量,kg/s

应予指出,用埃克特通用关联图计算泛点气速时,所需的填料因子为液泛时的湿填料因子,称为泛点填料因子,以 Φ_F 表示。泛点填料因子 Φ_F 与液体喷淋密度有关,为了工程计算的方便,常采用与液体喷淋密度无关的泛点填料因子平均值。表 5-11 列出了部分散装填料的泛点填料因子平均值,可供设计中参考。

表 5-11　散装填料泛点填料因子平均值

填料类型	填料因子/1·m⁻¹				
	$DN16$	$DN25$	$DN38$	$DN50$	$DN76$
金属鲍尔环	410	—	117	160	—
金属环矩鞍	—	170	150	135	120
金属阶梯环	—	—	160	140	—
塑料鲍尔环	550	280	184	140	92
塑料阶梯环	—	260	170	127	—
瓷 矩 鞍	1 100	550	200	226	—
瓷拉西环	1 300	832	600	410	—

（2）气相动能因子（F 因子）法　气相动能因子简称 F 因子，其定义为

$$F = u \sqrt{\rho_V} \tag{5-35}$$

气相动能因子法多用于规整填料空塔气速的确定。计算时，先从手册或图表中查出填料在操作条件下的 F 因子，然后依据式（5-35）即可计算出操作空塔气速 u。常见规整填料的适宜操作气相动能因子可从有关图表中查得。

应予指出，采用气相动能因子法计算适宜的空塔气速，一般用于低压操作（压力低于 0.2 MPa）的场合。

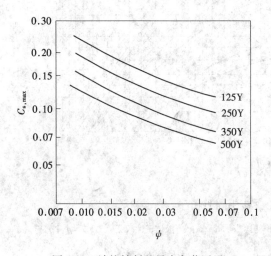

图 5-22　波纹填料的最大负荷因子

（3）气相负荷因子（C_s 因子）法　气相负荷因子简称 C_s 因子，其定义为

$$C_s = u \sqrt{\frac{\rho_V}{\rho_L - \rho_V}} \tag{5-36}$$

气相负荷因子法多用于规整填料空塔气速的确定。计算时，先求出最大气相负荷因子 $C_{s,max}$，然后依据以下关系

$$C_s = 0.8 C_{s,max} \tag{5-37}$$

计算出 C_s，再依据式（5-36）求出操作空塔气速 u。

常用规整填料的 $C_{s,max}$ 的计算见有关填料手册，亦可从图 5-22 所示的 $C_{s,max}$ 曲线图查得。4 中的横坐标 ψ 称为流动参数，其定义为

$$\psi = \frac{w_L}{w_V} \left(\frac{\rho_V}{\rho_L} \right)^{0.5} \tag{5-38}$$

图 5-22 的曲线适用于板波纹填料。若以 250Y 型板波纹填料为基准，对于其他类型的波纹填料，需要乘以修正系数 C，其值参见表 5-12。

表5-12 其他类型波纹填料的最大负荷修正系数

表5-12 其他类型波纹填料的最大负荷修正系数

填料类别	型 号	修正系数
板波纹填料	250Y	1.0
丝网波纹填料	BX	1.0
丝网波纹填料	CY	0.65
陶瓷波纹填料	BX	0.8

2）塔径的计算与圆整

根据上述方法得出空塔气速 u 后，即可由式(5-2)计算出塔径 D。应予指出，由式(5-2)计算出塔径 D 后，还应按塔径系列标准进行圆整。常用的标准塔径为400、500、600、700、800、1 000、1 200、1 400、1 600、2 000、2 200 mm 等。圆整后，再核算操作空塔气速 u 与泛点率。

3）液体喷淋密度的验算

填料塔的液体喷淋密度是指单位时间、单位塔截面上液体的喷淋量，其计算式为

$$U = \frac{L_h}{0.785D^2} \tag{5-39}$$

式中　U——液体喷淋密度，$m^3/(m^2 \cdot h)$；

　　　L_h——液体喷淋量，m^3/h；

　　　D——填料塔直径，m。

为使填料能获得良好的润湿，塔内液体喷淋量应不低于某一极限值，此极限值称为最小喷淋密度，以 U_{min} 表示。

对于散装填料，其最小喷淋密度通常采用下式计算，即

$$U_{min} = (L_w)_{min} a_t \tag{5-40}$$

式中　U_{min}——最小喷淋密度，$m^3/(m^2 \cdot h)$；

　　　$(L_w)_{min}$——最小润湿速率，$m^3/(m \cdot h)$；

　　　a_t——填料的总比表面积，m^2/m^3。

最小润湿速率是指在塔的截面上，单位长度的填料周边的最小液体体积流量。其值可由经验公式计算(见有关填料手册)，也可采用一些经验值。对于直径不超过75 mm 的散装填料，可取最小润湿速率 $(L_w)_{min}$ 为 $0.08\ m^3/(m \cdot h)$；对于直径大于75 mm 的散装填料，取 $(L_w)_{min} = 0.12\ m^3/(m \cdot h)$。

对于规整填料，其最小喷淋密度可从有关填料手册中查得，设计中，通常取 $U_{min} = 0.2\ m^3/(m^2 \cdot h)$。

实际操作时采用的液体喷淋密度应大于最小喷淋密度。若液体喷淋密度小于最小喷淋密度，则需进行调整，重新计算塔径。

2. 填料层高度的计算及分段

1）填料层高度的计算

填料层高度的计算分为传质单元数法和等板高度法。在工程设计中，对于吸收、解吸及萃取等过程中的填料塔的设计，多采用传质单元数法；而对于精馏过程中的填料塔的设计，则习惯用等板高度法。

（1）传质单元数法　采用传质单元数法计算填料层高度的基本公式为

$$Z = H_{OG} N_{OG} \tag{5-41}$$

式中　Z——填料层高度，m；

　　　H_{OG}——总传质单元高度，m；

　　　N_{OG}——传质单元数。

①传质单元数的计算。传质单元数的计算方法在《化工原理》（下册）或《化工传质与分离过程》等教材的吸收一章中已详尽介绍，此处不再赘述。

②传质单元高度的计算。传质过程的影响因素十分复杂，对于不同的物系、不同的填料以及不同的流动状况与操作条件，传质单元高度各不相同，迄今为止，尚无通用的计算方法和计算公式。目前，在进行设计时多选用一些准数关联式或经验公式进行计算，其中应用较为普遍的是修正的恩田（Onde）公式。

修正的恩田公式为

$$k_G = 0.237 \left(\frac{U_V}{\alpha_t \mu_V} \right)^{0.7} \left(\frac{\mu_V}{\rho_V D_V} \right)^{1/3} \left(\frac{\alpha_t D_V}{RT} \right) \tag{5-42}$$

$$k_L = 0.009\,5 \left(\frac{U_L}{\alpha_w k_L} \right)^{2/3} \left(\frac{\mu_L}{\rho_L D_L} \right)^{-1/2} \left(\frac{\mu_L g}{\rho_L} \right)^{1/3} \tag{5-43}$$

$$k_G a = k_G a_w \psi^{1.1} \tag{5-44}$$

$$k_L a = k_L a_w \psi^{0.4} \tag{5-45}$$

其中　$$\frac{\alpha_w}{\alpha_t} = 1 - \exp\left\{ -1.45 \left(\frac{\sigma_c}{\sigma_L} \right)^{0.75} \left(\frac{U_L}{a_t \mu_L} \right)^{0.1} \left(\frac{U_L^2 \alpha_t}{\rho_L^2 g} \right)^{-0.05} \left(\frac{U_L^2}{\rho_L \sigma_L \alpha_t} \right)^{0.2} \right\} \tag{5-46}$$

式中　U_V、U_L——气体、液体的质量通量，kg/(m² · h)；

　　　μ_V、μ_L——气体、液体的黏度，kg/(m · h)[1 Pa · s = 3 600 kg/(m · h)]；

　　　ρ_V、ρ_L——气体、液体的密度，kg/m³；

　　　D_V、D_L——溶质在气体、液体中的扩散系数，m²/s；

　　　R——通用气体常数，8.314 (m³ · kPa)/(kmol · K)；

　　　T——系统温度，K；

　　　a_t——填料的总比表面积，m²/m³；

　　　a_w——填料的润湿比表面积，m²/m³；

　　　g——重力加速度，1.27×10^8 m /h²；

　　　σ_L——液体的表面张力，kg/h²(1 dyn/cm = 12 960 kg/h²)；

　　　σ_c——填料材质的临界表面张力，kg/h²(1 dyn/cm = 12 960 kg/h²)；

　　　ψ——填料形状系数。

常见材质的临界表面张力值见表5-13，常见填料的形状系数见表5-14。

表5-13　常见材质的临界表面张力值

材　质	碳	瓷	玻 璃	聚丙烯	聚氯乙烯	钢	石 蜡
表面张力/dyn · cm⁻¹	56	61	73	33	40	75	20

表 5-14　常见填料的形状系数

填料类型	球　形	棒　形	拉西环	弧　鞍	开孔环
ψ 值	0.72	0.75	1	1.19	1.45

由修正的恩田公式计算出 $k_G a$ 和 $k_L a$ 后,可按下式计算气相总传质单元高度 H_{OG}:

$$H_{OG} = \frac{V}{K_Y a\Omega} = \frac{V}{K_G ap\Omega} \tag{5-47}$$

其中

$$K_G a = \frac{1}{1/k_G a + 1/H k_L a} \tag{5-48}$$

式中　H——溶解度系数,$kmol/(m^3 \cdot kPa)$;

　　　Ω——塔截面积,m^2。

应予指出,修正的恩田公式只适用于 $u \leqslant 0.5 u_F$ 的情况,当 $u > 0.5 u_F$ 时,需要按下式进行校正,即

$$k'_G a = \left[1 + 9.5\left(\frac{u}{u_F} - 0.5\right)^{1.4}\right] k_G a \tag{5-49}$$

$$k'_L a = \left[1 + 2.6\left(\frac{u}{u_F} - 0.5\right)^{2.2}\right] k_L a \tag{5-50}$$

(2)等板高度法　采用等板高度法计算填料层高度的基本公式为

$$Z = HETP \cdot N_T \tag{5-51}$$

式中　Z——填料层高度,m;

　　　$HETP$——等板高度,m;

　　　N_T——理论板数。

①理论板数的计算。理论板数的计算方法在《化工原理》(下册)或《化工传质与分离过程》等教材的蒸馏一章中已详尽介绍,此处不再赘述。

②等板高度的计算。等板高度与许多因素有关,不仅取决于填料的类型和尺寸,而且受系统物性、操作条件及设备尺寸的影响。目前尚无准确可靠的方法计算填料的 $HETP$ 值。一般的方法是通过实验测定,或从工业应用的实际经验中选取 $HETP$ 值,某些填料在一定条件下的 $HETP$ 值可从有关填料手册中查得。近年来研究者通过大量数据回归得到了常压蒸馏时的 $HETP$ 关联式如下:

$$\ln(HETP) = h - 1.292 \ln \sigma_L + 1.47 \ln \mu_L \tag{5-52}$$

式中　$HETP$——等板高度,mm;

　　　σ_L——液体表面张力,N/m;

　　　μ_L——液体黏度,$Pa \cdot s$;

　　　h——常数,其值见表 5-15。

表 5-15　$HETP$ 关联式中的常数值

填料类型	h	填料类型	h
$DN25$ 金属环矩鞍填料	6.850 5	$DN50$ 金属鲍尔环	7.378 1
$DN40$ 金属环矩鞍填料	7.038 2	$DN25$ 瓷环矩鞍填料	6.850 5
$DN50$ 金属环矩鞍填料	7.288 3	$DN38$ 瓷环矩鞍填料	7.107 9
$DN25$ 金属鲍尔环	6.850 5	$DN50$ 瓷环矩鞍填料	7.443 0
$DN38$ 金属鲍尔环	7.077 9		

154

式(5-52)考虑了液体黏度及表面张力的影响,其适用范围如下:

$$10^{-3}N/m < \sigma_L < 36 \times 10^{-3} N/m, 0.08 \times 10^{-3}Pa \cdot s < \mu_L < 0.83 \times 10^{-3} Pa \cdot s$$

应予指出,采用上述方法计算出填料层高度后,还应留出一定的安全系数。根据设计经验,填料层的设计高度一般为

$$Z' = (1.2 \sim 1.5)Z \tag{5-53}$$

式中　Z'——设计时的填料高度,m;

　　　Z——工艺计算得到的填料层高度,m。

2)填料层的分段

液体沿填料层下流时,有逐渐向塔壁方向集中的趋势,形成壁流效应。壁流效应造成填料层气液分布不均匀,使传质效率降低。因此,设计中每隔一定的填料层高度,需要设置液体收集再分布装置,即将填料层分段。

(1)散装填料的分段　对于散装填料,一般推荐的分段高度值见表5-16,表中 h/D 为分段高度与塔径之比,h_{max} 为允许的最大填料层高度。

表 5-16　散装填料分段高度推荐值

填料类型	h/D	h_{max}/m
拉西环	2.5	4
矩鞍	5 ~ 8	6
鲍尔环	5 ~ 10	6
阶梯环	8 ~ 15	6
环矩鞍	8 ~ 15	6

(2)规整填料的分段　对于规整填料,填料层分段高度可按下式确定:

$$h = (15 \sim 20)HETP \tag{5-54}$$

式中　h——规整填料分段高度,m;

　　　$HETP$——规整填料的等板高度,m。

亦可按表5-17推荐的分段高度值确定。

表 5-17　规整填料分段高度推荐值

填料类型	分段高度/m
250Y 板波纹填料	6.0
500Y 板波纹填料	5.0
500(BX)丝网波纹填料	3.0
700(CY)丝网波纹填料	1.5

5.3.4　填料层压降的计算

填料层压降通常用单位高度填料层的压降 $\Delta p/Z$ 表示。设计时,根据有关参数,由通用关联图(或压降曲线)先求得每米填料层的压降值,然后再乘以填料层高度,即得出填料层的压力降。

1. 散装填料的压降计算

1) 由埃克特通用关联图计算

散装填料的压降值可由埃克特通用关联图计算。计算时,先根据气液负荷及有关物性数据,求出横坐标 $\dfrac{w_L}{w_V}\left(\dfrac{\rho_V}{\rho_L}\right)^{1/2}$ 值,再根据操作空塔气速 u 及有关物性数据,求出纵坐标 $\dfrac{u^2\Phi_p\psi}{g}\left(\dfrac{\rho_V}{\rho_L}\right)\mu_L^{0.2}$ 值。通过作图得出交点,读出过交点的等压线数值,即得出每米填料层的压降值。

应予指出,用埃克特通用关联图计算压降时,所需的填料因子为操作状态下的湿填料因子,称为压降填料因子,以 Φ_p 表示。压降填料因子 Φ_p 与液体喷淋密度有关,为了工程计算的方便,常采用与液体喷淋密度无关的压降填料因子平均值。表 5-18 列出了部分散装填料的压降填料因子平均值,可供设计时参考。

表 5-18 散装填料的压降填料因子平均值

填料类型	填料因子/m^{-1}				
	DN16	DN25	DN38	DN50	DN76
金属鲍尔环	306	—	114	98	
金属环矩鞍	—	138	93.4	71	36
金属阶梯环	—	—	118	82	
塑料鲍尔环	343	232	114	125	62
塑料阶梯环	—	176	116	89	—
瓷矩鞍	700	215	140	160	
瓷拉西环	1 050	576	450	288	

2) 由填料压降曲线查得

散装填料压降曲线的横坐标通常以空塔气速 u 表示,纵坐标以单位高度填料层压降 $\Delta p/Z$ 表示,常见散装填料的 $u—\Delta p/Z$ 曲线可从有关填料手册中查得。

2. 规整填料的压降计算

1) 由填料的压降关联式计算

规整填料的压降通常关联成以下形式:

$$\frac{\Delta p}{Z} = \alpha(u\sqrt{\rho_V})^\beta \tag{5-55}$$

式中 $\Delta p/Z$——每米填料层高度的压力降,Pa/m;

u——空塔气速,m/s;

ρ_V——气体密度,kg/m^3;

α、β——关联式常数,可从有关填料手册中查得。

2) 由填料压降曲线查得

规整填料压降曲线的横坐标通常以 F 因子表示,纵坐标以单位高度填料层压降 $\Delta p/Z$ 表示,常见规整填料的 $F—\Delta p/Z$ 曲线可从有关填料手册中查得。

5.3.5　填料塔内件的类型与设计

1.塔内件的类型

填料塔的内件主要有填料支撑装置、填料压紧装置、液体分布装置、液体收集及再分布装置等。合理地选择和设计塔内件,对保证填料塔的正常操作及优良的传质性能十分重要。

1)填料支撑装置

填料支撑装置的作用是支撑塔内的填料。常用的填料支撑装置有栅板型、孔管型、驼峰型等。对于散装填料,通常选用孔管型、驼峰型支撑装置;对于规整填料,通常选用栅板型支撑装置。设计中,为防止在填料支撑装置处压降过大甚至发生液泛,要求填料支撑装置的自由截面积应大于75%。

2)填料压紧装置

为防止在上升气流的作用下填料床层发生松动或跳动,需在填料层上方设置填料压紧装置。填料压紧装置有压紧栅板、压紧网板、金属压紧器等不同的类型。对于散装填料,可选用压紧网板,也可选用压紧栅板,在其下方,根据填料的规格敷设一层金属网,并将其与压紧栅板固定;对于规整填料,通常选用压紧栅板。设计中,为防止在填料压紧装置处压降过大甚至发生液泛,要求填料压紧装置的自由截面积应大于70%。

为了便于安装和检修,填料压紧装置不能与塔壁采用连续固定方式,对于小塔可用螺钉固定于塔壁,而大塔则用支耳固定。

3)液体分布装置

液体分布装置的种类多样,有喷头式、盘式、管式、槽式及槽盘式等。工业应用以管式、槽式及槽盘式为主。

管式分布器由不同结构形式的开孔管制成。其突出的特点是结构简单,供气体流过的自由截面大,阻力小。但小孔易堵塞,操作弹性一般较小。管式液体分布器多用在中等以下液体负荷的填料塔中。在减压精馏及丝网波纹填料塔中,由于液体负荷较小,设计中通常用管式液体分布器。

槽式液体分布器是由分流槽(又称主槽或一级槽)、分布槽(又称副槽或二级槽)构成的。一级槽通过槽底开孔将液体初分成若干流股,分别加入其下方的液体分布槽。分布槽的槽底(或槽壁)上设有孔道(或导管),将液体均匀分布于填料层上。槽式液体分布器具有较大的操作弹性和极好的抗污堵性,特别适合于大气液负荷及含有固体悬浮物、黏度大的液体的分离场合,应用范围非常广泛。

槽盘式分布器是近年来开发的新型液体分布器,它兼有集液、分液及分气三种作用,结构紧凑,气液分布均匀,阻力较小,操作弹性高达10:1,适用于各种液体喷淋量。其近年来应用非常广泛,在设计中建议优先选用。

4)液体收集及再分布装置

前已述及,为减小壁流现象,当填料层较高时需进行分段,故需设置液体收集及再分布装置。

最简单的液体再分布装置为截锥式再分布器。截锥式再分布器结构简单,安装方便,但它只起到将壁流向中心汇集的作用,无液体再分布的功能,一般用于直径小于0.6 m的塔中。

在通常情况下,一般将液体收集器及液体分布器同时使用,构成液体收集及再分布装置。液体收集器的作用是将上层填料流下的液体收集,然后送至液体分布器进行液体再分布。常用的液体收集器为斜板式液体收集器。

前已述及,槽盘式液体分布器兼有集液和分液的功能,故槽盘式液体分布器是优良的液体收集及再分布装置。

2. 塔内件的设计

填料塔操作性能的好坏、传质效率的高低在很大程度上与塔内件的设计有关。在塔内件设计中,最关键的是液体分布器的设计,现对液体分布器的设计进行简要的介绍。

1) 液体分布器设计的基本要求

性能优良的液体分布器设计时必须满足以下几点。

(1) 液体分布均匀　评价液体分布均匀的标准是:足够的分布点密度;分布点的几何均匀性;降液点间流量的均匀性。

① 分布点密度。液体分布器分布点密度的选取与填料类型及规格、塔径大小、操作条件等密切相关,各种文献推荐的值也相差很大。大致规律是:塔径越大,分布点密度越小;液体喷淋密度越小,分布点密度越大。对于散装填料,填料尺寸越大,分布点密度越小;对于规整填料,比表面积越大,分布点密度越大。表 5-19、表 5-20 分别列出了散装填料塔和规整填料塔的分布点密度推荐值,可供设计时参考。

表 5-19　Eckert 的散装填料塔分布点密度推荐值

塔　径/mm	分布点密度/(点/m² 塔截面)
$D = 400$	330
$D = 750$	170
$D \geqslant 1\ 200$	42

表 5-20　苏尔寿公司的规整填料塔分布点密度推荐值

填料类型	分布点密度/(点/m² 塔截面)
250Y 孔板波纹填料	$\geqslant 100$
500(BX) 丝网波纹填料	$\geqslant 200$
700(CY) 丝网波纹填料	$\geqslant 300$

② 分布点的几何均匀性。分布点在塔截面上的几何均匀分布是较之分布点密度更为重要的问题。设计中,一般需通过反复计算和绘图排列,进行比较,选择较佳方案。分布点的排列可采用正方形、正三角形等不同方式。

③ 降液点间流量的均匀性。为保证各分布点的流量均匀,需要分布器总体的合理设计、精细的制作和正确的安装。高性能的液体分布器,要求各分布点与平均流量的偏差小于 6%。

(2) 操作弹性大　液体分布器的操作弹性是指液体的最大负荷与最小负荷之比。设计中,一般要求液体分布器的操作弹性为 2~4,对于液体负荷变化很大的工艺过程,有时要求操作弹性达到 10 以上,此时,分布器必须进行特殊设计。

(3) 自由截面积大　液体分布器的自由截面积是指气体通道占塔截面积的比值。根据设计经验,性能优良的液体分布器自由截面积为 50% ~ 70%。设计中,自由截面积最小应在 35% 以上。

(4)其他 液体分布器应结构紧凑、占用空间小、制造容易、调整和维修方便。

2)液体分布器布液能力的计算

液体分布器布液能力的计算是液体分布器设计的重要内容。设计时,按其布液作用原理不同和具体结构特性,选用不同的公式计算。

(1)重力型液体分布器布液能力计算 重力型液体分布器有多孔型和溢流型两种形式,工业上以多孔型应用为主,其布液工作的动力为开孔上方的液位高度。多孔型分布器布液能力的计算公式为

$$L_s = \frac{\pi}{4}d_0^2 n\phi \sqrt{2g\Delta H} \tag{5-56}$$

式中　L_s——液体流量,m^3/s;

　　　n——开孔数目(分布点数目);

　　　ϕ——孔流系数,通常取 $\phi = 0.55 \sim 0.60$;

　　　d_0——孔径,m;

　　　ΔH——开孔上方的液位高度,m。

(2)压力型液体分布器布液能力计算 压力型液体分布器布液的动力为压力差(或压降),其布液能力的计算公式为

$$L_s = \frac{\pi}{4}d_0^2 n\phi \sqrt{2g\left(\frac{\Delta p}{\rho_L g}\right)} \tag{5-57}$$

式中　L_s——液体流量,m^3/s;

　　　n——开孔数目(分布点数目);

　　　ϕ——孔流系数,通常取 $\phi = 0.60 \sim 0.65$;

　　　d_0——孔径,m;

　　　Δp——分布器的工作压力差(或压降),Pa;

　　　ρ_L——液体密度,kg/m^3。

设计中,液体流量 L_s 为已知,给定开孔上方的液位高度 ΔH(或已知分布器的工作压力差 Δp),依据分布器布液能力计算公式,可设定开孔数目 n,计算孔径 d_0;亦可设定孔径 d_0,计算开孔数目 n。

5.3.6　填料吸收塔设计示例

【设计示例】

矿石焙烧炉送出的气体冷却到 25 ℃后送入填料塔中,用 20 ℃清水洗涤以除去其中的 SO_2。入塔的炉气流量为 2 400 m^3/h,其中 SO_2 的摩尔分数为 0.05,要求 SO_2 的吸收率为 95%。吸收塔为常压操作,因该过程液气比很大,吸收温度基本不变,可近似取为清水的温度。试设计该填料吸收塔。

【设计计算】

1. 设计方案的确定

用水吸收 SO_2 属中等溶解度的吸收过程,为提高传质效率,选用逆流吸收流程。因用水

作为吸收剂,且 SO_2 不作为产品,故采用纯溶剂。

2. 填料的选择

对于水吸收 SO_2 的过程,操作温度及操作压力较低,工业上通常选用塑料散装填料。在塑料散装填料中,塑料阶梯环填料的综合性能较好,故选用 $DN38$ 的聚丙烯阶梯环填料。

3. 基础物性数据

1)液相物性数据

对低浓度吸收过程,溶液的物性数据可近似取纯水的物性数据。由手册查得,20 ℃时水的有关物性数据如下:

密度为 $\rho_L = 998.2\ kg/m^3$

黏度为 $\mu_L = 0.001\ Pa \cdot s = 3.6\ kg/(m \cdot h)$

表面张力为 $\sigma_L = 72.6\ dyn/cm = 940\ 896\ kg/h^2$

SO_2 在水中的扩散系数为 $D_L = 1.47 \times 10^{-5}\ cm^2/s = 5.29 \times 10^{-6}\ m^2/h$

2)气相物性数据

混合气体的平均摩尔质量为

$$M_{Vm} = \Sigma y_i M_i = 0.05 \times 64.06 + 0.95 \times 29 = 30.75$$

混合气体的平均密度为

$$\rho_{Vm} = \frac{P M_{Vm}}{RT} = \frac{101.3 \times 30.75}{8.314 \times 298} = 1.257\ kg/m^3$$

混合气体的黏度可近似取为空气的黏度,查手册得 20 ℃空气的黏度为

$$\mu_V = 1.81 \times 10^{-5}\ Pa \cdot s = 0.065\ kg/(m \cdot h)$$

查手册得 SO_2 在空气中的扩散系数为

$$D_V = 0.108\ cm^2/s = 0.039\ m^2/h$$

3)气液相平衡数据

由手册查得,常压下 20 ℃时 SO_2 在水中的亨利系数为

$$E = 3.55 \times 10^3\ kPa$$

相平衡常数为

$$m = \frac{E}{p} = \frac{3.55 \times 10^3}{101.3} = 35.04$$

溶解度系数为

$$H = \frac{\rho_L}{E M_s} = \frac{998.2}{3.55 \times 10^3 \times 18.02} = 0.015\ 6\ kmol/(kPa \cdot m^3)$$

4. 物料衡算

进塔气相摩尔比为

$$Y_1 = \frac{y_1}{1 - y_1} = \frac{0.05}{1 - 0.05} = 0.052\ 6$$

出塔气相摩尔比为

$$Y_2 = Y_1(1 - \varphi_A) = 0.052\ 6(1 - 0.95) = 0.002\ 63$$

进塔惰性气相流量为

$$V = \frac{2\,400}{22.4} \times \frac{273}{273+25} \times (1-0.05) = 93.25 \text{ kmol/h}$$

该吸收过程属低浓度吸收,平衡关系为直线,最小液气比可按下式计算,即

$$\left(\frac{L}{V}\right)_{\min} = \frac{Y_1 - Y_2}{Y_1/m - X_2}$$

对于纯溶剂吸收过程,进塔液相组成为

$$X_2 = 0$$

$$\left(\frac{L}{V}\right)_{\min} = \frac{0.052\,6 - 0.002\,63}{0.052\,6/35.04 - 0} = 33.29$$

取操作液气比为

$$\frac{L}{V} = 1.4\left(\frac{L}{V}\right)_{\min}$$

$$\frac{L}{V} = 1.4 \times 33.29 = 46.61$$

$$L = 46.61 \times 93.25 = 4\,346.38 \text{ kmol/h}$$

$$V(Y_1 - Y_2) = L(X_1 - X_2)$$

$$X_1 = \frac{93.25 \times (0.052\,6 - 0.002\,63)}{4\,346.38} = 0.001\,1$$

5. 填料塔的工艺尺寸的计算

1)塔径计算

采用 Eckert 通用关联图计算泛点气速。

气相质量流量为

$$w_V = 2\,400 \times 1.257 = 3\,016.8 \text{ kg/h}$$

液相质量流量可近似按纯水的流量计算,即

$$w_L = 4\,346.38 \times 18.02 = 78\,321.77 \text{ kg/h}$$

Eckert 通用关联图的横坐标为

$$\frac{w_L}{w_V}\left(\frac{\rho_V}{\rho_L}\right)^{0.5} = \frac{78\,321.77}{3\,016.8} \times \left(\frac{1.257}{998.2}\right)^{0.5} = 0.921$$

查图 5-21 得

$$\frac{u_F^2 \Phi_F \psi}{g} \frac{\rho_V}{\rho_L} \mu_L^{0.2} = 0.023$$

查表 5-11 得

$$\Phi_F = 170 \text{ m}^{-1}$$

$$u_F = \sqrt{\frac{0.023 g \rho_L}{\Phi_F \psi \rho_V \mu_L^{0.2}}} = \sqrt{\frac{0.023 \times 9.81 \times 998.2}{170 \times 1 \times 1.257 \times 1^{0.2}}} = 1.027 \text{ m/s}$$

取 $\quad u = 0.7 u_F = 0.7 \times 1.027 = 0.719 \text{ m/s}$

由 $\quad D = \sqrt{\frac{4 V_s}{\pi u}} = \sqrt{\frac{4 \times 2\,400/3\,600}{3.14 \times 0.719}} = 1.087 \text{ m}$

圆整塔径,取 $D = 1.2 \text{ m}$。

泛点率校核:

$$u = \frac{2\,400/3\,600}{0.785 \times 1.2^2} = 0.59 \text{ m/s}$$

$$\frac{u}{u_F} = \frac{0.59}{1.027} \times 100\% = 57.45\% \text{（在允许范围内）}$$

填料规格校核：

$$\frac{D}{d} = \frac{1\,200}{38} = 31.58 > 8$$

液体喷淋密度校核：

取最小润湿速率为

$$(L_w)_{\min} = 0.08 \text{ m}^3/(\text{m} \cdot \text{h})$$

查附录 5 得

$$a_t = 132.5 \text{ m}^2/\text{m}^3$$

$$U_{\min} = (L_w)_{\min} a_t = 0.08 \times 132.5 = 10.6 \text{ m}^3/(\text{m}^2 \cdot \text{h})$$

$$U = \frac{78\,321.77/998.2}{0.785 \times 1.2^2} = 61.42 > U_{\min}$$

经以上校核可知，填料塔直径选用 $D = 1\,200$ mm 合理。

2）填料层高度计算

$$Y_1^* = mX_1 = 35.04 \times 0.001\,1 = 0.038\,5$$

$$Y_2^* = mX_2 = 0$$

脱吸因数为

$$S = \frac{mV}{L} = \frac{35.04 \times 93.25}{4\,346.38} = 0.752$$

气相总传质单元数为

$$N_{OG} = \frac{1}{1-S}\ln\left[(1-S)\frac{Y_1 - Y_2^*}{Y_2 - Y_2^*} + S\right]$$

$$= \frac{1}{1-0.752}\ln\left[(1-0.752) \times \frac{0.052\,6 - 0}{0.002\,63 - 0} + 0.752\right] = 7.026$$

气相总传质单元高度采用修正的恩田关联式计算：

$$\frac{\alpha_w}{\alpha_t} = 1 - \exp\left[-1.45\left(\frac{\sigma_c}{\sigma_L}\right)^{0.75}\left(\frac{U_L}{a_t\mu_L}\right)^{0.1}\left(\frac{U_L^2 \alpha_t}{\rho_L^2 g}\right)^{-0.05}\left(\frac{U_L^2}{\rho_L \sigma_L \alpha_t}\right)^{0.2}\right]$$

查表 5-13 得

$$\sigma_c = 33 \text{ dyn/cm} = 427\,680 \text{ kg/h}^2$$

液体质量通量为

$$U_L = \frac{78\,321.77}{0.785 \times 1.2^2} = 69\,286.77 \text{ kg/(m}^2 \cdot \text{h)}$$

$$\frac{a_w}{a_t} = 1 - \exp\left[-1.45\left(\frac{427\,680}{940\,896}\right)^{0.75}\left(\frac{69\,286.77}{132.5 \times 3.6}\right)^{0.1}\left(\frac{69\,286.77^2 \times 132.5}{998.2^2 \times 1.27 \times 10^8}\right)^{-0.05}\right.$$

$$\left.\left(\frac{69\,286.77^2}{998.2 \times 940\,896 \times 132.5}\right)^{0.2}\right] = 0.592$$

气膜吸收系数由下式计算：

$$k_G = 0.237 \left(\frac{U_V}{\alpha_t \mu_V} \right)^{0.7} \left(\frac{\mu_V}{\rho_V D_V} \right)^{1/3} \left(\frac{\alpha_t D_V}{RT} \right)$$

气体质量通量为

$$U_V = \frac{2\,400 \times 1.257}{0.785 \times 1.2^2} = 2\,668.79 \text{ kg/(m}^2 \cdot \text{h)}$$

$$k_G = 0.237 \left(\frac{2\,668.79}{132.5 \times 0.065} \right)^{0.7} \left(\frac{0.065}{1.257 \times 0.039} \right)^{1/3} \left(\frac{132.5 \times 0.039}{8.314 \times 293} \right)$$

$$= 0.033\,6 \text{ kmol/(m}^2 \cdot \text{h} \cdot \text{kPa)}$$

液膜吸收系数由下式计算：

$$k_L = 0.009\,5 \left(\frac{U_L}{\alpha_w \mu_L} \right)^{2/3} \left(\frac{\mu_L}{\rho_L D_L} \right)^{-1/2} \left(\frac{\mu_L g}{\rho_L} \right)^{1/3}$$

$$= 0.009\,5 \left(\frac{69\,286.77}{0.592 \times 132.5 \times 3.6} \right)^{2/3} \left(\frac{3.6}{998.2 \times 5.29 \times 10^{-6}} \right)^{-1/2} \left(\frac{3.6 \times 1.27 \times 10^8}{998.2} \right)^{1/3}$$

$$= 1.099 \text{ m/h}$$

由 $k_G a = k_G a_w \psi^{1.1}$，查表 5-14 得 $\psi = 1.45$，则

$$k_G a = k_G a_w \psi^{1.1}$$

$$= 0.033\,6 \times 0.592 \times 132.5 \times 1.45^{1.1} = 3.966 \text{ kmol/(m}^3 \cdot \text{h} \cdot \text{kPa)}$$

$$k_L a = k_L a_w \psi^{0.4}$$

$$= 1.099 \times 0.592 \times 132.5 \times 1.45^{0.4} = 100.02 \text{ 1/h}$$

$$\frac{u}{u_F} = 57.45\% > 50\%$$

由 $k_G' a = \left[1 + 9.5 \left(\frac{u}{u_F} - 0.5 \right)^{1.4} \right] k_G a$，$k_L' a = \left[1 + 2.6 \left(\frac{u}{u_F} - 0.5 \right)^{2.2} \right] k_L a$，得

$$k_G' a = \left[1 + 9.5 \times (0.574\,5 - 0.5)^{1.4} \right] \times 3.966 = 4.959 \text{ kmol/(m}^3 \cdot \text{h} \cdot \text{kPa)}$$

$$k_L' a = \left[1 + 2.6 \times (0.574\,5 - 0.5)^{2.2} \right] \times 100.02 = 100.88 \text{ 1/h}$$

则

$$K_G a = \frac{1}{\dfrac{1}{k_G' a} + \dfrac{1}{H k_L' a}}$$

$$= \frac{1}{\dfrac{1}{4.959} + \dfrac{1}{0.015\,6 \times 100.88}} = 1.195 \text{ kmol/(m}^3 \cdot \text{h} \cdot \text{kPa)}$$

$$H_{OG} = \frac{V}{K_Y a \Omega} = \frac{V}{K_G a p \Omega}$$

$$= \frac{93.25}{1.195 \times 101.3 \times 0.785 \times 1.2^2} = 0.681 \text{ m}$$

由 $Z = H_{OG} N_{OG} = 0.681 \times 7.062 = 4.785 \text{ m}$，得

$$Z' = 1.25 \times 4.785 = 5.981 \text{ m}$$

设计取填料层高度为

$$Z' = 6 \text{ m}$$

查表 5-16，对于阶梯环填料，$\dfrac{h}{D} = 8 \sim 15$，$h_{max} \leqslant 6 \text{ mm}$。取 $\dfrac{h}{D} = 8$，则

$$h = 8 \times 1\,200 = 9\,600 \text{ mm}$$

计算得填料层高度为 6 000 mm，故不需分段。

6. 填料层压降计算

采用 Eckert 通用关联图计算填料层压降。

横坐标为

$$\frac{w_L}{w_V}\left(\frac{\rho_V}{\rho_L}\right)^{0.5}=0.921$$

查表 5-18 得，$\Phi_p=116\ \mathrm{m^{-1}}$，纵坐标为

$$\frac{u^2\Phi_p\psi}{g}\frac{\rho_V}{\rho_L}\mu_L^{0.2}=\frac{0.59^2\times116\times1}{9.81}\times\frac{1.257}{998.2}\times1^{0.2}=0.005\,2$$

查图 5-21 得

$$\Delta p/Z=107.91\ \mathrm{Pa/m}$$

填料层压降为

$$\Delta p=107.91\times6=647.46\ \mathrm{Pa}$$

7. 液体分布器简要设计

1）液体分布器的选型

该吸收塔液相负荷较大，气相负荷相对较小，故选用槽式液体分布器。

2）分布点密度计算

按 Eckert 建议值，$D\geqslant1\,200\ \mathrm{mm}$ 时，喷淋点密度为 42 点/$\mathrm{m^2}$，因该塔液相负荷较大，设计取喷淋点密度为 120 点/$\mathrm{m^2}$。

布液点数为

$$n=0.785\times1.2^2\times120=135.6\ \text{点}\approx136\ \text{点}$$

按分布点几何均匀与流量均匀的原则，进行布点设计。设计结果为：二级槽共设七道，在槽侧面开孔，槽宽度为 80 mm，槽高度为 210 mm，两槽中心距为 160 mm。分布点采用三角形排列，实际设计布点数为 $n=132$ 点，布液点示意如图 5-23 所示。

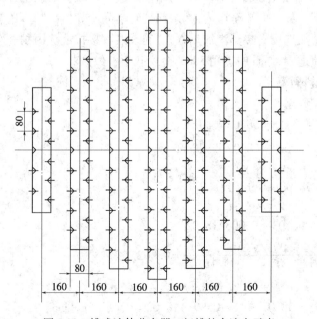

图 5-23　槽式液体分布器二级槽的布液点示意

3）布液计算

$$L_s = \frac{\pi}{4} d_0^2 n\phi \sqrt{2g\Delta H}$$

取 $\phi = 0.60$，$\Delta H = 160$ mm，

$$d_0 = \left(\frac{4L_s}{\pi n\phi \sqrt{2g\Delta H}} \right)^{1/2}$$

$$= \left(\frac{4 \times 78\ 321.77/998.2 \times 3\ 600}{3.14 \times 132 \times 0.6 \sqrt{2 \times 9.81 \times 0.16}} \right)^{1/2} = 0.014$$

设计取 $d_0 = 14$ mm。

5.3.7 填料精馏塔设计示例

【设计示例】

在抗生素类药物生产过程中，需要用丙酮溶媒洗涤晶体，洗涤过滤后产生废丙酮溶媒，其组成为含丙酮88%、水12%（质量分数）。为使废丙酮溶媒重复利用，拟建立一套填料精馏塔，以对废丙酮溶媒进行精馏，得到含水量≤0.5%（质量分数）的丙酮溶媒。设计要求废丙酮溶媒的处理量为1 200 吨/年，塔底废水中丙酮含量≤0.5%（质量分数）。

试设计该填料精馏塔。

【设计计算】

1. 设计方案的确定

本设计任务为分离丙酮—水混合物。对于二元混合物的分离，应采用连续精馏流程。设计中采用泡点进料，将原料液通过预热器加热至泡点后送入精馏塔内。丙酮常压下的沸点为56.2 ℃，故可采用常压操作，用30 ℃的循环水进行冷凝。塔顶上升蒸气采用全凝器冷凝，冷凝液在泡点下一部分回流至塔内，其余部分经产品冷却器冷却后送至储槽。因所分离物系的重组分为水，故选用直接蒸汽加热方式，釜残液直接排放。丙酮—水物系分离的难易程度适中，气液负荷适中，设计中选用500Y 金属孔板波纹填料。

2. 精馏塔的物料衡算

1）原料液及塔顶、塔底产品的摩尔分数

丙酮的摩尔质量　　$M_A = 58.03$ kg/kmol

水的摩尔质量　　　$M_B = 18.02$ kg/kmol

$$x_F = \frac{0.88/58.03}{0.88/58.03 + 0.12/18.02} = 0.695$$

$$x_D = \frac{0.995/58.03}{0.995/58.03 + 0.005/18.02} = 0.984$$

$$x_W = \frac{0.005/58.03}{0.005/58.03 + 0.995/18.02} = 0.002$$

2）原料液及塔顶、塔底产品的平均摩尔质量

$$M_F = 0.695 \times 58.03 + (1 - 0.695)18.02 = 45.83 \text{ kg/kmol}$$

$$M_D = 0.984 \times 58.03 + (1 - 0.984)18.02 = 57.39 \text{ kg/kmol}$$

$$M_W = 0.002 \times 58.03 + (1 - 0.002)18.02 = 18.10 \text{ kg/kmol}$$

3）物料衡算

废丙酮溶媒的处理量为 1 200 吨/年,每年按 300 个工作日计。

原料处理量　$F = \dfrac{1\ 200\ 000}{300 \times 24 \times 45.83} = 3.64\ \text{kmol/h}$

总物料衡算　$3.64 = D + W$

丙酮物料衡算　$3.64 \times 0.695 = 0.984D + 0.002W$

联立解得　　$D = 2.57\ \text{kmol/h}$

$W = 1.07\ \text{kmol/h}$

3. 精馏塔的模拟计算

本示例采用计算机模拟计算法进行计算。模拟计算采用泡点法解 MESH 方程,其中气液平衡的计算采用 NRTL 模型,拟合精度达到 1×10^{-4}。模拟计算结果如下。

操作回流比:　　　　　$R = 4$

理论板数:　　　　　　$N_T = 21$

进料板序号:　　　　　$N_F = 17$

塔顶温度:　　　　　　$t_D = 56.16\ ℃$

塔釜温度:　　　　　　$t_W = 99.92\ ℃$

进料板温度:　　　　　$t_F = 77.81\ ℃$

塔顶第 1 块板有关参数

气相流量:　　　　　　$V_1 = 12.85\ \text{kmol/h}$

液相流量:　　　　　　$L_1 = 10.26\ \text{kmol/h}$

气相组成:　　　　　　$y_1 = 0.984\ 1$

液相组成:　　　　　　$x_1 = 0.982\ 2$

气相平均摩尔质量:　　$M_{V1} = 57.39$

液相平均摩尔质量:　　$M_{L1} = 57.32$

气相密度:　　　　　　$\rho_{V1} = 2.125\ \text{kg/m}^3$

液相密度:　　　　　　$\rho_{L1} = 750.23\ \text{kg/m}^3$

液相黏度:　　　　　　$\mu_{L1} = 0.241\ 2\ \text{mPa·s}$

进料板(第 17 块板)有关参数

气相流量:　　　　　　$V_{17} = 12.17\ \text{kmol/h}$

液相流量:　　　　　　$L_{17} = 13.51\ \text{kmol/h}$

气相组成:　　　　　　$y_{17} = 0.743\ 0$

液相组成:　　　　　　$x_{17} = 0.635\ 8$

气相平均摩尔质量:　　$M_{V17} = 47.75$

液相平均摩尔质量:　　$M_{L17} = 43.46$

气相密度:　　　　　　$\rho_{V17} = 1.649\ \text{kg/m}^3$

液相密度:　　　　　　$\rho_{L17} = 753.29\ \text{kg/m}^3$

液相黏度:　　　　　　$\mu_{L17} = 0.253\ 1\ \text{mPa·s}$

4. 精馏塔的塔体工艺尺寸计算

1)塔径的计算

采用气相负荷因子法计算适宜的空塔气速。

(1)精馏段塔径计算

精馏段塔径按第 1 块板的数据近似计算。

液相质量流量为

$$w_L = 10.26 \times 57.32 = 588.1 \text{ kg/h}$$

气相质量流量为

$$w_V = 12.85 \times 57.39 = 737.5 \text{ kg/h}$$

流动参数为

$$\psi = \frac{w_L}{w_V}\left(\frac{\rho_V}{\rho_L}\right)^{0.5} = \frac{588.1}{737.5} \times \left(\frac{2.125}{750.23}\right)^{0.5} = 0.0424$$

查图 5-22 得

$$C_{s,max} = 0.078$$

$$C_s = 0.8 C_{s,max} = 0.8 \times 0.078 = 0.0624$$

$$C_s = u\sqrt{\frac{\rho_V}{\rho_L - \rho_V}}$$

$$u = C_s \bigg/ \sqrt{\frac{\rho_V}{\rho_L - \rho_V}} = \frac{0.0624}{\sqrt{\frac{2.125}{750.23 - 2.125}}} = 1.171 \text{ m/s}$$

$$D = \sqrt{\frac{4V_s}{\pi u}} = \sqrt{\frac{4 \times \frac{737.5}{2.125 \times 3600}}{3.14 \times 1.171}} = 0.324 \text{ m}$$

(2)提馏段塔径计算

提馏段塔径按进料板(第 17 块板)的数据近似计算,计算方法同精馏段。计算结果为

$$D = 0.321 \text{ m}$$

比较精馏段与提馏段计算结果,二者基本相同。圆整塔径,取 $D = 350$ mm。

2)液体喷淋密度及空塔气速核算

精馏段液体喷淋密度为

$$U = \frac{588.1/750.23}{0.785 \times 0.35^2} = 8.15 \text{ m}^3/(\text{m}^2 \cdot \text{h}) > 0.2 \text{ m}^3/(\text{m}^2 \cdot \text{h})$$

精馏段空塔气速为

$$u = \frac{737.5/2.125}{0.785 \times 0.35^2 \times 3600} = 1.003 \text{ m/s}$$

提馏段液体喷淋密度为

$$U = \frac{587.1/753.29}{0.785 \times 0.35^2} = 8.10 \text{ m}^3/(\text{m}^2 \cdot \text{h}) > 0.2 \text{ m}^3/(\text{m}^2 \cdot \text{h})$$

提馏段空塔气速为

$$u = \frac{581.1/1.649}{0.785 \times 0.35^2 \times 3600} = 1.018 \text{ m/s}$$

3. 填料层高度计算

填料层高度计算采用理论板当量高度法。

对500Y金属孔板波纹填料,查附录6得,每米填料理论板数为4~4.5块,取$n_t = 4$。则

$$HETP = \frac{1}{n_t} = \frac{1}{4} = 0.25 \ m$$

由$Z = N_T \cdot HETP$,精馏段填料层高度为

$$Z_精 = 16 \times 0.25 = 4 \ m$$
$$Z'_精 = 1.25 \times 4 = 5 \ m$$

提馏段填料层高度为

$$Z_提 = 5 \times 0.25 = 1.25 \ m$$
$$Z'_提 = 1.25 \times 1.25 = 1.56 \ m$$

设计取精馏段填料层高度为5 m,提馏段填料层高度为1.6 m。

根据式(5-54),取填料层的分段高度为

$$h = 16 \times HETP = 16 \times 0.25 = 4 \ m$$

故精馏段需分为2段,每段高度为2.5 m,提馏段不需分段。

5. 填料层压降计算

对500Y金属孔板波纹填料,查附录6得,每米填料层压降为

$$\Delta p / Z = 4.0 \times 10^{-4} \ MPa/m$$

精馏段填料层压降为

$$\Delta p_精 = 5 \times 4.0 \times 10^{-4} = 2 \times 10^{-3} \ MPa$$

提馏段填料层压降为

$$\Delta p_提 = 1.6 \times 4.0 \times 10^{-4} = 6.4 \times 10^{-4} \ MPa$$

填料层总压降为

$$\Delta p = 2 \times 10^{-3} + 6.4 \times 10^{-4} = 2.64 \times 10^{-3} \ MPa = 2.64 \ kPa$$

6. 液体分布器简要设计

1)液体分布器的选型

该精馏塔塔径较小,故选用管式液体分布器。

2)分布点密度计算

该精馏塔塔径较小,且500Y孔板波纹填料的比表面积较大,故应选取较大的分布点密度。设计中取分布点密度为200 点/m²。

布液点数为

$$n = 0.785 \times 0.35^2 \times 200 = 19.23 \ 点 \approx 20 \ 点。$$

按分布点几何均匀与流量均匀的原则,进行布点设计。设计结果:主管直径为$\phi 38 \ mm \times 3.5 \ mm$,支管直径为$\phi 18 \ mm \times 3 \ mm$,采用5根支管,支管中心距为65 mm,采用正方形排列,实际布点数为$n = 21$,布液点示意如图5-24所示。

3)布液计算

$$L_s = \frac{\pi}{4} d_0^2 n \phi \sqrt{2g\Delta H}$$

取$\phi = 0.60$,$\Delta H = 160 \ mm$,

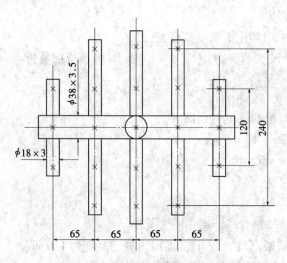

图 5-24　管式液体分布器的布液点示意

$$d_0 = \left(\frac{4L_s}{\pi n\phi \ \sqrt{2g\Delta H}} \right)^{1/2}$$

$$= \left(\frac{4 \times 588.1/750.23 \times 3\,600}{3.14 \times 21 \times 0.6 \ \sqrt{2 \times 9.81 \times 0.16}} \right)^{1/2} = 0.003\,5 \text{ m}$$

设计取 $d_0 = 3.5$ mm。

液体再分布器形式与液体分布器相同,设计原则也相同,设计计算过程略。

附:塔设备设计任务三则

任务1　苯—氯苯分离过程板式精馏塔设计

1. 设计题目

试设计一座苯—氯苯连续精馏塔,要求年产纯度为 99.8% 的氯苯_____吨,塔顶馏出液中含氯苯不得高于 2% ,原料液中含氯苯 38%(以上均为质量分数)。

2. 操作条件

①塔顶压力:4 kPa(表压)。

②进料热状态:自选。

③回流比:自选。

④塔底加热蒸气压力:0.5MPa(表压)。

⑤单板压降:≤0.7 kPa。

3. 塔板类型

筛板或浮阀塔板(F1 型)。

4. 工作日

每年 300 天,每天 24 小时连续运行。

5. 厂址

厂址为天津地区。

6. 设计内容

①精馏塔的物料衡算;

②塔板数的确定;

③精馏塔的工艺条件及有关物性数据的计算;

④精馏塔的塔体工艺尺寸计算;

⑤塔板主要工艺尺寸计算;

⑥塔板的流体力学验算;

⑦塔板负荷性能图;

⑧精馏塔接管尺寸计算;

⑨绘制生产工艺流程图;

⑩绘制精馏塔设计条件图;

⑪绘制塔板施工图(可根据实际情况选作);

⑫对设计过程的评述和有关问题的讨论。

7. 设计基础数据

苯、氯苯纯组分的饱和蒸气压数据

温度/℃		80	90	100	110	120	130	131.8
$p_i^0 \times 0.133^{-1}$/kPa	苯	760	1 025	1 350	1 760	2 250	2 840	2 900
	氯苯	148	205	293	400	543	719	760

其他物性数据可查有关手册。

任务 2　甲醇—水分离过程填料精馏塔设计

1. 设计题目

在抗生素类药物生产过程中,需要用甲醇溶媒洗涤晶体,洗涤过滤后产生废甲醇溶媒,其组成为含甲醇46%、水54%(质量分数),另含有少量的药物固体微粒。为使废甲醇溶媒重复利用,拟建立一套填料精馏塔,以对废甲醇溶媒进行精馏,得到含水量≤0.2%(质量分数)的甲醇溶媒。设计要求废甲醇溶媒的处理量为_____吨/年,塔底废水中甲醇含量≤0.5%(质量分数)。

2. 操作条件

①操作压力:常压。

②进料热状态:自选。

③回流比:自选。

④塔底加热蒸气压力:0.3 MPa(表压)。

3. 填料类型

因废甲醇溶媒中含有少量的药物固体微粒,应选用金属散装填料,以便于定期拆卸和清洗。填料类型和规格自选。

4. 工作日

每年300天,每天24小时连续运行。

5. 厂址

厂址为宁夏地区。

6. 设计内容

①精馏塔的物料衡算;

②理论板数的确定;

③精馏塔的工艺条件及有关物性数据的计算;

④精馏塔的塔体工艺尺寸计算;

⑤填料层压降计算;

⑥液体分布器简要设计;

⑦精馏塔接管尺寸计算;

⑧绘制生产工艺流程图;

⑨绘制精馏塔设计条件图;

⑩绘制液体分布器施工图(可根据实际情况选作);

⑪对设计过程的评述和有关问题的讨论。

7. 设计基础数据

甲醇—水物系的气液平衡数据

温度 $t/$ ℃	液相中甲醇的摩尔分数	气相中甲醇的摩尔分数	温度 $t/$ ℃	液相中甲醇的摩尔分数	气相中甲醇的摩尔分数
100.0	0.00	0.000	75.3	0.40	0.729
96.4	0.02	0.134	73.1	0.50	0.779
93.5	0.04	0.234	71.2	0.60	0.825
91.2	0.06	0.304	69.3	0.70	0.870
89.3	0.08	0.365	67.6	0.80	0.915
87.7	0.10	0.418	66.0	0.90	0.958
84.4	0.15	0.517	65.0	0.95	0.979
81.7	0.20	0.579	64.5	1.00	1.00
78.0	0.30	0.665			

其他物性数据可查有关手册。

任务三　水吸收氨过程填料吸收塔设计

1. 设计题目

试设计一座填料吸收塔,用于脱除混于空气中的氨气。混合气体的处理量为_____ m³/h,其中含氨5%(体积分数),要求塔顶排放气体中含氨低于0.01%(体积分数)。采用清水进行吸收,吸收剂的用量为最小用量的1.5倍。

2. 操作条件

①操作压力:常压。

②操作温度:20 ℃。

3. 填料类型

选用聚丙烯阶梯环填料,填料规格自选。

4. 工作日

每年 300 天,每天 24 小时连续运行。

5. 厂址

厂址为天津地区。

6. 设计内容

①吸收塔的物料衡算;

②吸收塔的工艺尺寸计算;

③填料层压降计算;

④液体分布器简要设计;

⑤吸收塔接管尺寸计算;

⑥绘制生产工艺流程图;

⑦绘制吸收塔设计条件图;

⑧绘制液体分布器施工图(可根据实际情况选作);

⑨对设计过程的评述和有关问题的讨论。

7. 设计基础数据

20 ℃下氨在水中的溶解度系数为 $H = 0.725\ \text{kmol}/(\text{m}^3 \cdot \text{kPa})$。

其他物性数据可查有关手册。

参 考 文 献

[1]柴诚敬.化工原理课程设计[M].天津:天津科学技术出版社,1994.

[2]贾绍义,柴诚敬.化工传质与分离过程[M].2 版.北京:化学工业出版社,2007.

[3]夏清,陈常贵.化工原理,下册(修订版)[M].天津:天津大学出版社,2005.

[4]匡国柱,史启才.化工单元过程及设备课程设计[M].北京:化学工业出版社,2002.

[5]《化学工程手册》编辑委员会.化学工程手册——气液传质设备[M].北京:化学工业出版社,1989.

[6]刘乃鸿.工业塔新型规整填料应用手册[M].天津:天津大学出版社,1993.

[7]王树楹.现代填料塔技术指南[M].北京:中国石化出版社,1998.

[8]徐崇嗣.塔填料产品及技术手册.北京:化学工业出版社,1995.

[9]兰州石油机械研究所.现代塔器技术[M].2 版.北京:中国石化出版社,2005.

[10]魏兆灿.塔设备设计[M].上海:上海科学技术出版社,1988.

[11]STRIGLE R F. Random Packings and Packed Tower Design and Applications. Houston:Gulf Publishing Company,1987.

第6章　流化床干燥装置的设计

英文字母

a——单位体积物料提供的传热（干燥）面积，m^2/m^3；

A——干燥器床层截面积，m^2；

Ar——阿基米德数，量纲为一；

c——比热容，$kJ/(kg \cdot ℃)$；

C——修正系数，量纲为一；

C_H——空气的湿热，$kJ/(kg$ 绝干气 $\cdot ℃)$

d_p——颗粒的平均直径，m；

D——设备直径，m；

D_e——当量直径，m；

E_v——床层膨胀率，量纲为一；

g——重力加速度，m/s^2；

G——固体物料的质量流量，kg/s；

h——干燥器中物料出口堰高度，m；

H——空气的湿度，kg 水$/kg$ 绝干气；

H_T——风机的风压，Pa；

I——空气的焓，kJ/kg；

I'——固体物料的焓，kJ/kg；

K——常数；

l——单位空气消耗量，kg 绝干气$/kg$ 水；

L——绝干空气流量，kg/s；

L'——湿空气质量流速，$kg/(m^2 \cdot s)$；

Ly——李森科数，量纲为一；

M——摩尔质量，$kg/kmol$；

n——转速，r/s 或 r/min；

n_0——分布板开孔率；

p——操作压力，Pa；

Q——传热速率，W；

r——汽化热，kJ/kg；

R——膨胀比，量纲为一；

Re——雷诺数，量纲为一；

t——温度，$℃$；

u_g——气体的速度，m/s；

u_t——颗粒的沉降速度，m/s；

U——干燥速率，$kg/(m^2 \cdot s)$；

v——湿空气的比容，m^3/kg 绝干气；

V_s——空气的流量，m^3/s；

w——物料的湿基含水量；

W——水分的蒸发量，kg/s 或 kg/h；

X——物料的干基含水量，kg 水$/kg$ 绝干料；

Z——干燥器的高度，m。

希腊字母

$α$——对流传热系数，$W/(m^2 \cdot ℃)$；

$ζ$——阻力系数；

$η$——热效率；

$θ$——固体物料的温度，$℃$；

$λ$——导热系数，$W/(m \cdot ℃)$；

$γ$——运动黏度，m^2/s；

$ρ$——密度，kg/m^3；

$τ$——物料在床层的停留时间，s；

$φ$——分布板的开孔率。

下标

0——进预热器的、新鲜的或静止的；

1——进干燥器的或离预热器的，干燥第一阶段的；

2——离干燥器的，干燥第二阶段的；

b——堆积的；

c——绝干的；

d——露点的；

D——干燥器的；

g——气体的,或绝干气的;　　　　　　　　s——饱和的或绝干物料的,固体物料;

H——湿的;　　　　　　　　　　　　　　　t——沉降的;

L——热损失的;　　　　　　　　　　　　　t_w——湿球温度下的;

m——湿物料的或平均的;　　　　　　　　t_d——露点温度下的;

p——预热的;　　　　　　　　　　　　　　w——湿球的。

6.1 概　述

6.1.1 干燥器的分类与选择

1. 干燥器的分类

干燥操作在化工、食品、造纸和医药等许多工业领域都有应用。例如,解热镇痛类药乙酰水杨酸(阿司匹林)的工业生产是以水杨酸和醋酸为原料经酰化反应制备,反应结束后,缓缓冷却至析出结晶。晶体以冷水洗涤数次,滤干,以气流干燥器干燥,过筛制得成品。

干燥器可从多种角度来分类,按加热的方式来分类,如表6-1所示。

表6-1　常用干燥器的分类

类型	干燥器
对流干燥器	厢式干燥器,气流干燥器,沸腾干燥器,转筒干燥器,喷雾干燥器
传导干燥器	滚筒干燥器,真空盘架式干燥器
辐射干燥器	红外线干燥器
介电加热干燥器	微波干燥器

由于被干燥物料的形状(块状、粒状、溶液、浆状及膏糊状等)和性质(如耐热性、含水量、分散性、黏性、耐酸碱性、防爆性及湿度等)不同,生产规模或生产能力也相差很大,对于干燥后的产品要求(如含水量、形状、强度及粒度等)也不尽相同,因此,所采用的干燥方法和干燥器的形式也是多种多样的。

2. 干燥器的选择

在选择干燥器时,首先应根据湿物料的形状、特性、处理量、处理方式及可选用的热源等选择出适宜的干燥器类型。通常,干燥器选型应考虑以下各项因素。

(1)被干燥物料的性质　如热敏性、黏附性、颗粒的大小形状、物料含水量、水分与物料的结合方式、磨损性以及腐蚀性、毒性、可燃性等物理化学性质。

(2)对干燥产品的要求　对干燥产品的含水量、形状、粒度分布、粉碎程度等有要求。如干燥食品时,产品的几何形状、粉碎程度均对成品的质量及价格有直接的影响。干燥脆性物料时应特别注意成品的粉碎与粉化。

(3)物料的干燥速率曲线与临界含水量　确定干燥时间时,应先由实验作出干燥速率曲线,确定临界含水量 X_c。物料与介质接触状态、物料尺寸与几何形状对干燥速率曲线的影响很大。例如,物料粉碎后再进行干燥时,除了干燥面积增大外,一般临界含水量 X_c 值也降低,有利于干燥。因此,在不可能用与设计类型相同的干燥器进行实验时,应尽可能用其他干燥器模拟设计时的湿物料状态,进行干燥速率曲线的实验,并确定临界含水量 X_c 值。

（4）回收问题　固体粉粒的回收及溶剂的回收。

（5）干燥热源　可利用的热源的选择及能量的综合利用。

（6）干燥器的占地面积、排放物及噪声　考虑它们是否满足环保要求。

除上述因素以外,还应考虑环境湿度改变对干燥器选型及干燥器尺寸的影响。例如,以湿空气作为干燥介质时,同一地区冬季和夏季空气的湿度会有相当明显的差别,而湿度的变化将会影响干燥产品质量及干燥器的生产能力。

表6-2 列出主要干燥器的选择,可供选型时参考。

表6-2　主要干燥器的选择

湿物料的状态	物料的实例	处理量	适用的干燥器
液体或泥浆状	洗涤剂、树脂溶液、盐溶液、牛奶等	大批量	喷雾干燥器
		小批量	滚筒干燥器
泥糊状	染料、颜料、硅胶、淀粉、黏土、碳酸钙等的滤饼或沉淀物	大批量	气流干燥器、带式干燥器
		小批量	真空转筒干燥器
粉粒状 (0.01~20 μm)	聚氯乙烯等合成树脂、合成肥料、磷肥、活性炭、石膏、钛铁矿、谷物	大批量	气流干燥器、转筒干燥器、流化床干燥器
		小批量	转筒干燥器、厢式干燥器
块状 (20~100 μm)	煤、焦炭、矿石等	大批量	转筒干燥器
		小批量	厢式干燥器
片状	烟叶、薯片	大批量	带式干燥器、转筒干燥器
		小批量	穿流厢式干燥器
短纤维	醋酸纤维、硝酸纤维	大批量	带式干燥器
		小批量	穿流厢式干燥器
一定大小的物料或制品	陶瓷器、胶合板、皮革等	大批量	隧道干燥器
		小批量	高频干燥器

通常,对干燥器的主要要求为:

①能保证干燥产品的质量要求,如含水量、强度、形状等;

②干燥速率快、干燥时间短,以减小干燥器的尺寸、降低能耗、提高热效率,同时还应考虑干燥器的辅助设备的规格和成本,即经济性要好;

③操作控制方便,劳动条件好。

化工生产中使用最广泛的是热风对流干燥,随着科技的进步,干燥技术与干燥设备也得到了很大的发展。对于散粒状物料的干燥,流态化干燥技术的应用更为广泛,其中又以流化床干燥器的发展更为迅速。

6.1.2　流态化现象与流化床干燥器

借助于固体的流态化来实现某种处理过程的技术,称为流态化技术。流态化技术已广泛应用于固体颗粒物料的干燥、混合、煅烧、输送以及催化反应过程中。目前绝大多数工业应用都是气—固流化系统。流化干燥就是流态化技术在干燥上的应用。

1. 流态化现象

当流体以不同速度由下向上通过固体颗粒床层时,根据流速的不同,可能出现以下几种情况。

1)固定床阶段

当流体速度较低时,颗粒所受的曳力较小,能够保持静止状态,不发生相对运动,流体只能穿过静止颗粒之间的空隙而流动,这种床层称为固定床,如图6-1(a)所示,床层高度 L_0 保持不变。

2)流化床阶段

当流速增至一定值时,颗粒床层开始松动,颗粒位置也在一定区间内开始调整,床层略有膨胀,但颗粒仍不能自由运动,床层的这种情况称为初始流化或临界流化,如图6-1(b)所示。此时床层高度为 L_{mf},空塔气速称为初始流化速度或临界流化速度。如继续增大流速,固体颗粒将悬浮于流体中作随机运动,床层开始膨胀、增高,空隙率也随之增大,此时颗粒与流体之间的摩擦力恰好与其净重力相平衡。此后床层高度将随流速提高而升高,这种床层具有类似于流体的性质,故称为流化床,如图6-1(c)、(d)所示。在流态化时,通过床层的流体称为流化介质。

3)稀相输送床阶段

若流速再升高达到某一极限时,流化床的上界面消失,颗粒分散悬浮于气流中,并不断被气流带走,这种床层称为稀相输送床,如图6-1(e)所示。颗粒开始被带出的速度称为带出速度,其数值等于颗粒在该流体中的沉降速度。

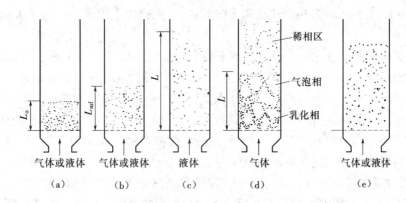

图6-1　不同流速时床层的变化

(a)固定床　(b)初始或临界流化床　(c)散式流化床　(d)聚式流化床　(e)稀相输送床

2. 流化床干燥器的特性

在流化床中,气、固两相的运动状态就像沸腾的液体,因此流化床也称为沸腾床。流化床具有液体的某些性质,如具有流动性,无固定形状,随容器形状而变,可从小孔中喷出,从一个容器流入另一个容器;具有上界面,当容器倾斜时,床层上界面将保持水平,当两个床层连通时,它们的上界面自动调整至同一水平面;比床层密度小的物体被推入床层后会浮在床层表面上;床层中任意两截面的压差可用压差计测定,且大致等于两截面间单位面积床层的重力。

流化床干燥器具有以下特点。

①流化干燥具有较高的传热和传质速率。体积传热系数可高达 $2\,300 \sim 7\,000\ \mathrm{W/(m^3 \cdot \text{℃})}$。由于干燥速率大,物料在干燥器中停留时间短,适用于热敏性物料的干燥。

②物料在干燥器中停留时间可自由调节,因此可以得到含水量很低的产品。当物料干燥过程存在降速阶段时,采用流化床干燥器也较为有利。

③流化床干燥器结构简单,造价低,活动部件少,操作维修方便。流化床干燥器的流体阻力较小,对物料的磨损较轻,气固分离较易,热效率较高(对非结合水的干燥为 60% ~ 80%,对结合水的干燥为 30% ~ 50%)。

④流化床干燥器适用于处理粒径为 30 μm ~ 6 mm 的粉粒状物料,流化床干燥器处理粉粒状物料时,要求物料中含水量为 2% ~ 5%,对颗粒状物料则需低于 10% ~ 15%,否则物料的流动性就差。

流化床内的固体颗粒处于悬浮状态并不停地运动,这种颗粒的剧烈运动和均匀混合使床层基本处于全混状态,整个床层的温度、组成均匀一致,这一特征使流化床中气固系统的传热大大强化,床层的操作温度也易于调控。但颗粒的激烈运动使颗粒间和颗粒与固体器壁间产生强烈的碰撞与摩擦,造成颗粒破碎和固体壁面磨损;同时当固体颗粒连续进出床层时,会造成颗粒在床层内的停留时间不均,导致固体产品的质量不均。因此,掌握流态化技术,了解其特性,应用时扬长避短,可以获得更好的经济效益。

3. 流化床干燥器的形式及干燥流程

流化床干燥器又称沸腾床干燥器,是流态化技术在干燥操作中的应用。流化床干燥器种类很多,大致可分为单层流化床干燥器、多层流化床干燥器、卧式多室流化床干燥器、喷动床干燥器、旋转快速干燥器、振动流化床干燥器、离心流化床干燥器和内热式流化床干燥器等。

图 6-2 为单层圆筒流化床干燥器。待干燥的颗粒物料放置在分布板上,热空气由多孔板的底部送入,均匀地分布并与物料接触。气速控制在临界流化速度和带出速度之间,使颗粒在流化床中上下翻动,彼此碰撞混合,气固间进行传热和传质,气体温度下降,湿度增大,物料含水量减少,被干燥。最终在干燥器底部得到干燥产品,热气体则由干燥器顶部排出,经旋风分离器分出细小颗粒后放空。当静止物料层的高度为 0.05 ~ 0.15 m 时,对于粒径大于 0.5 mm 的物料,适宜的气速可取为 $(0.4 \sim 0.8)u_t$;对于较小的粒径,因颗粒床内可能结块,采用上述的速度范围稍嫌小,一般对于这种情况的操作气速需由实验确定。

由于流化床中存在返混或短路,可能有一部分物料未经充分干燥就离开干燥器,而另一部分物料又会因停留时间过长而产生过度干燥现象。因此单层沸腾床干燥器仅适用于易干燥、处理量较大而对干燥产品的要求不太高的场合。

对于干燥要求较高或所需干燥时间较长的物料,一般可采用多层(或多室)流化床干燥器。图 6-3 所示为两层圆筒流化床干燥器。物料从上部加入,由第一层经溢流管流到第二层,然后由出料口排出。热气体由干燥器的底部送入,向上依次通过第二层及第一层的分布板,与物料接触后的废气由器顶排出。物料与热气流逆流接触,物料在每层中相互混合,但层与层间不混合。国内采用5层流化床干燥器干燥涤纶切片,效果良好。多层流化床干燥器中物料与热空气多次接触,尾气湿度大,温度低,因此,热效率较高;但它结构复杂,流体流动阻力较大,需要高压风机,另外,多层流化床干燥器的主要问题是如何定量地控制物料使其转入下一层以及不使热气流沿溢流管短路流动,因此常因操作不当而破坏了流化床层。

为了保证物料能均匀地被干燥,而流动阻力又较小,可采用如图6-4所示的卧式多室流化床干燥器。该流化床干燥器的主体为长方体,器内用垂直挡板分隔成多室,一般为4~8室。挡板下端与多孔板之间留有几十毫米的间隙(一般取为床层中静止物料层高度的1/4~1/2),使物料能逐室通过,最后越过堰板而卸出。热空气分别通过各室,各室的温度、湿度和

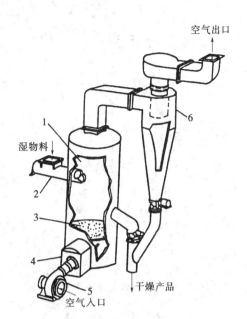

图6-2 单层圆筒流化床干燥器
1—流化室 2—进料器 3—分布板 4—加热器
5—风机 6—旋风分离器

流量均可调节。例如第一室中的物料较湿,热空气流量可大些,还可加搅拌器使物料分散,最后一室可通入冷空气冷却干燥产品,以便于贮存。这种形式的干燥器与多层流化床干燥器相比,操作稳定可靠,流动阻力较低,但热效率较低,耗气量大。

为了适应工艺要求,还有许多形式的流化床干燥器。诸如惰性粒子流化床干燥器可以将溶液、悬浮液或膏糊状物料干燥;振动流化床干燥器、脉冲式流化床干燥器适用于处理不易流动以及特殊要求(如保持晶形完整、晶体闪光度好)的物料;新开发的高湿物料的低温干燥,可采用内热构件流化床干燥器;离心流化床干燥器除去表面水分的干燥速率是传统流化床干燥器的10~30倍,对于被干燥物料的粒度、含湿量及表面黏结性的适应能力很强。随着对流态化技术的更深入认识,其应用将越来越广阔。

6.2 流化床干燥器的设计

干燥器的设计是在设备选型和确定工艺条件基础上,进行设备工艺尺寸计算及其结构设计。

不同物料、不同操作条件、不同形式的干燥器中气固两相的接触方式差别很大,对流传热系数 α 及传质系数 k 不相同,目前还没有通用的求算 α 和 k 的关联式,干燥器的设计仍然大多采用经验或半经验方法进行。另外,各类干燥器的设计方法也不相同,本章只介绍流化床干燥器的设计,其他干燥器的设计方法可参阅有关设计手册。

6.2.1 流化床干燥器的设计步骤

对于一个具体的干燥任务,一般按下列步骤进行设计。

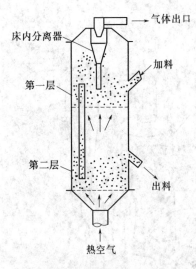

图6-3 两层圆筒流化床干燥器　　　　　　　图6-4 卧式多室流化床干燥器

1) 确定设计方案

包括干燥方法及干燥器结构形式的选择、干燥装置流程及操作条件的确定。确定设计方案时应遵循如下原则。

(1) 满足生产工艺的要求并且要有一定的适应性　设计方案应保证产品质量能达到规定的要求,且质量稳定。装置系统能在一定程度上适应不同季节空气湿度、原料湿含量、颗粒粒度的变化。

(2) 经济上的合理性　使得设备费与操作费总费用降低。

(3) 安全生产　注意保护劳动环境,防止粉尘污染。

2) 干燥器主体设计

包括工艺计算、设备尺寸设计。

3) 辅助设备的计算与选型

各种结构形式的流化床干燥器的设计步骤和方法基本相同。

6.2.2　流化床干燥器干燥条件的确定

干燥器的设计依据是物料衡算、热量衡算、速率关系和平衡关系 4 个基本方程。设计的基本原则是物料在干燥器内的停留时间必须等于或稍大于所需的干燥时间。

干燥器操作条件的确定与许多因素(如干燥器的形式、物料的特性及干燥过程的工艺要求等)有关,并且各种操作条件之间又是相互关联的,应予以综合考虑。有利于强化干燥过程的最佳操作条件,通常由实验测定。下面介绍干燥操作条件选择的一般原则。

1. 干燥介质的选择

干燥介质的选择取决于干燥过程的工艺及可利用的热源,此外还应考虑介质的经济性及来源。基本的热源有热气体、液态或气态的燃料以及电能。在对流干燥中,干燥介质可采用空气、惰性气体、烟道气和过热蒸汽。

热空气是最廉价易得的热源,但对某些易氧化的物料,或从物料中蒸发出的气体易燃、易爆时,则需用惰性气体作为干燥介质。烟道气适用于高温干燥,但要求被干燥的物料不怕污染、且不与烟气中的 SO_2 和 CO_2 等气体发生作用。由于烟道气温度高,故可强化干燥过程,缩短干燥时间。

2. 流动方式的选择

气体和物料在干燥器中的流动方式,一般可分为并流、逆流和错流。

在并流操作中,物料的移动方向与介质的流动方向相同。湿物料一进入干燥器就与高温、低湿的热气体接触,传热、传质推动力都较大,干燥速率也较大,但随着干燥器管长的增加,干燥推动力下降,干燥速率降低,因此,并流操作时前期干燥速率较大,而后期干燥速率较小,难以获得含水量很低的产品。并流操作适用于:①当物料含水量较高时,允许进行快速干燥而不产生龟裂或焦化的物料;②干燥后期不耐高温,即干燥产品易变色、氧化或分解等的物料。

在逆流操作中,物料移动方向和介质的流动方向相反,整个干燥过程中的干燥推动力变化不大,它适用于:①在物料含水量高时,不允许采用快速干燥的场合;②在干燥后期,可耐高温的物料;③要求干燥产品的含水量很低时。

若气体初始温度相同,并流时物料的出口温度可较逆流时为低,被物料带走的热量就少,就干燥经济性而论,并流优于逆流。

在错流操作中,干燥介质与物料间运动方向相互垂直。各个位置上的物料都与高温、低湿的介质相接触,因此干燥推动力比较大,又可采用较高的气体速度,所以干燥速率很高。它适用于:①无论在高或低的含水量时,都可以进行快速干燥,且可耐高温的物料;②因阻力大或干燥器构造的要求不适宜采用并流或逆流操作的场合。

3. 干燥介质进入干燥器时的温度

提高干燥介质进入干燥器的温度,可提高传热、传质的推动力,因此,在避免物料发生变色、分解等理化变化的前提下,干燥介质的进口温度可尽可能高一些。对于同一种物料,允许的介质进口温度随干燥器形式不同而异。在流化床、气流等干燥器中,由于物料不断地翻动,致使物料温度较均匀,干燥速率快、时间短,因此介质进口温度可高些;热敏性物料,宜采用较低的入口温度,可加内热构件。

4. 干燥介质离开干燥器时的相对湿度 φ_2 和温度 t_2

增大干燥介质离开干燥器的相对湿度,可以减少空气消耗量,即可降低操作费用;但 φ_2 增大,介质中水气的分压增高,使干燥过程的平均推动力下降,为了保持相同的干燥能力,就需增大干燥器的尺寸,即加大了投资费用。所以,最适宜的 φ_2 值应通过经济衡算来决定。

不同的干燥器,适宜的 φ_2 值也不相同。例如,对气流干燥器,由于物料在器内的停留时间很短,就要求有较大的推动力以提高干燥速率,因此一般离开干燥器的气体中水蒸气分压需低于出口物料表面水蒸气压的 50%。对于某些干燥器,要求保证一定的空气速度,因此应考虑气量和 φ_2 的关系,即为了满足较大气速的要求,只得使用较多的空气量而减小 φ_2 值。

干燥介质离开干燥器的温度 t_2 与 φ_2 应综合考虑。若 t_2 升高,则热损失大,干燥热效率就低;若 t_2 降低,而 φ_2 又较高,此时湿空气可能会在干燥器后面的设备和管路中析出水滴,破坏了干燥的正常操作。对气流干燥器,一般要求 t_2 较物料出口温度高 $10 \sim 30\ ℃$,或 t_2 较入口气体的绝热饱和温度高 $20 \sim 50\ ℃$。在工艺条件允许时,可采用部分废气循环操作流程。

5. 物料离开干燥器时的温度 θ_2

物料出口温度 θ_2 与物料在干燥器内经历的过程有关,主要取决于物料的临界含水量 X_c 值及干燥第二阶段的传质系数。若物料出口含水量高于临界含水量 X_c,则物料出口温度 θ_2 等于与它相接触的气体湿球温度;若物料出口含水量低于临界含水量 X_c,则 X_c 值愈低,物料出口温度 θ_2 也愈低;传质系数愈高,θ_2 愈低。目前还没有计算 θ_2 的理论公式,有时按物料允许的最高温度估计,即

$$\theta_2 = \theta_{max} - (5 \sim 10) \tag{6-1}$$

式中 θ_2——物料离开干燥器时的温度,℃;

   θ_{max}——物料允许的最高温度,℃。

显然这种估算是很粗略的。因为它仅考虑物料的允许温度,并未考虑降速阶段中干燥的特点。

若 $X_c < 0.05$ kg 水/kg 绝干料时,对于悬浮或薄层物料可按下式计算物料出口温度,即

$$\frac{t_2 - \theta_2}{t_2 - t_{w2}} = \frac{r_{t_{w2}}(X_2 - X^*) - c_s(t_2 - t_{w2})\left(\dfrac{X_2 - X^*}{X_c - X^*}\right)^{\frac{r_{t_{w2}}(X_c - X^*)}{c_s(t_2 - t_{w2})}}}{r_{t_{w2}}(X_c - X^*) - c_s(t_2 - t_{w2})} \tag{6-2}$$

式中 t_{w2}——空气在出口状态下的湿球温度,℃;

   $r_{t_{w2}}$——在 t_{w2} 温度下水的汽化热,kJ/kg;

   c_s——绝干物料的比热容,kJ/(kg 绝干料·℃)

   $X_c - X^*$——临界点处物料的自由水分,kg 水/kg 绝干料;

   $X_2 - X^*$——物料离开干燥器时的自由水分,kg 水/kg 绝干料。

利用式(6-2)求物料出口温度时需要迭代计算。

必须指出,上述各操作参数互相之间是有联系的,不能任意确定。通常物料进、出口的含水量 X_1、X_2 及进口温度 θ_1 是由工艺条件规定的,空气进口湿度 H_1 由大气状态决定。若物料的出口温度 θ_2 确定后,剩下的绝干空气流量 L、空气进出干燥器的温度 t_1 和 t_2 及出口湿度 H_2(或相对湿度 φ_2)这四个变量只能规定两个,其余两个由物料衡算及热量衡算确定,至于选择哪两个为自变量需视具体情况而定。在计算过程中,可以调整有关的变量,使其满足前述各种要求。

6.2.3 干燥过程的物料衡算和热量衡算

1. 干燥系统的物料衡算

图 6-5 所示是一个连续逆流干燥的操作流程,气、固两相在进、出口处的流量及含水量均标注于图中。通过对此干燥系统作物料衡算,可以算出:①从物料中除去水分的量,即水分蒸发量;②空气消耗量;③干燥产品的流量。

1)水分蒸发量 W

围绕图 6-5 中干燥器作水分的物料衡算,以 1 s 为基准,设干燥器内无物料损失,则

$$LH_1 + GX_1 = LH_2 + GX_2$$

或 $$W = L(H_2 - H_1) = G(X_1 - X_2) \tag{6-3}$$

式中 W——单位时间内水分的蒸发量,kg/s;

G——单位时间内绝干物料的流量，kg 绝干料/s。

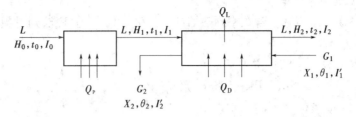

图 6-5　连续逆流干燥过程示意

H_0、H_1、H_2——湿空气进入预热器、离开预热器(即进入干燥器)及离开干燥器时
　　　　　　的湿度，kg/kg 绝干气；

I_0、I_1、I_2——湿空气进入预热器、离开预热器(即进入干燥器)及离开干燥器时的
　　　　　　焓，kJ/kg 绝干气；

t_0、t_1、t_2——湿空气进入预热器、离开预热器(即进入干燥器)及离开干燥器时的温
　　　　　　度，℃；

L——绝干空气流量，kg 绝干气/s，

Q_P——单位时间内预热器消耗的热量，kW；

G_1、G_2——分别为湿物料进入和离开干燥器时的流量，kg 湿物料/s；

θ_1、θ_2——湿物料进入和离开干燥器时的温度，℃；

X_1、X_2——湿物料进入和离开干燥器时的干基含水量，kg 水/kg 绝干料；

I_1'、I_2'——湿物料进入和离开干燥器时的焓，kJ/kg；

Q_D——单位时间内向干燥器补充的热量，kW；

Q_L——干燥器的热损失速率，kW。

2）空气消耗量 L

由式(6-3)得

$$L = \frac{G(X_1 - X_2)}{H_2 - H_1} = \frac{W}{H_2 - H_1} \tag{6-4}$$

式(6-4)的等号两侧均除以 W，得

$$l = \frac{L}{W} = \frac{1}{H_2 - H_1} \tag{6-5}$$

式中　l——单位空气消耗量，kg 绝干气/kg 水分。即每蒸发 1 kg 水分时，消耗的绝干空
　　　气量。

3）干燥产品的流量 G_2

由于假设干燥器内无物料损失，因此，进出干燥器的绝干物料量不变，即

$$G_2(1 - w_2) = G_1(1 - w_1) \tag{6-6}$$

解得　　　$$G_2 = \frac{G_1(1 - w_1)}{1 - w_2} \tag{6-7}$$

式中　w_1——物料进入干燥器时的湿基含水量，kg 水/kg 湿物料；

　　　w_2——物料离开干燥器时的湿基含水量，kg 水/kg 湿物料。

应予指出，干燥产品的流量 G_2 是指离开干燥器的物料的流量，其中包括绝干物料及仍
含有的少量水分，与绝干物料不同，其实际上是含水分较少的湿物料。

2. 干燥系统的热量衡算

1）热量衡算的基本方程

围绕图 6-5 作热量衡算。若忽略预热器的热损失，以 1 s 为基准，则对预热器

$$LI_0 + Q_p = LI_1 \tag{6-8}$$

故单位时间内预热器消耗的热量为

$$Q_p = L(I_1 - I_0) = L(1.01 + 1.88H_0)(t_1 - t_0) \tag{6-9}$$

对干燥器

$$Q_D = L(I_2 - I_1) + G(I_2' - I_1') + Q_L \tag{6-10}$$

联立式（6-9）及式（6-10），整理得单位时间内干燥系统消耗的总热量为

$$Q = Q_p + Q_D = L(I_2 - I_0) + G(I_2' - I_1') + Q_L \tag{6-11}$$

其中物料的焓 I' 包括绝干物料的焓（以 0 ℃的物料为基准）和物料中所含水分（以 0 ℃的液态水为基准）的焓，即

$$I' = c_s\theta + Xc_w\theta = (c_s + 4.187X)\theta = c_m\theta \tag{6-12}$$

$$c_m = (c_s + 4.187X) \tag{6-13}$$

式中　c_s——绝干物料的比热容，kJ/(kg 绝干料·℃)；

　　　c_w——水的比热容，取为 4.187 kJ/(kg 水·℃)；

　　　c_m——湿物料的比热容，kJ/(kg 绝干料·℃)。

式（6-9）、式（6-10）及式（6-11）为连续干燥系统热量衡算的基本方程式。为了便于应用，可通过以下分析得到更为简明的形式。

加热干燥系统的热量 Q 被用于：①将新鲜空气 L（湿度为 H_0）由 t_0 加热至 t_2，所需热量为 $L(1.01 + 1.88H_0)(t_2 - t_0)$；②原湿物料 $G_1 = G_2 + W$，其中干燥产品从 θ_1 被加热至 θ_2 后离开干燥器，所耗热量为 $Gc_m(\theta_2 - \theta_1)$；③水分 W 由液态温度 θ_1 被加热并汽化，至气态温度 t_2 后随气相离开干燥系统，所需热量为 $W(2\,490 + 1.88t_2 - 4.187\theta_1)$；④干燥系统损失的热量 Q_L。因此

$$Q = Q_p + Q_D$$
$$= L(1.01 + 1.88H_0)(t_2 - t_0) + Gc_m(\theta_2 - \theta_1) + W(2\,490 + 1.88t_2 - 4.187\theta_1) + Q_L$$

若忽略空气中水汽进出干燥系统的焓的变化和湿物料中水分带入干燥系统的焓，则上式简化为

$$Q = Q_p + Q_D = 1.01L(t_2 - t_0) + Gc_m(\theta_2 - \theta_1) + W(2\,490 + 1.88t_2) + Q_L \tag{6-14}$$

2）干燥系统的热效率

干燥系统的热效率定义为

$$\eta = \frac{\text{蒸发水分所需的热量}}{\text{向干燥系统输入的总热量}} \tag{6-15}$$

即

$$\eta = \frac{W(2\,490 + 1.88t_2)}{Q} \times 100\% \tag{6-16}$$

热效率愈高表明干燥系统的热利用率愈好。提高干燥器的热效率，可以通过提高 H_2 而降低 t_2；提高空气入口温度 t_1；利用废气（离开干燥器的空气）来预热空气或物料，回收被废气带走的热量，以提高干燥操作的热效率；采用二级干燥；利用内换热器。此外还应注意干

燥设备和管路的保温隔热,减少干燥系统的热损失。

6.2.4 流化床干燥器操作流化速度的确定

要使固体颗粒床层在流化状态下操作,必须使气速高于临界气速 u_{mf},而最大气速又不得超过颗粒带出速度 u_t,因此,流化床的操作范围应在临界流化速度和带出速度之间。确定流化速度有多种方法,现介绍工程上常用的两种方法。

1. 临界流化速度 u_{mf}

对于均匀球形颗粒的流化床,开始流化的空隙率 $\varepsilon_{mf} = 0.4$。

(1)李森科法(Ly-Ar 关联曲线法) 根据 $\varepsilon_{mf} = 0.4$ 及算出的 Ar 数值,从图 6-6 中查得 Ly_{mf} 值,便可按下式计算临界流化速度,即

$$u_{mf} = \sqrt[3]{\frac{Ly_{mf}\mu\rho_s g}{\rho^2}} \tag{6-17}$$

式中 u_{mf}——临界流化速度,m/s;

         Ly_{mf}——以临界流化速度计算的李森科数,量纲为一;

         μ——干燥介质的黏度,Pa·s;

         ρ_s——绝干固体物料的密度,kg/m³;

         ρ——干燥介质的密度,kg/m³;

         d——颗粒直径,m;

         u——操作流化速度,m/s。

(2)关联式法 当物料为粒度分布较为均匀的混合颗粒床层,可用关联式法进行估算。

当颗粒直径较小时,颗粒床层雷诺数 Re_b 一般小于 20,根据经验,得到起始流化速度的近似计算式如下。

①对于小颗粒,

$$u_{mf} = \frac{d_p^2(\rho_s - \rho)g}{1\,650\mu} \tag{6-18}$$

②对于大颗粒,Re_b 一般大于 1 000,得到近似计算式为

$$u_{mf}^2 = \frac{d_p(\rho_s - \rho)g}{24.5\rho} \tag{6-19}$$

式中 d_p——颗粒直径。非球形颗粒时用当量直径,非均匀颗粒时用颗粒群的平均直径。

2. 带出速度

颗粒被带出时,床层的空隙率 $\varepsilon \approx 1$。根据 $\varepsilon = 1$ 及 Ar 的数值,从图 6-6 中查得 Ly 值,便可按下式计算带出速度,即

$$u_t = \sqrt[3]{\frac{Ly\mu\rho_s g}{\rho^2}} \tag{6-20}$$

式中 Ly_t——以带出流化速度计算的李森科数,量纲为一;

         u_t——带出速度,m/s。

上式适用于球形颗粒。对于非球形颗粒应乘以校正系数,即

$$u_t' = C_t u_t \tag{6-21}$$

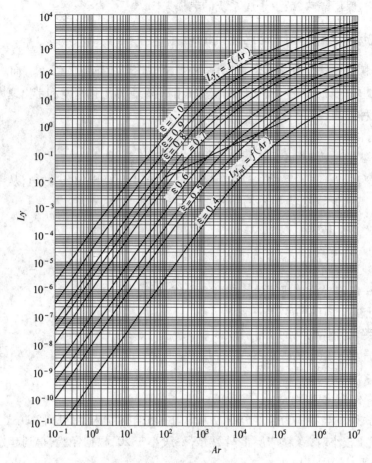

图 6-6   李森科数 Ly 与阿基米德数 Ar 之间的关系

曲线 1：当 $\varepsilon = 0.4$ 时的 $Ly = f(Ar)$ 曲线 2：当 $\varepsilon = 1.0$ 时的 $Ly = f(Ar)$

$$Ly = \frac{u^3 \rho^2}{\mu(\rho_s - \rho)g} \quad \text{——李森科数，量纲为一}$$

$$Ar = \frac{d^3(\rho_s - \rho)\rho g}{\mu^2} \quad \text{——阿基米德数，量纲为一}$$

$$C_t = 0.843\ 1g\ \frac{\varphi_s}{0.065} \tag{6-22}$$

$$\varphi_s = \frac{S}{S_p} \tag{6-23}$$

式中 u_t'——非球形颗粒的带出速度，m/s；

C_t——非球形颗粒校正系数，其值由式(6-22)估算；

φ_s——颗粒的形状系数或球形度，可按式(6-23)计算；

S_p——非球形颗粒的表面积，m^2；

S——与颗粒等体积的球形颗粒的表面积，m^2。

颗粒带出速度即颗粒的沉降速度，也可根据沉降区选用相应式子计算。

值得注意的是，计算 u_{mf} 时要用实际存在于床层中不同粒度颗粒的平均直径 d_p，而计算

u_t 时则必须用最小颗粒直径。

3. 流化床的操作范围

流化床的操作范围,可用比值 u_t/u_{mf} 的大小来衡量,该比值称为流化数。

对于均匀的细颗粒,

$$u_t/u_{mf} = 91.7 \tag{6-24}$$

对于大颗粒,

$$u_t/u_{mf} = 8.62 \tag{6-25}$$

研究表明,上述两个上下限值与实验数据基本相符,u_t/u_{mf} 比值常在 10 ~ 90 之间。u_t/u_{mf} 的比值是表示正常操作时允许气速波动范围的指标,大颗粒床层的 u_t/u_{mf} 值较小,说明其操作灵活性较差。实际上,不同生产过程的流化数差别很大。有些流化床的流化数高达数百,远远超过上述 u_t/u_{mf} 的上限值。

对于粒径大于 500 μm 的颗粒,根据平均粒径计算出粒子的带出速度,通常取操作流化速度为 $(0.4 \sim 0.8)u_t$。

另外,一般流化床干燥器的实际空隙率 ε 在 0.55 ~ 0.75 之间,可根据选定的 ε 和 Ar 值,用 Ly—Ar 关系曲线计算操作流化速度。

6.2.5　流化床干燥器主体工艺尺寸的计算

1. 流化床干燥器底面积的计算

1)单层圆筒流化床干燥器

单层圆筒流化床干燥器截面积 A 由下式计算:

$$A = \frac{vL}{3\,600u} \tag{6-26}$$

式中　L——绝干气的流量,kg/h;

v——气体在温度 t_2 及湿度 H_2 状态下的比容,m^3/kg 绝干气。

$$v = (0.772 + 1.244H_2)\frac{273 + t_2}{273} \times \frac{1.013 \times 10^5}{p} \tag{6-27}$$

p——干燥器中操作压力,Pa。

若流化床设备为圆柱体,根据 A 可求得床层直径 D;若流化床采用长方体,可根据 A 确定其长度 l 和宽度 b。

2)卧式多室流化床干燥器

物料在干燥器中通常经历表面汽化控制和内部迁移控制两个阶段。床层底面积等于两个阶段所需底面积之和。

(1)表面汽化阶段所需底面积 A_1　对干燥装置,在忽略热损失的条件下,列出热量衡算及传热速率方程,并经整理得表面汽化阶段所需底面积 A_1,计算式如下:

$$\alpha_a Z_0 = \frac{(1.01 + 1.88H_0)\bar{L}}{\left[\dfrac{(1.01 + 1.88H_0)\bar{L}A_1(t_1 - t_w)}{G(X_1 - X_2)\gamma_{t_w}} - 1\right]} \tag{6-28}$$

$$\alpha_a = \alpha a$$

$$a = \frac{6(1 - \varepsilon_0)}{d_m}$$

或

$$a = \frac{6\rho_b}{\rho_s d_m}$$

$$\alpha = 4 \times 10^{-3} \frac{\lambda}{d_m} (Re)^{1.5}$$

$$Re = \frac{d_m u \rho}{\mu}$$

式中　Z_0——静止时床层厚度,m(一般可取 0.05~0.15 m);

　　$\bar{L}$——干空气的质量流速,kg 绝干气/(m² · s);

　　A_1——表面汽化控制阶段所需的底面积,m²;

　　t_1——干燥器入口空气的温度,℃;

　　t_w——入口空气的湿球温度,℃;

　　r_{t_w}——在温度为 t_w 时水的汽化潜热,kJ/kg;

　　α_a——流化床层的体积传热系数或热容系数,kW/(m³ · ℃);

　　a——静止时床层的比表面积,m²/m³;

　　ρ_b——静止床层的颗粒堆积密度,kg/m³;

　　ε_0——静止床层的空隙率;

　　d_m——颗粒平均粒径,m;

　　α——流化床层的对流传热系数,kW/(m² · ℃);

　　λ——气体的导热系数,kW/(m · ℃);

　　Re——雷诺数。

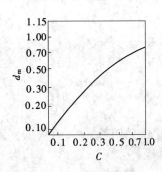

图 6-7　α_a 的校正系数

由式(6-28)可求得 α_a 或 A_1。

应予指出,当 $d_m < 0.9$ mm 时,由该式求得的 α_a 值偏高,需根据图 6-7 校正。其横坐标 $C = \alpha_a'/\alpha_a$。α_a' 为修正后的体积传热系数。

(2)物料升温阶段所需底面积 A_2　在流化床干燥器中,物料的临界含水量一般都很低,故可认为水分在表面汽化控制阶段已全部蒸发,在此阶段物料由湿球温度升到排出温度。对干燥器微元面积列热量衡算和传热速率方程,经化简、积分,整理得物料升温阶段所需底面积 A_2 的计算式:

$$\alpha_a Z_0 = \frac{(1.01 + 1.88H_0)\bar{L}}{\left[\frac{(1.01 + 1.88H_0)\bar{L}A_2}{Gc_{m2}} \middle/ \ln \frac{t_1 - \theta_1}{t_1 - \theta_2} - 1 \right]} \tag{6-29}$$

$$c_{m2} = c_s + 4.187X_2$$

式中　c_{m2}——干燥产品的比热容,kJ/(kg 绝干料 · ℃);

　　A_2——表面汽化控制阶段所需的底面积,m²。

流化床层总的底面积为

$$A = A_1 + A_2 \tag{6-30}$$

（3）卧式多室流化床干燥器的宽度和长度　在流化床层底面积确定之后,设备的宽度和长度需进行合理的布置。其宽度的选取以保证物料在设备内均匀散布为原则,通常不超过 2 m。若需设备宽度很大,在物料分散性不良情况下,则应该设置特殊的物料散布装置。设备中物料前进方向的长度受到热空气均匀分布的条件限制,一般取 2.5～2.7 m 以下为宜。在设计中,往往需要通过反复调整。

2. 物料在流化床中的平均停留时间

$$\tau = \frac{Z_0 A \rho_b}{G_2} \tag{6-31}$$

式中　G_2——干燥产品的流量,kg/s;

ρ_b——颗粒的堆积密度,kg/m^3;

Z_0——静止床层高度,m;

τ——物料停留时间,s。

需要指出,物料在干燥器中的停留时间必须大于或至少等于干燥所需时间。

3. 流化床干燥器的高度

流化床的总高度分为密相段(浓相区)和稀相段(分离区)。流化床界面以下的区域称为浓相区,界面以上的区域称为稀相区。

1）浓相区高度

当操作速度大于临界流化速度时床层开始膨胀,气速越大或颗粒越小,床层膨胀程度越大。由于床层内颗粒质量是一定的,对于床层截面积不随床高而变化的情况,浓相区高度 Z 与起始流化高度 Z_0 之间有如下关系:

$$R_c = \frac{Z}{Z_0} = \frac{1 - \varepsilon_{mf}}{1 - \varepsilon} \tag{6-32}$$

R_c 称为流化床的膨胀比。床层的空隙率 ε 可根据由流化速度 u 计算的 Ly 和 Ar,从图 6-6 查得,或根据下式近似估算:

$$\varepsilon = \left(\frac{18Re + 0.36Re^2}{Ar} \right)^{0.21} \tag{6-33}$$

式中 $Re = \dfrac{du\rho}{\mu}$。

2）分离高度

流化床中的固体颗粒都有一定的粒度分布,而且在操作过程中也会因为颗粒间的碰撞、磨损产生一些细小的颗粒,因此,流化床的颗粒中会有一部分细小颗粒的沉降速度低于气流速度,在操作中会被带离浓相区,经过分离区而被流体带出器外。另外,气体通过流化床时,气泡在床层表面上破裂时会将一些固体颗粒抛入稀相区,这些颗粒中大部分颗粒的沉降速度大于气流速度,因此,它们到达一定高度后又会落回床层。这样就使得离床面距离越远的区域,其固体颗粒的浓度越小,离开床层表面一定距离后,固体颗粒的浓度基本不再变化。固体颗粒浓度开始保持不变的最小距离称为分离区高度。床层界面之上必须有一定的分离区,以使沉降速度大于气流速度的颗粒能够重新沉降到浓相区而不被气流带走。

分离区高度的影响因素比较复杂,系统物性、设备及操作条件均会对其产生影响,至今尚无适当的计算公式。图 6-8 给出了确定分离段高度 Z_2 的参考数据。图中的虚线部分是在

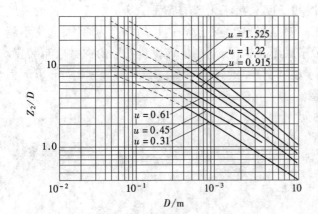

图6-8 分离高度

小床层下实验得出的,数据可靠性较差;对于非圆柱形设备,用当量直径 D_e 代替图中的设备直径 D。

也有资料提出,分离段高度可近似等于浓相段高度。

为了进一步减小流化床粉尘带出量,可以在分离段之上再加一扩大段,降低气流速度,使固体颗粒得以较彻底的沉降。扩大段的高度一般可根据经验视具体情况选取。

6.2.6 干燥器的结构设计

在结构设计中,主要讨论布气装置、隔板和溢流堰的设计。

1. 布气装置

1) 分布板

在流化床中,分布板的作用除了支撑固体颗粒、防止漏料外,还有分散气流使气体得到均匀分布的作用。但一般分布板对气体分布的影响通常只局限在分布板上方不超过 0.5 m 的区域内,床层高度超过 0.5 m 时,必须采取其他措施改善流化质量。

设计良好的分布板应对通过它的气流有足够大的阻力,从而保证气流均匀分布于整个床层截面上,也只有当分布板的阻力足够大时,才能克服聚式流化的不稳定性,抑制床层中出现沟流等不正常现象。实验证明,当采用某种致密的多孔介质或低开孔率的分布板时,可使气固接触非常良好,但同时气体通过这种分布板的阻力较大,会大大增加鼓风机的能耗,因此通过分布板的压力降应有个适宜值。据研究,适宜的分布板压力降应等于或大于床层压力降的 10% ,并且其绝对值应不低于 3.5 kPa。床层压力降可取为单位截面上床层的重力。

工业生产用的气体分布板形式很多,常见的有直流式、侧流式和填充式等。直流式分布板如图6-9 所示。单层多孔板结构简单,便于设计和制造,但气流方向与床层垂直,易使床层形成沟流;小孔易于堵塞,停车时易漏料。多层孔板能避免漏料,但结构稍微复杂。凹形多孔分布板能承受固体颗粒的重荷和热应力,还有助于抑制鼓泡和沟流。侧流式分布板如图6-10 所示,在分布板的孔上装有锥形风帽(锥帽),气流从锥帽底部的侧缝或锥帽四周的侧孔流出。目前这种带锥帽的分布板应用最广,效果也最好,其中侧缝式锥帽采用最多。填充式分布板如图6-11 所示,它是在直孔筛板或栅板和金属丝网层间铺卵石—石英沙—卵石。这种分布板结构简单,能够达到均匀布气的要求。

分布板的开孔率一般为 3% ~13% ,下限常用于低流化速度,即用于颗粒细、密度小物料干燥的场合。孔径常取 1.5 ~2.5 mm,有时可达 5 mm。

分布板开孔率的计算有多种方法。前已提到,分布板的压力降必须等于或大于床层压力降的 10% ,即

$$\Delta p_b = Z_0(1 - \varepsilon_0)(\rho_s - \rho)g \tag{6-34}$$

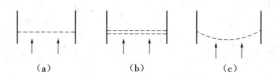

图 6-9 直流式分布板

(a)单层多孔板 (b)多层多孔板 (c)凹形多孔板

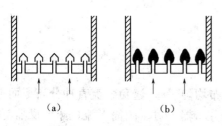

图 6-10 侧流式分布板

(a)侧缝式锥帽分布板 (b)侧孔式锥帽分布板

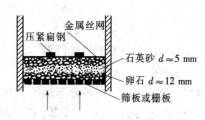

图 6-11 填充式分布板

则 $\Delta p_d = 0.1\Delta p_b$

式中 Δp_b——床层的压力降,Pa;

Δp_d——气体通过分布板的压力降,Pa。

气体通过分布板的孔速可按下式计算:

$$\frac{\Delta p_d}{\rho} = \zeta \frac{u_0^2}{2} \tag{6-35}$$

或 $$u_0 = C_d \left(\frac{2\Delta p_d}{\rho} \right)^{\frac{1}{2}} \tag{6-35a}$$

式中 ζ——分布板的阻力系数,一般为 $1.1 \sim 2.5$;

u_0——气体通过筛孔的速度,m/s;

C_d——孔流系数,量纲为一,可根据床层直径 D_t 由图 6-12 查得。

分布板上需要的孔数为

$$n_0 = \frac{V_s}{\frac{\pi}{4} d_0^2 u_0} \tag{6-36}$$

$$V_s = L(0.772 + 1.244H_0) \frac{t_2 + 273}{273} \times$$

$$\frac{1.013 \times 10^5}{p}$$

式中 V_s——热空气的体积流量,m^3/s;

L——绝干空气的流量,kg/s;

d_0——筛孔直径,m;

t_1——干燥器入口热空气的温度,℃;

p——操作压力,Pa;

n_0——分布板上总孔数。

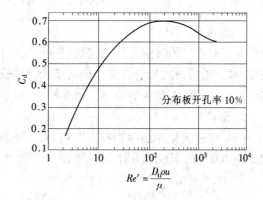

图 6-12 孔流系数 C_d 与 Re' 的关系

分布板的实际开孔率为

$$\varphi = \frac{A_0}{A} = \frac{\frac{\pi}{4}d_0^2 n_0}{A} \tag{6-37}$$

式中　$A_0 = \frac{\pi}{4}d_0^2 n_0$——开孔面积，$m^2$。

若分布板上筛孔按正三角形布置，则孔心距为

$$t = \left(\frac{\pi d_0^2}{2\sqrt{3}\varphi}\right)^{1/2} = \frac{0.952}{\sqrt{\varphi}}d_0 \tag{6-38}$$

式中　t——正三角形的边长（即孔心距），m。

2）预分布器

预分布器的作用是在分布板前预先把气体分布均匀一些，避免气流直冲分布板而造成局部速度过高，对于大型干燥器，尤其需要装置预分布器。对于圆筒形流化床干燥器，预分布器的结构有开口式、弯管式及同心圆锥壳式等多种形式，如图 6-13 所示，可视具体情况选取。

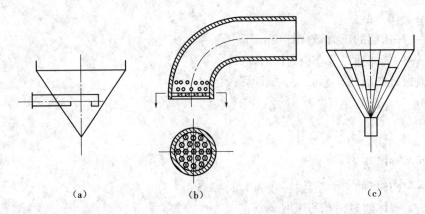

（a）　　　　　　　　（b）　　　　　　　　（c）

图 6-13　预分布器结构形式
（a）开口式　（b）弯管式　（c）同心圆锥壳式

2. 隔板（分隔板）

为了改善气固接触情况和使物料在床层内停留时间分布均匀，对于卧式多室流化床干燥器，常常采用分隔板沿长度方向将整个干燥室分隔成 4 ~ 8 室（隔板数为 3 ~ 7 块）。隔板与分布板之间的距离为 30 ~ 60 mm。隔板做成上下移动式，以调节其与分布板之间的距离。

3. 溢流堰

为了保持流化床层内物料厚度均匀性，物料出口通常采用溢流方式。溢流堰的高度可取 50 ~ 200 mm，其值可用下式计算，即

$$\frac{2.14\left(Z_0 - \dfrac{h}{E_v}\right)}{\left(\dfrac{1}{E_v}\right)^{1/3}\left(\dfrac{G}{b\rho_b}\right)^{2/3}} = 18 - 1.52\ln\left(\frac{Re_t}{5h}\right) \tag{6-39}$$

$$\frac{E_{\mathrm{v}} - 1}{u - u_{\mathrm{mf}}} = \frac{25}{Re_{\mathrm{t}}^{0.44}} \tag{6-40}$$

式中　h——溢流堰高度,m;

　　　ρ_{b}——颗粒的堆积(表观)密度,kg/m³;

　　　Re_{t}——对应于颗粒带出速度的雷诺数;

　　　b——溢流堰的宽度,m;

　　　G——绝干物料流量,kg/s;

　　　E_{v}——床层膨胀率,量纲为一;

　　　u、u_{mf}——分别为操作流化速度和临界流化速度,m/s。

为了便于调节物料的停留时间,溢流堰的高度设计成可调节结构。

表6-3、表6-4列出了国内某些工厂使用的流化床干燥器的有关数据,供设计者参考。

表6-3　圆筒流化床干燥器有关数据

物料名称	颗粒粒度	静止床层高度 Z_0/mm	沸腾层高度 Z_1/mm	设备尺寸/(直径/mm × 高度/mm)
氯化铵	40~60目	150	360	$\phi2600 \times 6\,030$
硫铵	40~60目	300~400		$\phi920 \times 3\,480$
锦纶	$\phi3\,\mathrm{mm} \times 4\,\mathrm{mm}$			$\phi530 \times 3\,450$
涤纶	5 mm×5 mm×2 mm	50~70		$\phi200 \times 2\,300$
葡萄糖酸钙	0~4 mm	400	700	$\phi900 \times 3\,170$
土霉素、金霉素				$\phi400 \times 1\,200$
氯化铵	40~60目	250~300	1 000	$\phi900 \times 2\,700$

表6-4　卧式多室流化床干燥器有关数据

物料名称	颗粒粒度	静止床层高度 Z_0/mm	沸腾层高度 Z_1/mm	设备尺寸/(长/mm × 宽/mm × 高/mm)
颗粒状药品	12~14目	100~150	300	2 000×263×2 828
肝粉、糖粉	14目	100	250~300	1 400×200×1 500
SMP(药)	80~100目	200	300~350	2 000×263×2 828
尼龙1010	6 mm×3 mm×2 mm	100~200	200~300	2 000×263×2 828
驱胃灵	8~14目	150	500	1 500×200×700
水杨酸钠	8~14目	1 505	500	1 500×200×700
各种片剂药	12~14目	0~1 000	300~400	2 000×500×2 860
合霉素	粒状	400	1 000	2 000×250×2 500
氯化钠	粒状	300	800	4 000×2 000×5 000

6.3　干燥装置附属设备的计算与选型

流化床干燥装置的附属设备主要包括风机、空气加热器、供料器(加料器和排料器)及气固分离器。

6.3.1　风机

为了克服整个干燥系统的阻力以输送干燥介质,必须选择合适类型的风机并确定其安装方式。风机的基本安装方式有 3 种。

1. 送风式

风机安装在空气加热器前,整个系统在正压下操作。这时要求系统的密封性良好,避免粉尘飞入室内污染环境,恶化操作条件。

2. 后抽式

风机安装在气固分离器之后,整个系统在负压下操作,粉尘不会飞出。这时同样要求系统的密封性良好,以免把外界气体吸入系统内破坏操作条件。

3. 前送后抽式

将两台风机分别安装在空气加热器前和气固分离器之后,前一台为送风机,后一台为抽风机,调节前后压力,可使干燥室处于略微负压下操作,整个系统与外界压力差很小。

离心通风机的选择根据所输送气体的性质及所需的风压范围,确定风机的材质和类型。然后,根据计算的风量和系统所需要的风压,选择适宜的风机型号。需要注意的是,风量是指单位时间内从风机出口排出的气体体积,并以风机进口处的气体状态计,单位为 m^3/h。而风压则需要将操作条件下的风压 H_T' 换算为实验条件下的风压 H_T 来选择风机,即

$$H_T = H_T'(1.2/\rho')$$

式中　ρ'——操作条件下空气的密度,kg/m^3。

通风机铭牌或手册中所列的风压是在空气的密度为 $1.2\ kg/m^3$($20\ ℃$、$101.3\ kPa$)的条件下用空气作介质测定的。

干燥系统中各部分的压力损失范围如下:

干燥器	$5\ 500 \sim 15\ 500\ Pa$
旋风分离器	$500 \sim 2\ 000\ Pa$
袋滤器	$1\ 000 \sim 2\ 000\ Pa$
湿式洗涤器	$1\ 000 \sim 2\ 000\ Pa$

6.3.2　空气加热器

用于加热干燥介质(空气)的换热器称为空气加热器。一般采用烟道气或饱和水蒸气作为加热介质,且以饱和蒸汽应用更为广泛。空气在蒸汽式加热器的出口温度通常不超过 $160\ ℃$,其所用蒸汽的压力一般在 $785\ kPa$ 以下,最高压力可达 $1\ 374\ kPa$。由于蒸汽冷凝侧热阻很小,故总传热系数接近于空气侧的对流传热系数值。为了强化传热,应设法减小空气侧的热阻,例如加大空气的湍动或增大空气侧的传热面积。

可用做空气加热器的换热器有以下几种。

(1)翅片管加热器　工业上常用的翅片管加热器有叶片式和螺旋形翅片式。这类换热

器均有系列产品可供选用。

（2）列管式和板式换热器　这是适应性很强、规格齐全的两类换热器，可根据任务要求选用适宜的型号。

6.3.3　供料器

供给或排出颗粒状与片状物料的装置一般统称为供料器。在干燥过程中进料器所处理的往往是湿物料，而排料器所处理的往往是较干物料。

供料器作为干燥装置的附属设备，其作用是保证按照要求定量、连续（或间歇）、均匀地为干燥器供料和排料。设计时要根据物料的物理性质（如含湿量、堆积密度、粒度、黏附性、吸湿性、磨损性等）和化学性质（如腐蚀性）以及要求的加料速率选择适宜的供料器。在工业生产中，使用较多的固体物料供料器有以下几种。

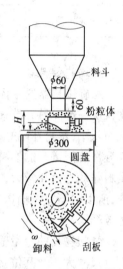

图 6-14　圆盘供料器

1. 圆盘供料器

圆盘供料器在料斗底部安装有作水平旋转的圆盘，它靠管板将水平板上的物料刮落。加料量是以圆盘的转数、与料斗间的距离以及刮刀的角度等进行调节，其操作情况如图 6-14 所示。它的供料量调节幅度很大，也很方便。这种供料器的特点是物料无破损，装置不会磨损，结构简单，设备费用低，故障少。主要适用于定量要求不严格而流动性较好的粒状物料，不适宜于含湿量高的物料。若物料含湿量及粒度变动，将会影响物料的定量排出。

2. 旋转叶轮供料器

旋转叶轮供料器又称星形供料器，是应用最广泛的供料器之一，其操作原理是：电动机通过减速器带动星形叶轮转动，物料进入叶片之间的空隙中，借助叶轮旋转由下方排放到受料系统，如图 6-15 所示。它的供料量调节幅度很大，也很方便。这种加料器的特点是结构简单，操作方便，物料颗粒几乎不破碎，对高达 300 ℃ 的高温物料也能使用，体积小，安装方便，可用耐磨耐腐蚀材料制造，适用范围很广。但这种供料器在结构上不能保证完全的气密性，对含湿量高以及有黏附性的物料不宜采用。星形供料器的规格参数见表 6-5。

表 6-5　星形供料器的规格参数

规格/ （mm×mm）	生产能力/ m³·h⁻¹	叶轮转速 n/ r·min⁻¹	传动方式	齿轮减速电机			设备质量/ kg
				型号	功率/ kW	输出转速 n/ r·min⁻¹	
$\phi 200 \times 200$	4 7	20 31	链轮直连	JTC561	1	31	66
$\phi 200 \times 300$	6 10	20 31	链轮直连	JTC561	1	31	76
$\phi 300 \times 300$	15 23	20 31	链轮直连	JTC561	1	31	155
$\phi 300 \times 400$	20 31	20 31	链轮直连	JTC562	1.6	31	174

规格/ （mm × mm）	生产能力/ $m^3 \cdot h^{-1}$	叶轮转速 n/ $r \cdot min^{-1}$	传动方式	齿轮减速电机			设备质量/ kg
				型号	功率/ kW	输出转速 n/ $r \cdot min^{-1}$	
$\phi400 \times 400$	35	20	链轮直连	JTC571	2.6	31	224
	53	31					
$\phi400 \times 500$	43	20	链轮直连	JTC571	2.6	31	260
	67	31					
$\phi500 \times 500$	68	20	链轮直连	JTC572	4.2	31	350
	106	31					

3. 螺旋供料器

螺旋供料器的主体是安装在圆筒形机壳内的螺旋。依靠螺旋旋转时产生的推送作用使物料从一端向另一端移动而进行送料。其结构和工作原理如图 6-16 所示。螺旋供料器横截面积小，密封性能好，操作安全方便，进料定量性高。选择适当结构的螺旋可使之适用于含湿量范围宽广的物料。另外，通过材质的选择又可使它适用于输送腐蚀性物料。但这种供料器动力消耗较大，难以输送颗粒大、易粉碎的物料。由于螺旋叶片和壳体之间易沉积物料，所以它不宜于输送易变质、易结块的物料。在输送质地坚硬的磨削性物料时，螺旋磨损也较严重。

膏状物料的定量输送可采用立式螺旋供料器，加料量由螺旋的转速进行调节。第一个螺旋尺寸大小及其位置的高低随膏状物料的性质调节，这是决定能否顺利加料的关键。

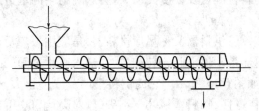

图 6-15　星形供料器　　　　　　　图 6-16　螺旋供料器

4. 喷射式供料器

喷射式供料器是依靠压缩空气从喷嘴高速喷出将物料吸引而进行压送。该供料器没有运动部件，而且由于喷嘴处为负压，使上部物料处于开口状态。但这种供料器压缩空气消耗量大，效率不高，输送能力和输送距离有限，并且在输送坚硬粒子时喉部磨损严重。

6.3.4　气固分离器

气固分离器分离效率的高低直接影响到固体产品的回收率和环境卫生，因此必须正确地选择和合理地使用气固分离器。工业中常用的气固分离器有旋风分离器、袋滤器和湿式除尘器等，但应用最广泛的是旋风分离器。

旋风分离器的性能不仅受含尘气的物理性质、含尘浓度、粒度分布及操作条件的影响，还与设备的结构尺寸密切相关。只有各部分结构尺寸恰当，才能获得较高的分离效率和较低的压力降。

化工中常见的旋风分离器类型有 XLT/A、XLP/A 及 XLP/B 型,其性能比较如下表。

表 6-6　化工中常用的各种旋风分离器的比较

分离器种类	XLT/A 型	XLP/A 型	XLP/B 型	XLK 型
气速范围/m·s^{-1}	10 ~ 18	12 ~ 20	12 ~ 20	12 ~ 16
分离效率	低	高	次低	次高
对粒度适应性	< 10 μm	< 5 μm	< 5 μm	< 10 μm
对含尘浓度的适应性	4.0 ~ 50 g/m^3	适应性广	适应性广	1.7 ~ 200 g/m^3
摩擦阻力	次大	次小	小	大
结构	简单	复杂	复杂	简单

设计旋风分离器时,首先应根据具体的分离含尘气体任务,结合各型设备的特点,选定旋风分离器的形式,而后通过计算决定尺寸与个数。计算的主要依据有:含尘气的体积流量、要求达到的分离效率、允许的压力降。

根据固体颗粒回收要求,在干燥系统中还可以使用袋滤器及湿式洗涤器等。

6.4　卧式多室流化床干燥装置设计示例

【设计示例】

从气流干燥器来的细颗粒物料,其中含水量为 3%(湿基,下同),要求在卧式多室流化床中干燥至 0.3%。下面是已知参数。

被干燥物料:

处理湿物料量 G_1　3 000 kg/h　　　　平衡含水量 X^*　　0

颗粒密度 ρ_s　1 400 kg/m^3　　　　临界含水量 X_c　0.015(kg 水/kg 干物料)

堆积密度 ρ_b　450 kg/m^3　　　　颗粒平均直径 d_m　0.15 mm

干物料比热容 c_s　1.256 kJ/(kg·℃)进口温度 θ_1　　40 ℃

干燥系统要求收率 99.5%(回收 5 μm 以上颗粒)

干燥介质——湿空气:

进预热器温度 t_0　　25 ℃

进干燥器温度 t_1　　105 ℃

初始湿度 H_0　　0.018 kg/kg 绝干气

热源为 392.4 kPa 的饱和水蒸气。

试设计干燥器主体并选择合适的风机及气固分离设备。

【设计计算】

1. 干燥流程的确定

根据任务,采用卧式多室流化床干燥装置系统,其简化流程如图 6-17 所示。

来自气流干燥器的颗粒状物料用星形加料器加到干燥器的第一室,依次经过各室后,于 51.5 ℃下离开干燥器。湿空气由送风机送到翅片型空气加热器,升温到 105 ℃后进入干燥器,经过与悬浮物料接触进行传热传质后温度降到 71.5 ℃。废气经旋风分离器净化后由抽

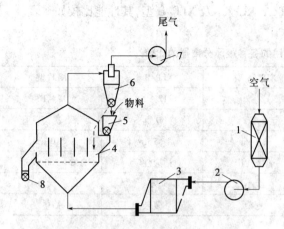

图6-17　卧式多室流化床干燥系统流程草图

1—空气过滤器　2—送风机　3—空气加热器
4—卧式多室流化床干燥器　5—加料斗
6—旋风分离器　7—抽风机　8—排料器

风机排出至大气。空气加热器以 392.4 kPa 的饱和水蒸气作热载体。流程中采用前送后抽式供气系统,维持干燥器在略微负压下操作。

2. 物料和热量衡算

1)物料衡算

$$G = G_1(1 - w_1)$$
$$= 3\,000 \times (1 - 0.03)$$
$$= 2\,910 \text{ kg 绝干料/h}$$
$$W = G(X_1 - X_2)$$
$$X_1 = \frac{w_1}{1 - w_1} = \frac{0.03}{1 - 0.03}$$
$$= 0.030\,93 \text{ kg/kg 绝干料}$$
$$X_2 = \frac{w_2}{1 - w_1} = \frac{0.003}{1 - 0.003}$$
$$\approx 0.003 \text{ kg/kg 绝干料}$$

$$W = G(X_1 - X_2) = 2\,910 \times (0.030\,93 - 0.003) = 81.28 \text{ kg/h}$$

$$L = \frac{W}{H_2 - H_1} = \frac{81.28}{H_2 - 0.018} \tag{a}$$

2)空气和物料出口温度的确定

空气的出口温度应比出口处湿球温度高出 20~50 ℃(这里取 35 ℃)。

由 $t_1 = 105$ ℃及 $H_1 = 0.018$ 查湿度图得 $t_{w1} = 36.5$ ℃,近似取 $t_{w2} = t_{w1} = 36.5$ ℃,于是

$$t_2 = 36.5 + 35 = 71.5 \text{ ℃}$$

可用式(6-2)求物料离开干燥器的温度 θ_2,即

$$\frac{t_2 - \theta_2}{t_2 - t_{w2}} = \frac{r_{t_{w2}}(X_2 - X^*) - c_s(t_2 - t_{w2})\left(\dfrac{X_2 - X^*}{X_c - X^*}\right)^{\frac{r_{t_{w2}}(X_c - X^*)}{c_s(t_2 - t_{w2})}}}{r_{t_{w2}}(X_c - X^*) - c_s(t_2 - t_{w2})}$$

由手册查得 $r_{t_{w2}} = 2\,409$ kJ/kg,代入上式中得

$$\frac{71.5 - \theta_2}{71.5 - 36.5} = \frac{2\,409 \times 0.003 - 1.256 \times (71.5 - 36.5)\left(\dfrac{0.003}{0.015}\right)^{\frac{2\,409 \times 0.015}{1.256 \times (71.5 - 36.5)}}}{2\,409 \times 0.015 - 1.256 \times (71.5 - 36.5)}$$

解得 $\theta_2 = 51.5$ ℃。

3)干燥器的热量衡算

干燥器中不补充热量,$Q_D = 0$,因而可得

$$Q = Q_p = Q_1 + Q_2 + Q_3 + Q_1 \tag{b}$$

式中　$Q_1 = W(2\,490 + 1.88t_2) = 81.28 \times (2\,490 + 1.88 \times 71.5)$
　　　　　$= 206\,719.8 \text{ kJ/h} = 57.42 \text{ kW}$

　　　　$Q_2 = Gc_m(\theta_2 - \theta_1) = G(c_s + 4.187X_2)(\theta_2 - \theta_1)$
　　　　　$= 2\,910 \times (1.256 + 4.187 \times 0.003)(51.5 - 40) = 42\,452.4 \text{ kJ/h} = 11.79 \text{ kW}$

$$Q_3 = L(1.01 + 1.88H_0)(t_2 - t_0) = L(1.01 + 1.88 \times 0.018)(71.5 - 25)$$
$$= 48.54L \text{ kJ/h} = 0.01\ 348L \text{ kW}$$

$$Q_p = L(1.01 + 1.88H_0)(t_1 - t_0) = L(1.01 + 1.88 \times 0.018)(105 - 25)$$
$$= 83.51L \text{ kJ/h} = 0.023\ 2L \text{ kW}$$

取干燥器的热损失为有效耗热量$(Q_1 + Q_2)$的15%,即

$$Q_L = (Q_1 + Q_2) = 0.15 \times (57.42 + 11.79) = 10.38 \text{ kW}$$

将上面各值代入式(b),便可得空气消耗量$L = 8\ 187.2$ kg 绝干气/h。

由式(a)求得空气离开干燥器的湿度$H_2 = 0.027\ 9$ kg 水/kg 绝干气。

4)预热器的热负荷和加热蒸汽消耗量

$$Q_p = L(1.01 + 1.88H_0)(t_1 - t_0) = 8\ 187.2 \times (1.01 + 1.88 \times 0.018)(105 - 25)$$
$$= 683\ 684.4 \text{ kJ/h} = 189.9 \text{ kW}$$

由水蒸气表查得392.4 kPa 水蒸气的温度$t_s = 142.9$ ℃,冷凝潜热$r = 2\ 140$ kJ/kg。

取预热器的热损失为有效传热量的15%,则蒸汽消耗量为

$$W_h = \frac{189.9}{2\ 140 \times 0.85} = 0.104\ 4 \text{ kg/s} = 375.9 \text{ kg/h}$$

干燥系统的热效率为

$$\eta = \frac{W(2\ 490 + 1.88t_2)}{Q} \times 100\% = \frac{Q_1}{Q_p} \times 100\% = \frac{57.42}{189.9} \times 100\% = 30.23\%$$

3. 干燥器的工艺设计

1)流化速度的确定

(1)临界流化速度的计算 在105 ℃下空气的有关参数为:密度$\rho = 0.935$ kg/m³,黏度$\mu = 2.215 \times 10^{-5}$ Pa·s,导热系数$\lambda = 3.242 \times 10^{-2}$ W/(m·℃),所以

$$Ar = \frac{d^3(\rho_s - \rho)\rho g}{\mu^2} = \frac{(0.15 \times 10^{-3})^2(1\ 400 - 0.935) \times 0.935 \times 9.81}{(2.215 \times 10^{-5})^2} = 88.3$$

取球形颗粒床层在临界流化点$\varepsilon_{mf} = 0.4$。由$\varepsilon_{mf} = 0.4$和Ar数值查图6-6可得$Ly_{mf} = 2 \times 10^{-6}$。

临界流化速度为

$$u_{mf} = \sqrt[3]{\frac{Ly_{mf}\mu\rho_s g}{\rho^2}} = \sqrt[3]{\frac{2 \times 10^{-6} \times 2.215 \times 10^{-5} \times 1\ 400 \times 9.81}{0.935^2}} = 0.008\ 86 \text{ m/s}$$

由$\varepsilon = 1$和Ar数值查图6-6可得$Ly = 0.55$。

带出速度为

$$u_t = \sqrt[3]{\frac{Ly\mu\rho_s g}{\rho^2}} = \sqrt[3]{\frac{0.55 \times 2.215 \times 10^{-5} \times 1\ 400 \times 9.81}{0.935^2}}$$
$$= 0.576\ 3 \text{ m/s}$$

(2)操作流化速度 取操作流化速度为$0.7u_t$,即

$$u_t = 0.7 \times 0.576\ 3 = 0.403\ 4 \text{ m/s}$$

2)流化床层底面积的计算

(1)干燥第一阶段所需底面积 表面汽化阶段所需底面积A_1可以按式(6-28)计算:

$$\alpha_a Z_0 = \frac{(1.01 + 1.88 H_0)\overline{L}}{\left[\dfrac{(1.01 + 1.88 H_0)\overline{L} A_1 (t_1 - t_w)}{G(X_1 - X_2)\gamma_{t_w}} - 1\right]}$$

式中取静止时床层厚度 $Z_0 = 0.10$ m。

干空气的质量流速取为 ρu，即

$$\overline{L} = \rho u = 0.935 \times 0.403\ 4 = 0.377\ 2\ \text{kg/(m}^3 \cdot \text{s)}$$

$$a = \frac{6(1 - \varepsilon_0)}{d_m} = \frac{6 \times (1 - 0.4)}{0.15 \times 10^{-3}} = 24\ 000\ \text{m}^2/\text{m}^3$$

$$Re = \frac{d_m u \rho}{\mu} = \frac{0.15 \times 10^{-3} \times 0.403\ 4 \times 0.935}{2.215 \times 10^{-5}} = 2.554$$

$$\alpha = 4 \times 10^{-3} \frac{\lambda}{d_m}(Re)^{1.5} = 4 \times 10^{-4} \times \frac{0.032\ 42}{0.15 \times 10^{-3}} \times 2.554^{1.5} = 3.53\ \text{W/(m}^2 \cdot \text{℃)}$$

$$\alpha_a = 3.53 \times 24\ 000 = 84\ 720\ \text{W/(m}^2 \cdot \text{℃)}$$

由于 $d_m = 0.15$ mm < 0.9 mm 时，所得 α_a 需校正，由 d_m 从图 6-7 查得 $C = 0.11$。

$$\alpha_a' = 0.11 \times 84\ 720 = 9\ 320\ \text{W/(m}^2 \cdot \text{℃)}$$

$$9\ 320 \times 0.1 = \frac{(1.01 + 1.88 \times 0.018) \times 0.377\ 2}{\left[\dfrac{(1.01 + 1.88 \times 0.018) \times 0.377\ 2 A_1 (105 - 36.5)}{\dfrac{2\ 910}{3\ 600} \times (0.030\ 93 - 0.003) \times 2\ 409} - 1\right]} = \frac{0.393\ 7}{0.496 A_1 - 1}$$

解得

$$A_1 = 2.017\ \text{m}^2$$

（2）物料升温阶段所需底面积　物料升温阶段所需的底面积 A_2 可以按（6-29）式计算：

$$\alpha_a Z_0 = \frac{(1.01 + 1.88 H_0)\overline{L}}{\left[\dfrac{(1.01 + 1.88 H_0)\overline{L} A_2}{G c_{m2}} / \ln \dfrac{t_1 - \theta_1}{t_1 - \theta_2} - 1\right]}$$

式中　$c_{m2} = c_s + 4.187 X_2 = 1.256 + 4.187 \times 0.003 = 1.269\ \text{kJ/(kg} \cdot \text{℃)}$；

$$\ln \frac{t_1 - \theta_1}{t_1 - \theta_2} = \ln \frac{105 - 40}{105 - 51.5} = 0.194\ 7$$

$$9\ 320 \times 0.1 = \frac{0.393\ 7}{\left[\dfrac{0.393\ 7 A_2 \times 3\ 600}{2\ 910 \times 1.269 \times 0.194\ 7} - 1\right]} = \frac{0.393\ 7}{1.972 A_2 - 1}$$

解得

$$A_2 = 0.507\ \text{m}^2$$

（3）床层总底面积

流化床层总的底面积 $A = A_1 + A_2 = 2.017 + 0.507 = 2.524\ \text{m}^2$。

3）干燥器的宽度和长度

取宽度为 1.3 m，长度为 2 m，则流化床的实际底面积为 2.6 m²。沿长度方向在床层内设置三个横向分隔板，板间距为 0.5 m。

4）停留时间

物料在床层中的停留时间为

$$\tau = \frac{Z_0 A \rho_b}{G_2} = \frac{0.1 \times 2.6 \times 450}{2\,910 \times (1 + 0.003)} = 0.040\,1 \text{ h} = 2.41 \text{ min}$$

5)干燥器高度

流化床的总高度分为密相段(浓相区)和稀相段(分离区)。流化床界面以下的区域称为浓相区,界面以上的区域称为稀相区。

(1)浓相区高度　浓相区高度 Z 与起始流化高度 Z_0 之间有如下关系:

$$Z = Z_0 \frac{1 - \varepsilon_0}{1 - \varepsilon}$$

而 ε 由式(6-33)计算,前已算出,$Re = 2.554$,$Ar = 88.3$。

于是　　　$\varepsilon = \left(\frac{18Re + 0.36Re^2}{Ar} \right)^{0.21} = \left(\frac{18 + 2.554 + 0.36 \times 2.554^2}{88.3} \right)^{0.21}$

$$= 0.881$$

$$Z_1 = 0.1 \times \frac{1 - 0.4}{1 - 0.881} = 0.504\,2 \text{ m}$$

(2)分离区高度

$$D_e = \frac{4 \times (1.3 \times 2/4)}{2 \times (1.3 + 2/4)} = 0.722\,2 \text{ m}$$

由 $u = 0.403\,4$ m/s 及 $D_e = 0.722\,2$ m,从图6-8查得:

$$Z_2 / D_e = 2.8$$

$$Z_2 = 2.8 D_e = 2.8 \times 0.7 = 1.96 \text{ m}$$

(3)干燥器高度　为了减少气流对固体颗粒的带出量,取分布板以上的总高度为3 m。

6)干燥器结构设计

在结构设计中,主要讨论布气装置、隔板和溢流堰的设计。

(1)布气装置——分布板　采用单层多孔分布板,且取分布板的压力降为床层压降的15%,则

$$\Delta p_d = 0.15 \Delta p_b = 0.15 Z_0 (1 - \varepsilon_0)(\rho_s - \rho) g$$

$$= 0.15 \times 0.1 \times (1 - 0.4)(1\,400 - 0.935) \times 9.81 = 123.6 \text{ Pa}$$

取分布板的阻力系数 $\zeta = 2$,则气体通过筛孔的速度

$$u_0 = \left(\frac{2 \Delta p_d}{\xi \rho} \right)^{\frac{1}{2}} = \left(\frac{2 \times 123.6}{2 \times 0.935} \right)^{\frac{1}{2}} = 11.5 \text{ m/s}$$

干燥介质热空气的体积流量为

$$V_s = \frac{8\,187.2}{3\,600} \times (0.772 + 1.244 \times 0.018) \times \frac{105 + 273}{273} = 2.502 \text{ m}^3/\text{s}$$

选取筛孔直径 $d_0 = 1.5$ mm,则总筛孔数为

$$n_0 = \frac{V_s}{\frac{\pi}{4} d_0^2 u_0} = \frac{2.502}{\frac{\pi}{4} \times 0.001\,5^2 \times 11.5} = 123\,094 \text{ 个}$$

分布板的实际开孔率为

$$\varphi = \frac{A_0}{A} = \frac{\frac{\pi}{4} d_0^2 n_0}{A} = \frac{\frac{\pi}{4} \times 0.001\,5^2 \times 123\,094}{2.6} = 0.083\,66$$

即实际开孔率为 8.37%。

若分布板上筛孔按正三角形布置,则孔心距为

$$t = \frac{0.952}{\sqrt{\varphi}}d_0 = \frac{0.952}{\sqrt{0.083\,7}} \times 0.001\,5 = 0.004\,936 \text{ m} = 4.936 \text{ mm}$$

取 4.9 mm。

(2)隔板 沿长度方向设置 3 个横向分隔板。隔板与分布板之间的距离为 20~40 mm(可调),提供室内物料通路。分隔板宽 1.3 m,高 2.5 m,由 5 mm 厚钢板制造。

(3)溢流堰 物料出口通常采用溢流方式,溢流堰的高度计算如下。

$$Re_t = \frac{du_t\rho}{\mu} = \frac{1.5 \times 10^{-4} \times 0.576\,3 \times 0.935}{2.215 \times 10^{-5}} = 3.649$$

$$\frac{E_v - 1}{u - u_{mf}} = \frac{25}{Re_t^{0.44}} = \frac{25}{3.649^{0.44}} = 14.14$$

将 u、u_{mf} 代入上式,解得 $E_v = 6.578$。

由下式求取溢流堰高度,即

$$\frac{2.14\left(Z_0 - \dfrac{h}{E_v}\right)}{\left(\dfrac{1}{E_v}\right)^{1/3}\left(\dfrac{G}{b\rho_b}\right)^{2/3}} = 18 - 1.52\ln\left(\frac{Re_t}{5h}\right)$$

将有关数据代入上式,则

$$\frac{2.14\left(0.1 - \dfrac{h}{6.578}\right)}{\left(\dfrac{1}{6.578}\right)^{1/3}\left(\dfrac{2\,910}{3\,600 \times 1.3 \times 450}\right)^{2/3}} = 18 - 1.52\ln\left(\frac{3.649}{5h}\right)$$

整理上式得

$$0.041\,18 = 0.1\,520h + 0.004\,7\ln h$$

经试差解得

$$h = 0.307 \text{ m}$$

设计计算结果汇总于表6-7。

表6-7 卧式多室流化床干燥器设计计算结果总表

项目		符号	单位	计算数据
处理湿物料量		G_1	kg/h	3 000
物料温度	入口	θ_1	℃	40
	出口	θ_2	℃	51.5
气体温度	入口	t_1	℃	105
	出口	t_2	℃	71.5
气体用量		L	kg 绝干气/h	8 187.2
热效率		η	%	30.23
流化速度		u	m/s	0.403 4

续表

项目		符号	单位	计算数据
床层底面积	第一阶段	A_1	m²	2.017
	加热段	A_2	m²	0.507
设备尺寸	长	J	m	2
	宽	b	m	1.3
	高	Z	m	3.0
分布板	型号			单层多孔板
	孔径	d_0	mm	1.5
	孔速	u_0	m/s	11.5
	孔数	n_0	个	123 094
	开孔率	φ	%	8.37
隔板	宽	b	m	1.3
	与布气板距离	h_c	mm	20～40
物料出口堰高度		h	m	0.307

4. 附属设备的选型

为了保持干燥室基本维持常压操作,采用前送后抽式系统。

1)送风机和排风机

送风机

$$V_1 = L(0.772 + 1.244H_0) \times \frac{273 + t_0}{273}$$

$$= 8\ 187.2 \times (0.772 + 1.244 \times 0.018) \times \frac{25 + 273}{273} = 7\ 099\ \text{m}^3/\text{h}$$

根据经验,取风机的全风压为 4 000 Pa。由风机的综合特性曲线图可选 9-27-101No8 型风机。

排风机

$$V_2 = L(0.772 + 1.244H_0) \times \frac{273 + t_2}{273}$$

$$= 8\ 187.2 \times (0.772 + 1.244 \times 0.018) \times \frac{71.5 + 273}{273} = 8\ 332\ \text{m}^3/\text{h}$$

根据经验,取风机的全风压为 3 000 Pa。由风机的综合特性曲线图可选 9-27-101No8 型风机。

2)气固分离设备

为获得比较高的固相回收率,拟选用 XLP/B-8.2 型旋风分离器。其圆筒直径为 820 mm,入口气速为 20 m/s,压力降为 1 150 Pa,单台生产能力为 8 650 m³/h。

3)供料装置

根据物料性质(散粒状)和生产能力(2.5 t/h)选用星形供料装置(加料和排料)。其规格和操作参数如下。

规格:$\phi200$ mm × 200 mm　　　　生产能力:4 m³/h

链轮传动　　　　　　　　　　　　叶轮转速:20 r/min

齿轮减速电机:型号 JTC561,功率 1 kW,输出转速 31 r/min

附:流化床干燥装置设计任务两则

任务1　卧式多室流化床干燥装置的设计

1. 设计题目

试设计一台卧式多室流化床干燥器,用于干燥颗粒状肥料。将其含水量从 0.04 干燥至 0.000 4(以上均为干基),生产能力(以干燥产品计)为 3 000 kg/h。

2. 操作条件

①干燥介质:湿空气。其初始湿度为 H_0,温度根据建厂地区的气候条件来选定。离开预热器的温度 t_1 为 80 ℃。

②物料进口温度 θ_1:30 ℃。

③热源:饱和蒸汽,压力自选。

④操作压力:常压。

⑤设备工作日:每年 330 天,每天 24 小时连续运行。

⑥厂址:自选。

3. 设计内容

①干燥流程的确定和说明。

②干燥器主体工艺尺寸计算及结构设计。

③辅助设备的选型及核算(气固分离器、空气加热器、供风装置、供料器)。

4. 基础数据

①被干燥物料:

颗粒密度 ρ_s　　1 730 kg/m³　　　　堆积密度 ρ_b　　　800 kg/m³

干物料比热容 c_s　1.47 kJ/(kg·℃)　　颗粒平均直径 d_m　0.14 mm

临界含水量 X_c　　0.013 kg 水/kg 绝干料　　平衡含水量 X^*　　　0

②物料静床层高度 Z_0 为 0.15 m。

③干燥装置热损失为有效传热量的 15%。

任务2　气流和单层流化床联合干燥装置的设计

1. 设计题目

某散粒状药品含水量为 20%,在气流干燥器中干燥至 10% 后,再在单层流化床干燥器中干燥至 0.5%(以上均为湿基)。

2. 设计任务及操作条件

①生产能力:12 800 kg/h(按进料量计)。

②物料进口温度 θ_1 = 20 ℃,离开流化床干燥器的温度 θ_2 = 120 ℃。

③颗粒直径:平均直径 d_m = 0.3 mm,最大粒径 d_{max} = 0.5 mm,最小粒径 d_{min} = 0.1 mm。

④操作压力:常压。

⑤干燥介质:烟道气(性质与空气同)。其初始湿度 $H_0 = 0.01$ kg 水/kg 绝干气,入口温度 $t_1 = 800$ ℃,废气温度 t_2 为 125 ℃。

⑥设备工作日:每年 330 天,每天 24 小时连续运行。

⑦厂址:自选。

3. 设计内容

①干燥流程的确定和说明。

②干燥器主体工艺尺寸计算及结构设计。

③辅助设备的选型及核算(气固分离器、供风装置、供料器)。

4. 基础数据

①被干燥物料:

颗粒密度 $\rho_s = 2\,000$ kg/m³;干物料比热容 $c_s = 0.712$ kJ/(kg·℃);假设物料中除去的全部为非结合水。

②分布板孔径为 5 mm。

③流化床干燥器卸料口直接接近分布板。

④干燥介质的物性常数可按 125 ℃ 的空气查取。

⑤干燥装置热损失为有效传热量的 15%。

参 考 文 献

[1]柴诚敬,刘国维,李阿娜. 化工原理课程设计[M]. 天津:天津科学技术出版社,1994.

[2]柴诚敬,张国亮. 化工流体流动与传热[M]. 2 版. 北京:化学工业出版社,2007.

[3]贾绍义,柴诚敬. 化工传质与分离过程[M]. 2 版. 北京:化学工业出版社,2007.

[4]匡国柱,史启才. 化工单元操作及设备课程设计[M]. 北京:化学工业出版社. 2002.

[5]时钧,汪家鼎,余国琮,等. 化学工程手册——第 17 篇:干燥[M]. 北京:化学工业出版社,1996.

[6]黄璐,王保国. 化工设计[M]. 北京:化学工业出版社,2001.

[7]董方言. 现代实用中药新剂型新技术[M]. 北京:人民卫生出版社,2001.

[8]李和平,葛虹. 精细化工工艺学[M]. 北京:科学出版社,1997

第7章 结晶器的设计

本章符号说明

英文字母

B——成核速率,晶体数$/(m^3 \cdot s)$;

B'——结晶生函数,晶体数$/(s \cdot m \cdot m^3$ 溶液$)$;

$(C.F.C)$——结晶操作特性因子;

C——无水合溶质的含量,kg 溶质/kg 溶剂;

c_p——溶液的比热容,$J/(kg \cdot ℃)$;

D'——结晶死函数,晶体数$/(s \cdot m \cdot m^3$ 溶液$)$;

g——成长指数;

G——晶体生长速率,m/s;

K_g——成长动力学常数;

K_0——质量结晶成长速率常数,$kg/(m^2 \cdot h \cdot kmol/m^3)$;

K_R——成长速率常数;

K——成核动力学常数;

L_D——主粒度,m;

L——晶体粒度,m;

M_T——悬浮密度,kg/m^3;

M——结晶物质的摩尔质量;

n_i——晶体的粒数密度,晶体数$/(m \cdot m^3$ 溶液$)$;

n——粒数密度,晶体数$/(m \cdot m^3$ 溶液$)$;

P——结晶产品的产量,kg 或 kg/h;

Q_1——进结晶器的母液流量,m^3/s;

Q_o——出结晶器的产品悬浮液流量,m^3/s;

q——成核指数;

r_{cr}——结晶热,J/kg;

r_s——溶剂汽化热,J/kg;

R——溶质水合物与无溶剂溶质摩尔质量比;

t_1、t_2——溶液的初始温度和最终温度,℃;

V^*——结晶物质的摩尔体积,m^3/mol;

V——结晶母液体积,m^3;

V_1——单位进料溶剂蒸发量,kg 溶剂/kg 进料;

W'——母液中的溶剂量,kg 或 kg/h;

W——原料液中的溶剂量,kg 或 kg/h;

x_1——粒度,量纲为一;

Z——结晶器高度,m。

希腊字母

α——体积形状因子;

β——面积形状因子;

ΔC——过饱和度,kg/m^3 溶剂;

ε——空隙率;

ρ_c——晶体密度,kg/m^3;

ϕ——过饱和度,量纲为一。

下标

i——进结晶器;

o——出结晶器。

7.1 概　述

　　结晶是固体物质以晶体形态从蒸气、溶液或熔融物中析出的过程。在化学工业中,许多工业产品都是应用结晶方法分离提纯而形成的晶体物质,如糖、盐、化肥、染料、炸药、医药以及相当部分的精细化学品。另外,在冶金、材料工业、电子材料和高分子材料等行业中,结晶也是关键的单元操作。

一般的分离过程通常只要求产品的纯度和收率两项指标,而溶液结晶同时还要求一些与粒子特性相关的性质,如晶体外部形态(晶习)、晶体内部结构(晶型)和粒度分布等。晶体的晶型决定了物质的主要性质,其外部形态会影响主体密度、机械强度、粒子的流动性、聚合性和混合特性及后续工艺(如过滤、清洗和干燥)的效率。尤其是医药行业,这些技术指标就更为严格,因为药物分子往往只有以特定的晶型和外部形态结晶,才会具有良好的再溶解度和药效,而粒度分布也关系到制剂用量的方便与否。

由于结晶过程是多相多组元的传热、传质和动量传递过程,涉及成核与晶体生长、固液混合物的混合等复杂的流体流动,所以至今结晶过程的操作和计算仍然是需要深入研究的课题,而结晶设备的设计理论依然不成熟,设计方法仍处于半经验状态。本章介绍工业结晶的常用方法,主要介绍溶液结晶器的结构和基本设计方法。

7.1.1 工业结晶的方法

根据析出固体的方式不同,可将结晶分为溶液结晶、熔融结晶、升华结晶和沉淀结晶等多种类型。工业上使用最为广泛的是溶液结晶,采用降温或移除溶剂的方法使溶液达到过饱和状态,析出溶质作为产品。

1. 溶液结晶

过饱和度是溶液结晶过程的推动力。溶液结晶得以进行的首要条件是在溶液内建立一个适当的过饱和度并能加以控制,以保证结晶过程的顺利进行。溶解度曲线表示溶质在溶剂中的溶解度随温度的变化关系,是结晶过程的平衡关系。溶解度的单位常用单位质量溶剂中所含溶质的质量来表示,也可用质量分数等表示。结晶物质按溶解度曲线大致分为三种类型。第一类物质,溶解度随温度变化较大,如 KNO_3、NH_4NO_3、$NaNO_3$ 等。第二类物质,溶解度随温度变化较小或基本不随温度变化,如 KCl、$NaCl$、$(NH_4)_2SO_4$ 等。第三类物质,溶解度随温度升高反而减小,如 $CaSO_4$ 和 $MgSO_4$。针对不同的物系,应采用不同的方法建立过饱和度。工业上常用的溶液结晶有以下几种方法。

1)冷却法

冷却法基本上不除去溶剂,靠移去溶液的热量以降低温度,使溶液达到过饱和状态,从而进行结晶。这种方法适用于溶解度随温度降低而显著下降的情况。冷却又分为自然冷却、间壁冷却和直接接触冷却 3 种形式。自然冷却法是使溶液在大气中冷却结晶,其设备结构和操作均最简单,但冷却速度慢、生产能力低且难于控制晶体质量。间壁冷却法是工业上广为采用的结晶方法,靠夹套或管壁间接传热冷却结晶,由于冷却传热系数小,允许采用的传热面积又不能大,并且存在结晶体附着在冷却器表面难以去除的困难,故多用于产量不大的场合。直接接触冷却器以空气或专用冷冻剂直接与溶液接触冷却。

2)蒸发法

蒸发法是靠去除部分溶剂来达到溶液过饱和状态而进行结晶的方法,适用于溶解度随温度变化不大的情况。蒸发结晶消耗的能量较多,但对可以回收溶剂的结晶过程还是合算的,故在适宜的情况下广为采用。

3）真空冷却法

真空冷却法又称闪蒸冷却结晶法。它是溶剂在真空条件下，闪蒸蒸发所遗留的溶液被急剧冷却以建立过饱和度的结晶过程。此方法尤其适用于溶解度随温度变化的速度介于第一和第三类之间的物质。此法主体设备较简单、无换热壁面、晶疤少、检修时间可较长，设备的防腐蚀问题也容易解决，为大规模结晶生产中首选的方法。

4）盐析法

盐析法是通过向溶液中加入某种物质降低溶质在溶剂中的溶解度，以建立过饱和度进行结晶的方法。之所以称为盐析法是由于氯化钠是最常见的添加剂，如在联合制碱法中，向低温氯化铵溶液中加入氯化钠，使溶液中的氯化铵结晶出来。当然，溶液不同，添加物也可不同，如水、醇和酮等都可作添加剂使某些溶液产生盐析结晶，有时也称溶析结晶。

5）反应结晶

反应结晶利用气体（或液体）与液体之间的化学反应，生成溶解度小的产物，从而建立过饱和度，通常都与化学反应相关。

另外，还有通过改变压力降低溶解度的加压结晶方法等。

2. 其他结晶方法

1）熔融结晶

熔融结晶是利用待分离物质之间的凝固点不同而实现物质结晶分离的过程。其以过冷度为推动力，操作温度在结晶组分的熔点附近，产品形态可为液体或固体，多用于有机物的分离提纯，如混合二氯苯的分离。

2）升华结晶

升华是物质不经过液态直接从固态变成气态的过程，通过这种方法可以将一个升华组分从含其他不升华组分的混合物中分离出来，例如碘、萘等常采用这种方法进行分离提纯。

其他还有超临界流体结晶、乳化结晶等，另外在其他物理场中的研究也有报道，如磁场、超声场和超重力场等。

7.1.2 结晶器的类型与选择

1. 结晶器的类型

在工业生产中，待结晶物系的性质各有不同，除纯度要求外，对结晶产品的粒度、晶形以及生产能力大小的要求也有所不同，因此使用的结晶器多种多样。按照物质溶解度随温度变化的不同特性，基本上有冷却结晶器、蒸发结晶器、真空式结晶器和沉淀结晶器4种类型，其他类型还有喷雾结晶器、附有反应的结晶器、两相直接接触制冷结晶器等。另外，还可按操作方式分为间歇式和连续式；按有无搅拌分为搅拌式和无搅拌式；按流动方式还可分为混浆式和分级式、母液循环型和晶浆循环型。有的结晶器只适用于一种结晶方法，有些结晶器则适用于多种结晶方法，如 DTB 型、DP 型和 Oslo 型适用于各种不同的结晶方法。以下介绍几种主要结晶器的结构特点。

1）冷却结晶器

最原始的一种结晶器是结晶敞槽，在大气中冷却，使槽中温度逐渐降低，同时会有少量溶剂汽化。通常不加入晶种,不搅拌,也不采用任何方式控制冷却速率及晶核的生长和成长。有时在槽中悬挂一些细棒或线条,晶体结在上面,不致与泥渣同沉槽底。

(1)间接冷却结晶器 目前应用较广的有带搅拌的内循环式结晶器和外循环式结晶器,如图7-1所示。冷却结晶过程所需的冷量可由夹套换热或通过外换热器传递实现。选用哪种形式的结晶器主要取决于对换热量大小的需求。外循环式操作可以强化结晶器内的均匀混合与传热,欲提高换热速率可按需要加大换热面积,但必须选择合适的循环泵,以避免悬浮颗粒晶体磨损破碎。操作方式可以是连续的或间歇的。

(2)直接冷却结晶器 间接冷却结晶的制冷方式是通过一个冷却表面间接制冷,它的缺点在于冷却表面结垢及结垢导致的传热效率下降。直接冷却结晶是依靠结晶母液与冷却介质直接混合制冷。常用的冷却介质是液化的碳氢化合物等惰性液体,如乙烯、氟里昂等,借助于这些惰性液体的蒸发汽化而直接制冷。选用这种操作的注意事项是:结晶产品不存在冷却介质污染问题,且结晶母液中溶剂与冷却介质不互溶或者虽互溶但易于分离。目前在润滑油脱蜡、水脱盐及某些无机盐生产中使用了该过程。结晶设备有简单釜式、回转式和湿壁塔等多种类型。

2)蒸发结晶器

依靠蒸发除去一部分溶剂的结晶过程称为蒸发结晶。结晶母液在加压、常压或减压条件下被加热蒸发浓缩而产生过饱和度。蒸发结晶在减压下进行,目的在于降低操作温度,以减少热能损耗。晒盐是最简单的利用太阳能蒸发的结晶过程。蒸发法结晶热量消耗大,加热结垢问题也会使操作遇到困难,目前主要用于糖及盐类的工业生产。很多类型的自然循环和强制循环的蒸发结晶器已在工业上得到应用。现代蒸发结晶器是在蒸发装置基础上发展起来的,考虑了结晶原理,可以控制过饱和度和成品结晶粒度的各种装置。

(1)Krystal-Oslo 蒸发结晶器 如图7-2所示,该结晶器由蒸发室和结晶室两部分组成。蒸发室在上,结晶室在下,中间由一根中央降液管相连接。结晶室的器身带有一定的锥度,下部截面小,上部截面较大。母液经循环泵输送后与加料液一起在换热器中被加热,经再循环管进入蒸发室,溶液部分汽化后产生过饱和度。过饱和溶液经中央降液管流至结晶室底

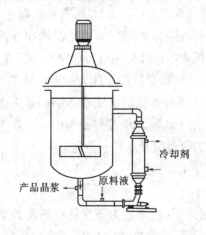

图7-1 外循环式搅拌结晶器

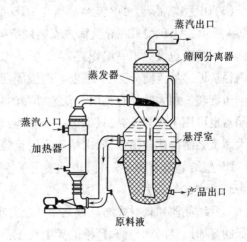

图7-2 Krystal-Oslo 蒸发结晶器

部,转而向上流动。晶体悬浮于此液体中,因流道截面的变化形成下大上小的液体速度分布,从而成为使晶体颗粒粒度分级的流化床。粒度较大的晶体颗粒富集在结晶室底部,与降液管中流出的过饱和度最大的溶液接触,使之长得更大。随着液体往上流动,速度渐慢,悬浮的晶体颗粒也渐小,溶液的过饱和度也渐渐变小。当溶液达到结晶室顶层时,已基本不含晶粒,过饱和度消耗殆尽,作为澄清的母液在结晶室顶部溢流进入循环管路。这种操作方式是典型的母液循环式,其优点是循环液中基本不含晶体颗粒,从而避免发生泵的叶轮与晶粒之间的碰撞而造成的过多二次成核,加上结晶室的粒度分级作用,使所产生的结晶产品颗粒大而均匀。该结晶器的缺点是操作弹性较小,母液循环量受到了产品颗粒在饱和溶液中沉降速度的限制。

这种结晶器形式也可用于冷却结晶和真空冷却结晶。

(2)DTB 型蒸发结晶器 DTB 型结晶器是遮挡板与导流筒结晶器的缩写,简称遮导式结晶器,如图 7-3 所示。它可以与蒸发加热器联用,也可以把加热器分开,结晶器作为真空蒸发制冷型结晶器使用,是目前采用最多的类型。它的特点是结晶循环泵设在内部,阻力小,驱动功率小。为了提高循环螺旋桨的效率,需要有一个导流筒。遮挡板的钟罩形构造是为了把强烈循环的结晶生长区与溢流液穿过细晶沉淀区隔开,互不干扰。

过饱和度产生在蒸汽蒸发室。液体循环方向是经过导流筒快速上升至蒸发液面,然后过饱和液沿环形截面流向下部,属于快升慢降型循环,在强烈循环区晶浆的浓度是一致的,所以过饱和度的消失比较容易,而且过饱和溶液始终与加料溶液并流。由于搅拌桨的水力阻力小,循环量较大,所以这是一种过饱和度最低的结晶器。器底可设一个分级腿,取出的产品晶浆要先通过它,在此腿内有另外一股加料溶液进入,作为分级液流,使细微晶体重新漂浮进入结晶生长区,合格的大颗粒冲不起来,落在分级腿的底部,同时对产品也进行一次洗涤,最后由晶浆泵排出器外分离。这样可以保证产品结晶的质量和粒径均匀,不夹杂细晶。一部分细晶随着溢流溶液排出器外,用新鲜加料液或者用蒸汽溶解后随循环母液返回。

DTB 型结晶器具有生产强度高,器内不易结晶疤,能产生较大晶粒且粒径均匀等优点,已成为连续结晶器的主要形式之一,可用于真空冷却、蒸发法和反应结晶等操作。

(3)DP 型结晶器 DP 型结晶器与 DTB 型结晶器在构造上很相近,是对前者的改进,如图 7-4 所示。DTB 型只在导流筒内安装螺旋桨,向上推送循环液,而 DP 型结晶器在导流筒外侧的环隙中也设立了一组螺旋桨叶,安装方向与导流筒内的叶片相反,其外径与筒形挡板的内径接近。导流筒分为三段,上下两段固定不动,中间一段导流筒与此大螺旋桨制成一体而同步旋转。加大叶片直径可降低搅拌器的功率消耗,还可降低二次成核速率。显然这种结晶器也可用于冷却结晶,只不过在外循环管线上须加冷却器。DP 型结晶器的缺点在于它的大螺旋桨制作比较困难,要求精度高而且要有良好的耐腐蚀及动平衡性能。

DP 型结晶与 DTB 型一样,也可适用于各种不同的结晶方法。

3)真空式结晶器

蒸发结晶器和真空式结晶器之间并没有很严格的界限,这是因为蒸发往往是在真空下进行的。如果要区别它们,严格的界限在于:真空式结晶器是绝热蒸发方式,真空度很高,其绝对压力与操作温度下的溶液蒸气分压一致;蒸发结晶器主要取决于多效蒸发末级的真空

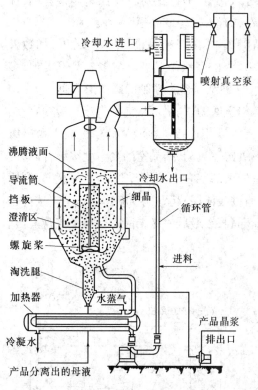

图 7-3 DTB 型蒸发结晶器

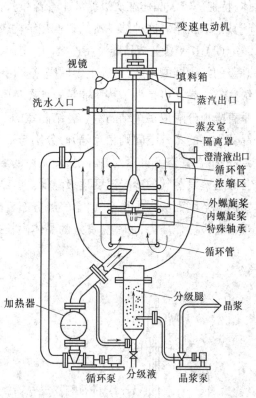

图 7-4 DP 型结晶器

度要求,也就是说真空式结晶器操作温度更低,真空度更高。

　　真空式结晶器的原料大多是靠装置外部的加热器预热,然后注入结晶器。当进入真空式蒸发器后,立即发生闪蒸效应,瞬间即可把蒸气抽走,随后开始降温过程,当达到稳定状态后,溶液的温度与饱和蒸气压达相平衡。因此真空式结晶器也就同时起到移去溶剂和冷却溶液的作用。溶液变化沿着溶液浓缩与冷却的两个方向前进,迅速接近介稳区。

　　真空式结晶器一般不含换热器,主体设备相对简单,无换热面,操作比较稳定,也不存在内表面严重结垢和结垢清理问题,是 20 世纪 60 年代以来更多采用的结晶方法。常采用多级蒸汽喷射泵及热力压缩机来产生真空。在大型生产中,为了节约能耗,也常选用由多个真空绝热结晶器组成的多级结晶器。前面提到的 DTB 型、DP 型和 Oslo 型结晶器均可用于真空绝热结晶。

　　(1)湍流结晶器　湍流结晶器在 20 世纪 60 年代末期实现工业化,其特点是在结晶器内有高流速的液体湍流区,加剧了溶液的混合,但结晶器内又实行晶体分级管理,保护大粒度晶体不与高速旋转的叶轮相接触。如图 7-5 所示,这种结晶器有两个同心的导流管。外管被称为喷射管,上端与器壁相连构成锥形贮液槽,在管壁上有一环形窄缝,是由外管壁向内收缩与内管壁向外扩张构成的;内管称为中央导流管,管内有高速旋转的叶轮,驱动晶浆向上循环,称为初级循环。来自上部锥形槽的循环液在导流管和喷射管之间向下流动,由于高速流动造成负压,使喷射管外的晶浆被吸入,在结晶器下部形成次级循环。在外管与器壁的环形空间中,下部是晶体生长区,上部为澄清区。分析这两个通道可以看出,有一部分晶体,特别是较大晶体在次级循环中悬浮生长而不进入初级循环,这对粒度控制非常有利,优于其他结晶器。这种结晶器的缺点是结构较复杂,也有可能生成晶疤。

(2)多级真空结晶器 在连续的大规模结晶生产中,多级结晶也是很重要的。如数万吨级的氯化钾的生产,世界上不同国家采用了 4～8 级的多级结晶器。与多效蒸发类似,多级真空结晶器也是为了节约能量。如图 7-6 所示,这种结晶器为横卧的圆筒形容器,器内用垂直隔板分隔成多个结晶室。各结晶室的下部是相连通的,晶浆可从前一室流到后一室;结晶器上部的蒸气空间则相互隔开,分别与不同的真空度相连接。料液从储槽被吸入第一级结晶室,在真空下自蒸发并降温,降温后的溶液逐级向后流动,结晶室的真空度逐级升高,使各级自蒸发蒸气的冷凝温度逐级降低。各结晶室的下部装有空气分布管,与大气相通,利用室内真空度而吸入少量空气,空气经分布管鼓泡通过液体层,起到搅拌液体的作用。选择合理的各级操作压力,可建立良好的晶体生长条件。晶浆经最后一级结晶室后从溢流管流出。

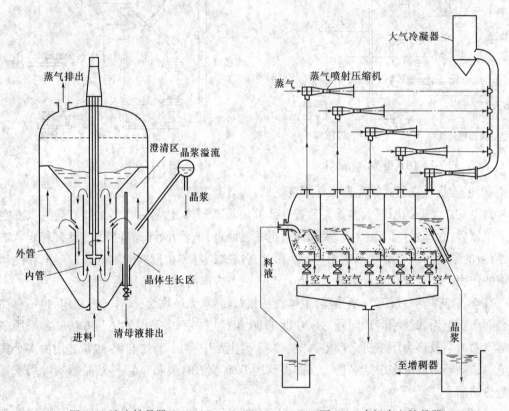

图 7-5　湍流结晶器　　　　　　　图 7-6　多级真空结晶器

2. 结晶器的选择

选择结晶器时,要考虑物系性质、产品粒度和粒度分布、晶型的要求、处理量大小及能耗等多种因素。

一般说来,首先根据物质溶解度随温度变化规律的不同选择不同类型的结晶器。对溶解度随温度下降而大幅度下降的物系,可选用冷却结晶器或真空式结晶器;对溶解度随温度降低而变化很小、不变或反而上升的物质,应选择蒸发结晶器。

其次考虑对产品形状、粒度及粒度分布的要求。如要获得颗粒较大而且均匀的晶体,应选具有粒度分级作用的结晶器,或能进行产品分级排出的混合型结晶器。

此外,还应考虑设备投资费用和操作费用的大小及操作弹性等。真空式结晶器和蒸发结晶器具有一定空间高度,在同样的生产能力下,其占地面积较冷却结晶器要小。

针对具体物系的物理性质,按流体流动要求可选择搅拌式、强制循环式或流化床式,还可根据换热量的大小选择外循环或内循环。另外,还应考虑有利于过滤、洗涤和干燥等后续处理。对容易结垢且难以清垢的物系,可以考虑真空冷却结晶器。

实际情况往往无法同时满足以上所列原则,要根据不同情况做出选择。

7.1.3 结晶系统的控制

结晶过程中,溶液的过饱和度、物料温度的均匀一致性以及搅拌转速和冷却面积是影响产品晶粒大小和外观形态的决定性因素。为了获得好的结晶产品,需要在生产过程中对一些参数进行控制。这里,对连续结晶过程的控制进行简单介绍。

1)液位控制

大多数的真空冷却结晶器都要求在一定的液位高度下操作。以 DTB 型结晶器为例,液位高度指结晶器的进料口与器内沸腾表面之间的高度差。液体过高会使循环晶浆中的晶粒不能被送到液体表面层;液位过低则有可能切断导流筒上缘的循环通道,破坏晶浆循环。通常可采用压差变送器,将低压测压口与结晶器的气液分离室相连。

2)操作压力的控制

蒸发结晶和真空冷却结晶的操作压力会直接影响结晶温度,由真空系统的排气速率控制。通常在结晶器顶部安装绝压变送器。

3)晶浆密度的控制

晶浆密度可用悬浮液层中两点间的压差表征,此两点在垂直方向上应有足够大的距离,使测量仪表有较大的读数。对强制外循环结晶器,两测压点也可以安装在晶浆循环管路上。

4)加热蒸汽量的控制

对于蒸发结晶器,溶液的过饱和度主要取决于输入的热量强度。加热蒸汽流量直接正比于结晶器的生产速率、循环晶浆的温升和热交换温差。

5)进料量的控制

进料量的变化直接影响结晶器内部溶液过饱和度的大小,可采用电磁流量计进行流量控制。

6)排料量的控制

可在晶浆排出管路上安装节流阀来调节排料量,但应定时全开以冲洗堆积在阀门处的晶体,以免堵塞。另外还可用泵或母液循环来调节。

7)产品粒度的检测

产品的粒度分布是很重要的参数,可以通过取样离线进行筛分,目前已开发了多种利用激光的粒度分布测量仪,可以实现在线测量。

8）温度监控

结晶器内的温度通常与过饱和度相对应,特别是冷却结晶,更要监测控制。结晶系统需要测量的温度包括进料、排料和冷却水等。对分批冷却结晶,还应按所设计的冷却曲线来调节温度。

图 7-7 给出了一个带控制的结晶过程流程。

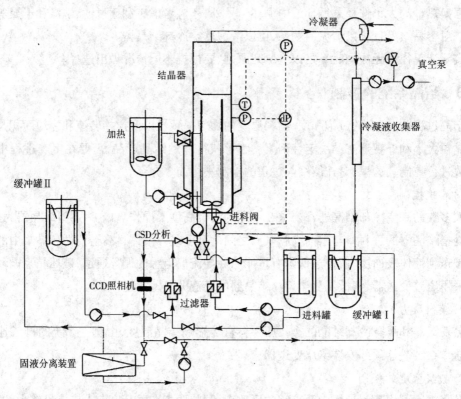

图 7-7 带控制的结晶过程流程

7.2 结晶器设计过程

工业结晶过程是个比较复杂的多相、多组分相变过程,传热和传质同时发生,既有流体相又有固相存在。一般分离过程的要求通常只有产品的纯度和收率,而对溶液结晶除上述两点要求外,还包括产品的晶习、晶型和粒度分布。它涉及成核和成长动力学,很难描述固体粒子的粒径和粒径分布随时间的变化关系。而且固液两相流动力学状态复杂,这在很大程度上增加了结晶器设计的困难。所以溶液结晶器的设计计算除物料衡算、热量衡算、相平衡计算外,还以其特有的晶体粒数衡算模型为特点,设计计算的主要项目为:在特定条件下满足规定的产品粒度及生产速率,结晶器所需的有效容积。至于结晶器内部细节的设计往往与流体力学状况相结合,比较复杂。

长期以来结晶的设计还主要依赖于经验,直到近些年,随着对结晶成核、晶体生长的研究以及对非均相流体力学、传热传质理论的深入研究,使结晶器的设计由完全依赖经验向半理论半经验阶段发展,主要体现在 3 方面:第一,计算流体力学软件(CFD)已经应用到结晶器的设计和放大过程中,根据原料物性和操作条件,可以模拟出结晶器内各位置的流场、剪切应力等信息,可以指导结晶器的结构设计,搅拌器的形式和安装高度以及外加功率的大小等;第二,同时也有结合传热、传质和描述晶体粒度分布的模型提出,以期在结晶器的设计、放大和控制方面作指导;第三,近年的观点认为结晶器的设计现已不局限于一台设备的设计,其实应该是对一个产品的设计(product design)或是过程的设计(process design)。通常认为一个完整的设计应包括以下6个环节。

①最初确认设计目标。明确客户要求(溶解速率、机械强度、存储方法等),过程要求(生产能力、进料组成、收率、控制等)和后处理方式(洗涤、过滤和干燥等)。

②产品特性要求。其中包括纯度、收率、粒度分布、晶习和晶型等。

③对结晶任务进行物理和化学设计。其中包括选择合适溶剂,获得溶解度数据,介稳区,晶体成核与生长动力学特征,确定过饱和度,操作温度和压力区间等。

④结晶过程流程设计。

⑤结晶器设计。其中包括确定结晶器形式、尺寸和相关的操作参数,如循环液体流率等。

⑥控制设计。其中包括对操作压力、温度、液面高度、浓度和粒度分布等进行监测和控制,选择合适的测量仪器,确定安装位置,设定合理的参数范围等。

在结晶操作设计之前,需要掌握一定的产品及溶液基础资料,如结晶物质是否含有结晶水、晶习和粒度分布要求、溶解度及其随温度的变化等;还要掌握相平衡数据(包括介稳区数据),结晶成核与成长动力学特征,结晶溶液流体力学数据表征,如过饱和度、结晶生长速度、晶核形成速度等。

7.2.1 结晶器的设计步骤

一个结晶器的全部设计过程是很复杂的,下述结晶器的设计步骤概括了较全面的设计内容,适用于强制循环型结晶器,包括强制内循环和强制外循环。

1. 确定设计方案

确定设计方案包括:选择合适的操作方式,选择溶剂、测定其成核及生长动力学参数,选择合适的结晶器形式,对合适的溶剂做出温度分配,根据溶解度及介稳区宽度选择合适的操作条件。

2. 结晶器主体设计

结晶器主体设计包括:工艺计算和主体设备结构设计计算;绘出流程图,进行物料衡算和热量衡算;根据对产品粒度的要求及成核生长动力学数据,决定晶体在结晶器内的停留时间;以停留时间为基础,确定结晶器有效体积;根据不同形式的结晶器,对其主要尺寸进行计算。

3. 辅助设备的计算与选型

辅助设备的计算与选型包括换热器和流体输送设备的选择等,如:为间壁冷却型或蒸发结晶器,确定传热面积及晶浆循环速率;为蒸发或真空冷却结晶器,确定冷凝器的尺寸、蒸气管路及雾沫分离器的尺寸,并选择真空泵的型号及容量;选择循环泵或内循环螺旋桨;选择晶浆、进料及冷凝液输送泵。

对于间歇结晶器,如果冷却和蒸发程序遵守最佳程序时,生长速率为常数,这时间歇结晶器的设计可按如下步骤进行:通过实验确定晶体生长速率;确定每批进料的停留时间;进行物料衡算求每批的晶体产量;根据晶体产量和最大悬浮密度,求出晶浆体积,即为结晶器的有效体积。

7.2.2 设计方案的确定

1. 操作方式

根据物系特点和处理量大小选择操作方式很重要。连续结晶操作和其他单元操作连续化一样,具有许多特点,当结晶规模大到一定的水平时应该采用连续操作。间歇结晶设备相对简单,热交换器表面上结垢现象不严重,最主要的是对于某些结晶物系,只有使用间歇操作才能生产出指定纯度、粒度分布及晶习的合格产品。但间歇操作成本高,不同批产品的质量可能有差异,即操作及产品的稳定性较差,必须使用计算机辅助控制方能保证生产重复性。间歇结晶操作产生的结晶悬浮液可以达到热力学平衡态,比较稳定。而连续操作生产的结晶悬浮液不可能完全达到平衡态,只有放入一个产品悬浮液的中间贮槽中等待它达到平衡态。如果没有这一步,有可能在结晶出口管道或其他部位继续结晶,出现不希望有的固体沉积现象。

在制药行业中应用间歇操作,便于批间对设备进行清理,可防止批间污染,保证药的高质量。同理,对于高产值、低批量的精细化工产品也适宜采用间歇结晶操作。连续结晶过程操作一段时间后常会发生不希望有的自生晶种的情况,因而必须经常中断操作,进行洗涤才能保证过程正常进行。间歇半连续结晶过程兼有间歇操作和连续操作的优点,已被工业界较广泛采纳。

2. 溶剂选择

在无机物的工业结晶中,水是最常用的溶剂。这是由于大多数化学物质很容易溶于水,而且水便宜且无毒。但在一些特殊的场合,由于各种原因需要采用其他溶剂。

对于一个特定的结晶操作,选择合适的溶剂并不是一件容易的事,要考虑许多因素。为保证某一重要的溶剂性质,可能不得不接受许多不理想的特性。有几百种有机液体可以用做结晶溶剂,但常用的只有乙酸及其酯、低醇、酮、醚、氯代碳氢化合物、苯同系物和轻汽油馏分等。

两种或多种溶剂的混合物往往对某一结晶物系表现出最好的性质。常用的是乙醇分别与水、酮、醚、氯代碳氢化合物或苯的同系物所组成的二元混合物,其他还有苯与环己烷的混合物等。第二液相加入溶液中往往降低溶质的溶解度,造成沉降,以得到最大的产品收率。

需要结晶的溶质要能溶解在溶剂里,而且必须能够容易地通过降温、蒸发或盐析等方法析出。相似相溶是一条有用的经验,虽然存在许多例外,但仍然可作为一条依据。溶剂经常被分为极性和非极性两种,极性溶剂指介电性大的液体,如水、酸和醇;非极性溶剂为介电系数小的液体,如芳香族碳氢化合物。但也要避免溶剂与溶质之间过于化学相似,因为它们之间的互溶性很强,形成结晶会很困难或不经济。

选择溶剂一般要考虑以下几点。

①溶解能力和温度系数的影响。溶解能力指溶解度的大小,温度系数描述溶解度随温度变化的影响。一般说来,溶解能力影响结晶器的大小,溶解度温度系数影响结晶收率。在有机物的水溶液经常遇到这种现象,溶解度低而温度系数高。例如:水杨酸在水里的溶解度

在 20 ℃ 和 80 ℃ 时分别为 0.20 g/100 g 水和 2.26 g/100 g 水,从 80 ℃ 冷却到 20 ℃,几乎 91% 的溶质被沉淀下来,因此收率很高。但是,由于溶解度很小,要获得合理的产率需要很大的结晶器,因此不能认为水是很好的溶剂。若具有很大的溶解度,但温度系数很小,则只能获得很小的收率,应该和蒸发等其他方法共同使用才有效。

②溶剂和溶质之间不发生化学反应。

③高黏度的溶剂对有效结晶、过滤和洗涤都有不良影响,应选用低黏度的溶剂。

④若加入溶剂回收过程包含精馏,则要考虑相对挥发度。

⑤几乎所有的有机溶剂都或多或少有毒性或污染,对人体有害,所以应优先选用无毒无害的溶剂。

有些时候要同时考虑溶液的 pH 值,这对某些物系的溶解度有很大影响,例如氨基酸的结晶大多在等电点下进行。有些时候杂质的影响也要考虑。

需要指出的是晶习往往随溶剂而改变,有时还出现多晶型现象。如普鲁卡因霉素在水溶液中结晶为片状,在醋酸丁酯中为棒状。

总之,在设计之前要由实验确定。目前,已有商业软件可以预测分子可能的多晶型及不同溶剂和杂质对晶习的影响,虽仍处于初级阶段,但对实验具有指导意义。

3. 结晶器选择

结晶器的选择参考 7.1。

4. 操作温度与压力

对于冷却结晶,需要通过介稳区的测量确定过饱和度或过冷度。操作温度对成核和生长速率都有影响,有时还影响到晶习。工业上一般控制在二次成核区域,采用程序降温。

若是通过移除溶剂的方法获得过饱和度的,则应考虑操作的压力,一般真空条件下可以降低溶剂蒸发温度,减少能耗。

7.2.3　物料衡算和热量衡算

溶液在结晶器中结晶形成的晶体和余下的母液的混合物称为晶浆。母液是过程最终温度下的饱和溶液。由投料的溶质初始浓度、最终温度下的溶解度和蒸发水量,即可计算结晶过程的晶体产率。料液的量和浓度与产物的量和浓度之间的关系可由物料衡算和溶解度决定。当然,如果结晶操作结束时尚未达到饱和,则要根据实际母液浓度计算。

溶质从溶液中结晶析出时会发生焓变而放出热量,这同纯物质从液态变为固态时发生焓变化而放热类似,但在数值上不相等,前者还包括了物质浓缩的焓变化。溶液结晶过程中,单位溶质晶体所放出的热量称为结晶热。结晶的逆过程是溶解,单位溶质晶体在溶剂中溶解时所吸收的热量称为溶解热。由于许多物质的稀释热与溶解热相比很小,因此结晶热近似等于负的溶解热。

结晶过程中溶液与加热介质之间的传热速率计算与间壁传热过程相同。溶液与晶体颗粒之间的传热速率、传质速率都与结晶器内的流体流动情况密切相关,可近似采用球形颗粒外的传热、传质系数关联式进行估算。

1. 物料衡算

物料衡算包括总物料的衡算和溶质的物料衡算。

如晶体产品中不含结晶溶剂,对于不含水合物的结晶过程列溶质的物料衡算方程,得

$$WC_1 = P + (W - V_1W) C_2 \tag{7-1}$$

或改写成

$$P = W[C_1 - (1 - V_1) C_2] \tag{7-2}$$

式中　W——原料液中的溶剂量,kg 或 kg/h;

　　　P——结晶产品的产量,kg 或 kg/h;

　　　V_1——溶剂移出强度,即单位进料溶剂蒸发量,kg/kg 原料溶剂;

　　　C_1、C_2——原料液与母液中溶质无水合溶质的含量,kg 无溶剂溶质/kg 溶剂。

对于形成水合物的结晶过程,溶质水合物携带的溶剂不再存在于母液中,则

$$WC_1 = \frac{P}{R} + W' C_2 \tag{7-3}$$

式中　R——溶质水合物摩尔质量与无溶剂溶质摩尔质量之比;

　　　W'——母液中溶剂量,kg 或 kg/h。

对溶剂作质量衡算,得

$$W' = (1 - V_1) W - P\left(1 - \frac{1}{R}\right) \tag{7-4}$$

将式(7-3)与式(7-4)联立,解出

$$P = \frac{WR[C_1 - (1 - V_1) C_2]}{1 - C_2(R - 1)} \tag{7-5}$$

式(7-5)是一个通用的表达式,对于不同的结晶过程,具有不同的简化形式。若结晶无水合作用,$R = 1$,则式(7-5)又简化为式(7-2)。

对不移出溶剂的冷却结晶,$V_1 = 0$,式(7-5)变为

$$P = \frac{WR(C_1 - C_2)}{1 - C_2(R - 1)} \tag{7-6}$$

对移出部分溶剂的结晶,如在蒸发结晶器中,移出溶剂量 V_1 若已预先规定,可由式(7-5)求 P。反之,可根据已知的结晶产量 P 求 V_1。

2. 热量衡算

对于真空冷却结晶,溶剂蒸发量为未知数,需通过热量衡算求出。由于真空冷却蒸发是溶液在绝热情况下闪蒸,故蒸发量取决于溶剂蒸发时需要的汽化热、溶质结晶时放出的结晶热以及溶液绝热冷却时放出的显热。热量衡算式为

$$V_1 W r_s = c_p (t_1 - t_2)(W + WC_1) + r_{cr} P \tag{7-7}$$

将式(7-7)与式(7-5)联立求解,得

$$V_1 = \frac{r_{cr} R(C_1 - C_2) + c_p (t_1 - t_2)(1 + C_1)[1 - (C_2(R - 1)]}{r_s[1 - C_2(R - 1)] - r_{cr} R C_2} \tag{7-8}$$

式中　r_{cr}——结晶热,J/kg;

　　　r_s——溶剂汽化热,J/kg;

　　　t_1、t_2——溶液的初始温度和最终温度,℃;

　　　c_p——溶液的比热容,J/(kg·℃)。

若有热量加入,则要根据具体情况对结晶器作热量衡算。

7.2.4　结晶器主体尺寸的设计方法

结晶器既要提供固液混合物相接触的场所,又要使生成的晶体能够顺利分离出来,器内

流体流动状况影响到过饱和度的分布,对成核和生长都有影响。所以对搅拌桨的选择与安装位置、结晶器内部结构都有特殊的要求。现代先进的软件可以用来模拟结晶器内的流动状况,结合实验,指导结晶器内部结构的设计。这里只讨论结晶器主体尺寸的设计方法,也就是根据对产品粒度的要求及成核生长动力学数据,决定晶体在结晶器内的停留时间;以停留时间及蒸气释放面积为基础,确定结晶器有效体积、截面积和高度等。

1. 成核与生长动力学

溶液结晶过程主要经历两个阶段,即形成晶核和晶体长大。形成晶核有两种方式,即初级成核和二级成核。初级成核是指在过饱和溶液中晶核自发地形成或在外来物诱导下产生晶核的过程;二次成核指溶液中已含有晶体,由于晶体相互碰撞或晶体与搅拌桨(或器壁)碰撞所产生的微小晶体而形成的晶核。二次成核是大多数结晶器工作时的主要成核机理。由于结晶产品要求具有指定粒度分布指标,而二次成核速率是决定粒度分布的关键因素之一,所以控制二次成核速率是实际工业结晶过程最重要的操作要点之一。

晶核形成以后,原子或分子在这个初形成的微小晶核上一层又一层地覆盖上去,直到达到要求的晶粒大小,这叫做生长。晶体生长的传质过程主要有两步:第一步是溶质分子从溶液主体向晶体表面扩散传递,它以浓度差为推动力;第二步是溶质分子在晶体表面上附着并沿表面移动至合适位置,按某种几何规律构成晶格,并放出结晶热。

溶液的过饱和度作为传质的推动力,影响到晶核的形成及晶体的成长,是结晶过程设计和控制的重要参数。如果溶液没有过饱和度产生,既不能产生晶核,晶体也不能生长。在介稳区内,晶体可以增长,但晶核的形成速率却很慢;超过此限,进入第二过饱和区,晶核的形成速率将很快增加。从物料衡算可以确定溶液初始状态和最终状态间的产量,但不能确定晶体的粒径以及晶核的多少。晶核过多,粒径就要受到很大影响。要想获得大尺寸晶体,晶核数不能太多。工业上有时也采取向溶液中加一定数量的细小晶体作为晶种的方法。

常用的成核速率表达式为

$$B = KM_T^i \Delta C^q \tag{7-9}$$

式中　K——成核动力学常数;

q——成核指数;

M_T——悬浮密度,kg/m^3。

而晶体生长速率也可表达为过饱和度的函数,即

$$G = K_g \Delta C^g \tag{7-10}$$

式中　K_g——成长动力学常数;

ΔC——过饱和度。

结合式(7-10)和式(7-9),有

$$B = K_R M_T^i G^i \tag{7-11}$$

$$K_R = K/K_g^i, i = q/g$$

式中　K_R——晶体成长速率常数。

在工业结晶器中,晶体的成核和成长不是互相独立的,而是相互关联的,并且受结晶系统其他参数的影响。影响结晶生长速率的因素很多,按重要的次序排列有过饱和度、粒度、物质移动的扩散过程(其中包括晶体与溶液间的相对流速和溶液的物性,主要是黏度、表面张力等)。由于受上述因素的控制,情况比较复杂,所以工业上实际采用的都是实测值,然

后按一定数学模型进行回归。

2. 粒数衡算

1）晶体的粒度分布 CSD（Crystal Size Distribution）

晶体的粒度分布是产品的一个重要质量指标，不同的产品用途常要求不同的粒度分布指标。较常用的简便方法是以平均粒度（Medium Size, M. S.）与变异系数（Coefficient of Variation, C. V.）来描述粒度分布。平均粒度是 50% 颗粒穿过的筛网尺寸，这实际上说明了分布的中心粒径。变异系数值为一统计量，与 Gaussian 分布的标准偏差相关，计算式为

$$C. V. = \frac{100(PD_{84\%} - PD_{16\%})}{2PD_{50\%}} \tag{7-12}$$

式中，$PD_{m\%}$ 为筛下累积质量百分数为 $m\%$ 的筛孔尺寸。对于一个晶体样品，平均粒度大，代表总的平均粒度大，变异系数值大，表明其粒度分布范围广；相反，变异系数值小，表明晶体粒度趋于均匀一致。应用筛分法可测出准确的粒度分布，目前开发的粒度仪等，使用更为便捷。

2）粒数衡算模型

溶液结晶过程的特点要求人们必须去研究晶体粒度分布。这个问题直接与晶体的成核、生长以及其在结晶器中的悬浮状态、循环周期及停留时间等重要因素有关，是结晶器设计计算中重要的计算模型。研究粒度分布有两个目的：第一，根据已有的粒度分布，可得到特定物系在特定操作条件下成核和生长等结晶动力学方面的知识，这对设计结晶器帮助很大；第二，可指导结晶器操作，以便于获得规定的产品粒度及粒度分布。目前应用最广的是 Randolph 和 Larson 依据结晶系统物料衡算推导的溶液结晶过程的数学模型。

定义晶体粒数密度为单位体积、单位尺寸的晶体数目，即

$$\lim_{\Delta L \to 0} \frac{\Delta n}{\Delta L} = \frac{dn}{dL} = n \tag{7-13}$$

式中 Δn 是单位体积晶浆内尺寸在 0 至 ΔL 之间的晶体数目，其确定方法如图 7-8 所示，即

$$\Delta n = \int_{L_1}^{L_2} n dL \tag{7-14}$$

对如图 7-9 所示的结晶系统，衡算方程为

$$\frac{\partial n}{\partial t} + \frac{\partial (Gn)}{\partial L} + \frac{Q_o n}{V} = \frac{Q_i n_i}{V} + (B' - D') \tag{7-15}$$

式中　n——粒数密度，晶体数/（$m \cdot m^3$ 溶液）；

G——晶体生长速率，m/s；

L——晶体粒度，m；

Q_o——引出结晶器的产品悬浮液流量，m^3/h 或 m^3/s；

Q_i——引入结晶器的母液流量，m^3/h 或 m^3/s；

n_i——引入结晶器的母液中晶体的粒数密度，晶体数/（$m \cdot m^3$ 溶液）；

V——结晶母液体积，m^3；

B'——结晶生函数，晶体数/（$s \cdot m \cdot m^3$ 溶液）；

D'——结晶死函数，晶体数/（$s \cdot m \cdot m^3$ 溶液）。

Randolph 和 Larson 应用这个模型，首先开发了连续操作的混合悬浮混合出料结晶

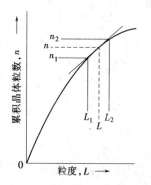

图7-8 晶体粒数密度的确定

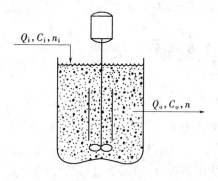

图7-9 MSMPR衡算

（MSMPR）的模型，后来又按照工业结晶设备中出现的大多数结晶器，如有细晶消除系统或带淘洗腿产品粒度再分级系统的特定初始边界条件特征，考察了这个数学模型的各种变化及求解的计算公式，详见参考文献[4]。

3）对MSMPR结晶器的分析

假设系统在稳态下操作，生长速率G与粒度尺寸L无关（符合ΔL定律），进料中无固体，所有的晶体都是相同的形状，可用特征尺寸L表示大小，则式(7-15)可简化为

$$\frac{\mathrm{d}n}{\mathrm{d}L} = -\frac{n}{G\tau} \tag{7-16}$$

$$\tau = \frac{V}{Q} \tag{7-17}$$

假定停留时间τ不变，在极限n_0（假定在该处L为零，即晶核的粒数密度）及n（即任意选定的晶体粒度为L的粒数密度）之间积分，任意选定的晶体粒度为L的粒数密度为

$$\ln n = -\frac{L}{G\tau} + \ln n_0 \tag{7-18}$$

或

$$n = n_0 \exp(-L/G\tau) \tag{7-19}$$

$\ln n$对L的标绘是一条直线，其截距为$\ln n_0$，其斜率为$-1/G\tau$（若在以10为底的对数坐标纸上绘制，必须对斜率适当修正）。于是，若某实验满足推导的假定及产生一条直线的话，由已知晶浆密度及停留时间的一个给定的产品试样，便可得到实验条件下的成核速率与生长速率、粒数分布及系统平均性质的计算方程式。

成核速率可表示为过饱和度的函数，即

$$B = \frac{\mathrm{d}n}{\mathrm{d}t}\bigg|_{L=0} = k_1 \Delta C^b \tag{7-20}$$

晶体生长速率也可表示为近似的函数，即

$$G = \frac{\mathrm{d}L}{\mathrm{d}t} = k_2 \Delta C^g \tag{7-21}$$

$$\frac{\mathrm{d}n}{\mathrm{d}t}\bigg|_{L=0} = \frac{\mathrm{d}n}{\mathrm{d}L}\bigg|_{L=0} \cdot \frac{\mathrm{d}L}{\mathrm{d}t} \tag{7-22}$$

所以，可以得到

$$B = n_0 G \tag{7-23}$$

或

$$B = k_3 G^i \tag{7-24}$$

若定义

$$i = \frac{b}{g} \tag{7-25}$$

也可表达为

$$n_0 = k_4 G^{i-1} \tag{7-26}$$

从图7-10(a)可以看出,截距为$\ln n_0$,斜率为$-1/G\tau$,如停留时间已知,则可得到生长速率G;改变停留时间,可得到几组n_0和G,由图7-10(b)知其斜率为$i-1$,若已知晶体生长速率指数g,可以计算成核速率方程中的b。

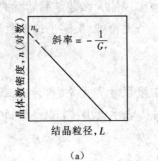
(a)

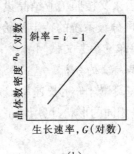
(b)

图7-10 不同方程的斜率算图图解

通过求取粒数密度分布的各阶矩M_j:

$$M_j = \int_0^L nL^j \mathrm{d}L, \qquad j = 1,2,3,\cdots,n \tag{7-27}$$

可得到系统的特征数据,如对于稳态操作的 MSMPR 结晶器,则可分别求出单位体积悬浮液中粒度为$0 \sim L$的晶体粒子总数、粒数总和、总表面积及粒子质量的总和。

3. 结晶器设计方法

欲完成一台结晶器的设计,首先必须收集与测定必要的结晶物性数据与资料,了解产品的产量与质量要求,然后确定结晶过程的类型,选择好的操作模式,进而完成结晶器的选型与操作条件的确定。针对不同类型的结晶器,已提出很多的模型,在这里介绍美国 Larson 和 Randolph 的方法及日本丰仓贤的设计方法。

1)Randolph 和 Larson 模型

通过推导,可得晶体粒度分布的主粒度为

$$L_D = 3G\tau \tag{7-28}$$

粒度分布的平均尺寸为

$$L_m = 3.67G\tau \tag{7-29}$$

总的固体质量由进料状况和操作条件控制,即

$$M_T = 6\alpha\rho_c (B/G)(G\tau)^4 \tag{7-30}$$

将式(7-28)、式(7-29)分别代入式(7-30)可得

$$M_T = 2\alpha\rho_c BL_D^4/27G \tag{7-31}$$

及

$$M_{\text{T}} = \frac{\alpha \rho_{\text{c}} B L_{\text{m}}^4}{30 G} \tag{7-32}$$

将式(7-11)分别代入式(7-31)和式(7-32),可得

$$G = \left[\frac{27 M_{\text{T}}^{1-j}}{2 \alpha \rho_{\text{c}} K_{\text{R}} L_{\text{D}}^4} \right]^{\frac{1}{i-1}} \tag{7-33}$$

及

$$G = \left[\frac{30 M_{\text{T}}^{1-j}}{\alpha \rho_{\text{c}} K_{\text{R}} L_{\text{m}}^4} \right]^{\frac{1}{i-1}} \tag{7-34}$$

设计时,首先根据式(7-33)或式(7-34)算出生长速率,由式(7-28)和式(7-29)算出停留时间,根据停留时间算出流体的体积即为结晶器的有效体积。具体结构尺寸根据结晶器形式的不同来确定。对于有细晶消除和带分级的结晶器,式(7-33)和式(7-34)还有相应变形。

2) 丰仓贤的设计方法

丰仓贤提出了以结晶操作特性因子概念为基础的设计理论。在公式推导中应用了晶体成核与成长的经验式,并假定了成长指数 $g = 1$,导出了输送层型(含 DTB 型)、混合槽型和分级层型结晶器设计计算式。这里以 DTB 型的设计为例进行说明。

将粒径为 L_{s} 的晶种加入结晶器,原料溶液连续进入结晶器本体的下部,器内由于循环搅拌器的作用充分循环,晶种逐渐长大,直到达到产品需要的粒度 L_{p} 后沉入分级腿中,进行水力分级。比产品粒度小的晶体仍然被送回本体继续生长,合格的大颗粒晶体被取出器外与母液分离。图 7-11 为 DTB 型结晶器的模型。

对于连续式 DTB 型结晶器的设计,结晶器的容积为

$$V = \frac{W_{\text{t}}}{\rho_{\text{c}}(1 - \varepsilon)} \tag{7-35}$$

晶体总质量 W_{t} 为

$$W_{\text{t}} = A_1 (C.F.C)_1 \tag{7-36}$$

$$A_1 = \frac{3 P L_{\text{p}}}{4 \beta K_0 V^* \Delta C_1} \tag{7-37}$$

$$(C.F.C)_1 = \frac{(1 - x_1^4) \ln \phi}{1 - \frac{1}{\phi}} \tag{7-38}$$

$$\phi = \frac{\Delta C_1}{\Delta C_2} \tag{7-39}$$

$$x_1 = \frac{L_{\text{s}}}{L_{\text{p}}} \tag{7-40}$$

产品体积流率 F 为

$$F = A_2 (C.F.C)_2 \tag{7-41}$$

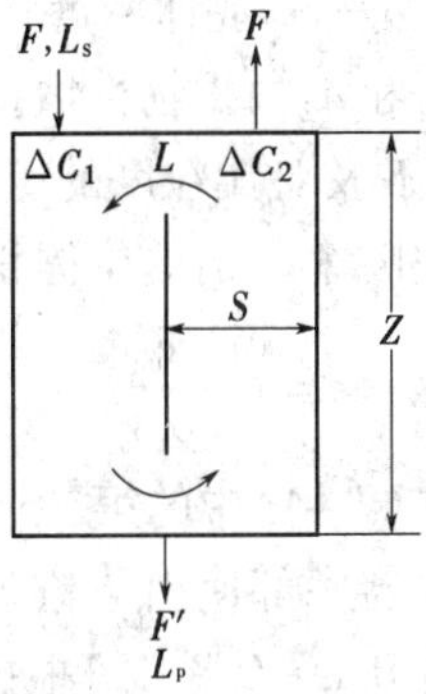

图 7-11　DTB 型结晶器的模型

$$A_2 = \frac{P}{M\Delta C_1} \tag{7-42}$$

$$(C.F.C)_2 = \frac{1 - x_1^3}{1 - \frac{1}{\phi}} \tag{7-43}$$

式中　P——生产速率，kg/h；

　　　　L_D——主粒度，m；

　　　　β——面积形状因子；

　　　　K_0——质量结晶成长速率常数，$kg/(m^2 \cdot h \cdot kmol/m^3)$；

　　　　M——结晶物质的摩尔质量，kg/kmol；

　　　　V^*——结晶物质的摩尔体积，$m^3/kmol$；

　　　　ΔC_1——溶液入口处过饱和度，$kmol/m^3$溶剂；

　　　　ΔC_2——溶液出口处过饱和度，$kmol/m^3$溶剂；

　　　　ϕ——过饱和度，量纲为一；

　　　　x_1——粒度，量纲为一；

　　　　$(C.F.C)$——结晶操作特性因子；

　　　　ε——空隙率；

　　　　ρ_c——晶体密度，kg/m^3。

A_1和A_2根据物性数据及设定的条件算出。$(C.F.C)_1$和$(C.F.C)_2$是结晶操作的特性因子，是ϕ及对比粒度的函数，与系统及操作条件的绝对值无关。

空隙率ε指单位体积中除了晶体颗粒以外的体积，可用如下公式计算：

$$\varepsilon = 1 - \frac{W_t}{\rho_c V} \tag{7-44}$$

式(7-44)中的第二项的物理意义是单位体积中晶体净占的体积分数。根据资料推荐：在结晶器底部使用空隙率为0.5，在顶部为0.975，但在实践中发现，结晶器的总平均空隙率一般为0.8~0.9。可根据具体情况选择。

空隙率与结晶粒度和溶液上升速度有关，其间的关系可用下式表达：

$$u = \left(\frac{\varepsilon}{1.05}\right)^3 u_1 \tag{7-45}$$

式中　u——以设备截面积为基准的溶液流速，m/s；

　　　　u_1——终端速度，在清溶液中颗粒沉降速度，m/s。

面积形状因子和体积形状因子指的是用一个特征尺寸L来表达一个颗粒的尺寸，其体积和面积分别满足如下关系

$$v = \alpha L^3 \tag{7-46}$$

$$s = \beta L^2 \tag{7-47}$$

所以，若以直径作为球形粒子的特征尺寸，则$\alpha = v/d^3 = \frac{6}{\pi}$，而$\beta = s/d^2 = \pi$。同理，对于立方晶体，以边长为特征尺寸，则$\alpha = 1，\beta = 6$。

设计计算时，首先确定结晶产量P、粒度L_p、晶种粒度L_s，再由实验测最大过饱和度ΔC_1，假定ΔC_2，可求出$\phi = \Delta C_1/\Delta C_2$，$x_1 = L_s/L_p$，可求出$(C.F.C)_1$和$(C.F.C)_2$。

结合实验得 K_0、ρ_c 及 ε，可求体积 $V = A_1(C.F.C)/[\rho_c(1-\varepsilon)]$。

假设 u 为以结晶器空截面为基准的流速，则结晶器的截面积 $S = F/u$，结晶器的高度 $Z = V/S$。

4. 结晶器的结构尺寸

在有效体积已知的情况下，可以结合所选结晶器的具体形式，对其主要的结构尺寸进行设计计算。常用的结晶器均可通过有资质的设备厂家设计制作，且某些系列产品可供客户选择。此处只介绍一般参数的设计计算。

图 7-12 和图 7-13 分别给出了常见的釜式结晶器和 DTB 型结晶器的结构特征。

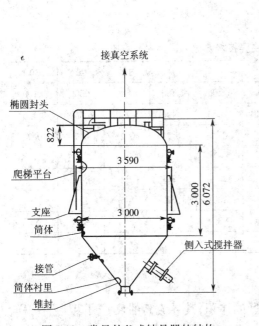

图 7-12　常见的釜式结晶器的结构

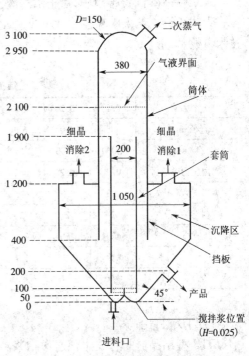

图 7-13　常见的 DTB 型结晶器的结构

1）釜式结晶器

不锈钢釜式结晶器（罐）用于制药中物料搅拌混合、降温冷冻、成品结晶等，结晶罐还广泛用于乳品、食品、化工、饮料等行业。罐体设有视灯、视镜、搅拌装置、人孔、加料口、洗罐器、呼吸器、药液入口、注射水入口、回流口、蒸气入口、凝水出口、冷却水入出口、物料出口、排污口、取样口、测温装置、测液位装置。

根据用途不同，不锈钢的材质可采用 316L 或 304 制作，内壁采用电解镜面抛光或机械抛光，外壁采用 304 全焊接保温结构，外表面采用镜面或亚光处理。罐体对外连接口采用卫生快开接头。结晶罐带有温度监控装置、视镜、清洗球及氮气进口。轴的密封采用特殊的卫生级机械密封，确保物料不受污染。结晶罐可采用变频调速装置，搅拌轴转速调节范围大。

此种类型的结晶器可参考搅拌槽的设计，但不拘于此。例如，一般取搅拌液体深度与搅拌槽内径相等，总高按一定高径比来设计。设计结晶器时要考虑避免雾沫夹带，以蒸气的最大上升速度来估算结晶器最小尺寸。最小直径为

$$D_{0min} = \left(\frac{4V_V}{\pi u_V}\right)^{1/2} \tag{7-48}$$

式中 V_V——二次蒸气的体积流率,m^3/h;

u_V——蒸气上升速度,m/s,一般要求能保持较低,以使上升蒸气不会夹带过量的雾滴。u_V 通常可按下式估算:

$$u_V = K_V\left(\frac{\rho_L - \rho_V}{\rho_V}\right)^{1/2} \tag{7-49}$$

式中 ρ_L、ρ_V——分别为母液和蒸气的密度,kg/m^3;

K_V——雾沫夹带因子,对于水溶液,一般为 0.017 m/s。

为防止计算结果中高径比过小或过大,必须选择合适的 u。表 7-1 给出了某厂结晶罐的技术参数。

表 7-1　结晶罐的主要技术参数

规格/m^3	0.1	0.2	0.5	1	2	5	10	20	50
直径/mm	400	500	700	900	1 200	1 500	1 800	2 300	3 100
高/mm	2 000	2 330	2 650	2 900	3 800	4 480	5 250	6 550	8 550
罐内压力/MPa	0.2	0.2	0.2	0.2	0.2	0.2	0.2	0.2	0.2
夹套压力/MPa	0.3	0.3	0.3	0.3	0.3	0.3	管 0.3	管 0.3	管 0.3
搅拌浆数量	2	2	2	2	2.3	3	3	4	4
搅拌转速/$r \cdot min^{-1}$	400	360	265	220	180	160	145	125	110
电机功率/$kW \cdot h^{-1}$	0.55	0.75	1.1	1.5	3	5.5	13	23	55
冷却方式	夹套	列管							

2)DTB 型结晶器

DTB 型结晶器的有效体积通常指浆料循环区的体积,其导流筒的尺寸可以上下一样,也可上大下小,上部尺寸为结晶器直径的 $\sqrt{2}/2$ 倍,下部直径为结晶器直径的 $1/2$ 倍。

设结晶器直径为 D_0,则

导流筒直径为:$D_1 = \sqrt{2}/2D_0$

导流筒壁面到搅拌浆之间的距离为:$D_2 = 5L_m$

搅拌浆叶的直径为:$D_3 = D_1 - 2D_2$

液面高度可估算为:$H = (3 \sim 5)D_0$

导流筒的高度比液面高度略低一些,以保证正常的循环流动。

工业上常用的 DTB 型结晶器直径从 0.5 m 到 10 m 都有,可以生产 $0.5 \sim 1.5$ mm 范围的晶体(取决于该结晶体系的具体特点),停留时间一般为 $3 \sim 4$ h,晶浆密度可以高达 25%。

7.3　结晶器设计示例

【设计示例】

设计一台硝酸钾结晶器,要求主粒度为 0.4 mm,产量为 10 kt/a(按 300 个工作日计)。

进料温度为 80 ℃,母液温度为 30 ℃,结晶热为 200 kJ/kg,晶体悬浮密度为 300 kg/m³,线性生长速率为 2×10^{-8} m/s。

悬浮液密度为 1 150 kg/m³,平均比热容为 1.87 kJ/(kg·℃)。

1. 设计方案的确定

1)结晶器类型的选择

首先,从生产规模看,应该选择连续操作。

硝酸钾溶解度随温度的变化如下表所示。单位为 g 硝酸钾/100 g 水。

温度/℃	0	10	20	30	40	60	80	100
溶解度/(g/100 g 水)	13.3	20.9	31.6	45.8	63.9	110	169	247

从硝酸钾的溶解度数据可以看出,随温度下降,溶解度减小。所以,可以用冷却的方法来获得结晶。考虑到真空冷却结晶操作稳定,生产强度高,且结晶器内无换热面,从而不存在需要经常清理晶疤的问题,本设计选择真空冷却结晶器,使母液中的水在真空下闪蒸而绝热冷却,以产生过饱和度。

2)操作温度和压力

操作温度选择为 30 ℃。假设沸点升高为 10 ℃,则二次蒸气的温度为 20 ℃。对应的压力应为 2 334 Pa,即为操作压力。该温度下,二次蒸气的汽化潜热为 2 446 kJ/kg,二次蒸气的密度为 0.017 kg/m³。

2. 物料衡算和热量衡算

1)物料衡算

若进料中含钾盐 45%(质量分数),则 $c_1 = 0.45/(1 - 0.45) = 0.818$ kg/kg 水。操作温度为 30 ℃,查得 30 ℃时溶解度为 $c_2 = 0.458$ kg/kg 水。

先利用式(7-8)计算所需要蒸发的溶剂量,

$$V_1 = \frac{r_{cr}(c_1 - c_2) + c_p(t_1 - t_2)(1 + c_1)}{r_s - r_{cr}c_2}$$

$$= \frac{200 \times (0.818 - 0.458) + 1.87 \times (80 - 30)(1 + 0.818)}{2\ 446 - 200 \times 0.458} = 0.103$$

然后利用式(7-1)计算原料中的溶剂量,并换算成进料流量。

结晶产品的产量为

$$P = \frac{10 \times 10^6}{300 \times 24} = 1\ 388.9 \text{ kg/h}$$

原料液中的溶剂量为

$$W = \frac{P}{c_1 - (1 - V_1)c_2} = \frac{1\ 388.9}{0.818 - (1 - 0.103) \times 0.458} = 3\ 411.07 \text{ kg/h}$$

进料流量为

$$F = \frac{W}{(1 - x_1)} = \frac{3\ 411.07}{1 - 0.45} = 6\ 201.95 \text{ kg/h}$$

蒸发量为

$$V = V_1W = 0.103 \times 3\,411.07 = 315.34 \text{ kg/h}$$

2）热量衡算

进料放出的显热为

$$6\,201.95 \times (80 - 30) \times 1.87 = 579\,882.3 \text{ kJ/h}$$

释放的结晶热为

$$1\,388.9 \times 200 = 277\,780 \text{ kJ/h}$$

蒸发水分所需的热量为

$$351.34 \times 2\,446 = 859\,377.64 \text{ kJ/h}$$

假设室温为 20 ℃，则将原料从室温升到进料温度所需提供的热量为

$$6\,201.95 \times (80 - 20) \times 1.87 = 695\,858.79 \text{ kJ/h}$$

3. 有效体积的计算

停留时间为

$$\tau = \frac{L_m}{3.67G} = \frac{0.4 \times 10^{-3}}{3.67 \times 2 \times 10^{-8}} = 5\,449.59 \text{ s} = 1.51 \text{ h}$$

晶浆体积排出流率为

$$Q = \frac{P}{M_T} = \frac{1\,388.9}{300} = 4.63 \text{ m}^3/\text{h}$$

结晶器的有效体积为

$$V = Q\tau = 4.63 \times 1.51 = 6.991 \text{ m}^3$$

4. 结晶器主要尺寸的确定

1）结晶器直径

设计结晶器时要考虑避免雾沫夹带，以蒸气的最大上升速度来估算结晶器最小尺寸。假设蒸气上升速度为

$$u_V = K_V \left(\frac{\rho_L - \rho_V}{\rho_V} \right)^{1/2} = 0.017 \times \left(\frac{1\,150 - 0.017}{0.017} \right)^{1/2} = 4.42 \text{ m/s}$$

最小直径为

$$D_{0\min} = \left(\frac{4V_V}{\pi u_V} \right)^{1/2} = \left(\frac{4 \times 351.34}{3.14 \times 4.42 \times 3\,600 \times 0.017} \right)^{1/2} = 1.29 \text{ m}$$

2）器内液层高度

以有效体积来估算结晶器内液层的高度。

$$h = \frac{V}{\frac{\pi}{4}D_{0\min}^2} = \frac{4 \times 6.991}{3.14 \times 1.29^2} = 5.35 \text{ m}$$

3）导流筒形状和尺寸

选择上下尺寸一致的导流筒，其直径为

$$D_1 = \sqrt{2}/2 D_0 = \sqrt{2}/2 \times 1.29 = 0.912 \text{ m，取 0.9 m。}$$

导流筒壁面到搅拌桨之间的距离为：$D_2 = 5 L_m = 5 \times 0.4 = 2 \text{ mm}$，取为 20 mm。

搅拌桨叶的直径为：$D_3 = D_1 - 2D_2 = 0.86 \text{ m}$。

4）各连接管道尺寸

根据晶浆体积排出速率估算产品出口管尺寸。设晶浆在管内流速为 0.5 m/s，则出口

管直径为

$$D = \left(\frac{4V}{\pi u}\right)^{1/2} = \left(\frac{4 \times 4.63}{3.14 \times 0.5 \times 3\,600}\right)^{1/2} = 0.06 \text{ m}$$

其他接管尺寸也可用相同方法估算。

表 7-2　DTB 型结晶器设计计算结果总表

项目	符号	单位	计算数据
产品流率	P	kg/h	1 388.9
进料流率	F	kg/h	3 411.07
蒸发流量	V_V	kg/h	6 201.95
进料组成	x		0.45
停留时间	τ	h	1.51
结晶器有效体积	V	m^3	6.991
结晶器直径	D_0	m	1.29
器内液层高度	h	m	5.35
导流筒直径	D_1	m	0.9
产品出料管直径	D_p	m	0.06
搅拌桨直径	D_3	m	0.86

5. 辅助设备的选取

钾盐溶液输送泵可采用无堵塞自吸泵,具体参数略。

操作压力及真空度的控制选用三级喷射泵串联喷射。顶部的冷凝器可选择列管式换热器。器内底部的搅拌桨的形式、搅拌速率和电机功率等也要选择,可参考搅拌设计。

附:结晶器设计任务两则

任务 1　混合悬浮混合出料(MSMPR)冷却结晶器的设计

1. 设计题目

K_2SO_4 结晶器的设计。

2. 设计任务及操作条件

①生产速率 P_c 为 7 200 t/a(按 300 个工作日计算)。

②平均粒度 $L_m = 750\ \mu m$。

③体积形状系数 $\alpha = 0.7$。

④晶浆密度 $M_T = 250\ kg/m^3$。

⑤操作温度 20 ℃,达饱和后出料。

⑥进料是 80 ℃ 的饱和溶液。

3. 设计内容

①设计方案的确定及流程说明。

②物料衡算、热量衡算、结晶器有效体积的设计。

③结晶器内部结构尺寸的计算。

④附属换热器、循环泵的选择。

⑤结晶过程工艺流程图。

⑥结晶器工艺条件图。

4. 厂址

天津地区。

5. 设计基础数据

①溶解度(g/100 g 水)随温度的变化：

温度/℃	0	10	20	30	40	60	80	100
溶解度/ (g/100g 水)	7.4	9.3	11.1	13.1	14.9	18.3	21.4	24.2

②饱和溶液密度随温度的变化：

温度/℃	0	10	20	30	40	50	60	70	80	90
密度/ kg·m^{-3}	1 060	1 070	1 080	1 090	1 100	1 105	1 111	1 114	1 117	1 119

③晶体密度：$\rho_c = 2\ 660$ kg·m^{-3}。

④稳态下结晶动力学方程表示：$B = 4 \times 10^{18} M_T G^2$ (m^{-3}·s^{-1})。

⑤溶液比热容：2.926 kJ/(kg·℃)。

⑥结晶热：30.681 kJ/mol。

任务2　DTB 型结晶器的设计

1. 设计题目

己二酸结晶器的设计

2. 设计任务及操作条件

本结晶器用于对己二酸粗产品进行重结晶提纯,以获得纯度达99%的产品。

①溶液进料量:17 t/h,其中己二酸的质量分数为37.5%。

②产品粒度:平均粒度 L_m 为 0.4 mm。

③晶体体积形状系数 $\alpha = 0.8$。

④晶浆密度 $M_T = 250$ kg/m^3。

⑤进料温度:80 ℃。

3. 设计内容

①设计方案的确定及流程说明。

②物料衡算、热量衡算和结晶器有效体积的确定。

③结晶器内部结构尺寸的计算。

④附属换热器、循环泵的选型。

⑤结晶过程工艺流程图。

⑥结晶器工艺条件图。

4. 厂址

天津地区。

5. 设计基础数据

①溶解度数据(单位:g/100 g 水):

温度/℃	0	10	20	30	40	60	80	100
溶解度/(g/100g 水)	0.8	1.0	1.9	3.0	5.0	18	70	160

②晶体密度:1 360 kg/m³。

③饱和溶液平均密度:1 012 kg/m³。

④溶液的平均比热容 2.26 kJ/(kg·K)。

⑤摩尔质量:146.14 kg/kmol。

⑥结晶热:265.3 kJ/kg。

⑦稳态下晶体线性生长速率为 2×10^{-7} m/s 或稳态下动力学方程为 $B = 9.1 \times 10^{32} M_T^{0.4} G^{3.5}$。

参 考 文 献

[1]MULLIN J W. Crystallization[M]. 3 版. 北京:世界图书出版社,1993.

[2]王静康. 化学工程手册[M]. 北京:化学工业出版社,1996.

[3]陈树功. 化学工程手册[M]. 北京:化学工业出版社,1986.

[4]谈道. 工业结晶[M]. 北京:化学工业出版社,1986.

[5]夏清. 化工原理,下册[M]. 修订版. 天津:天津大学出版社,2005.

[6]陈敏恒. 化工原理(上册)[M]. 北京:化学工业出版社,2000.

[7]贾绍义. 化工传质与分离过程[M]. 3 版. 北京:化学工业出版社,2007.

[8]MCCABE W L,SMITH J C, HARRIOTT P. Unit Operations of Chemical Engineering [M]. 6th ed. New York:McGraw-Hill,2001.

[9]刘道德. 化工设备的选择与工艺设计[M]. 湖南:中南工业大学出版社,1992.

[10]TUNG H H, PAUL E L,MIDLER M, etc. Crystallization of Organic Compounds[M]. Hoboken:John Wiley & Sons, Inc. ,2009.

[11]BERMINGHAM S. A design procedure and predictive models for solution crystallisation processes, Development and application, PhD Thesis, Delft University of Technology, The Netherlan, 2003.

[12]WESTHOFF G M, KRAMER H J M,JANSENS P J, etc. Design of a multi-functional crystallizer for research purposes. Chemical Engineering Research and Design[J], 2004, 82 (A7):865-880.

附　录

1　标题页示例

化工单元过程课程设计说明书

设计题目：_____

设计者：班级_____姓名_____日期_____

指导教师：(签名)_____

设计成绩：_____日期_____

2　生产工艺流程简图示例

图	例				
代号	名称	代号	名称		
LM	低压蒸汽		放空		
CW	冷却水(入)	P	压力		
CWR	冷却水(出)	T	温度		
SC	冷凝水	F	流量		
	截止阀	L	液位		
	调节阀	DL	产品		
	取样口	WL	釜液		
	疏水器				

序号	名称	规格	数量	备注
A106	分配器		1	
C101	精馏器		1	
E105	冷却器		1	
E104	冷却器		1	
E103	全凝器		1	
E102	再沸器		1	
E101	原料预热器		1	
F103	产品泵		1	
P102	釜液泵		1	
P101	原料泵		1	
V103	产品贮罐		1	
V102	釜液贮罐		1	
V101	原料贮罐		1	

专业	化工单元过程课程设计	系	大学
图	日期	签名	馏塔生产工艺流程图
职责			
设计			
制图			
审核			

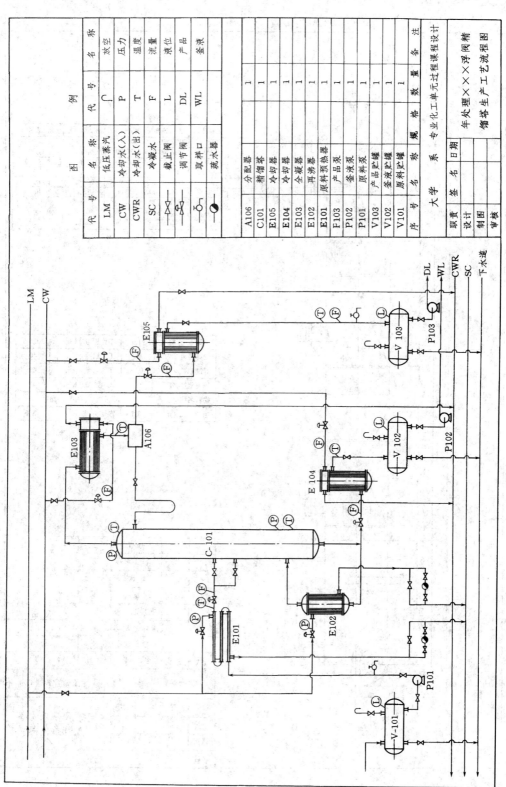

3 主体设备设计条件图示例

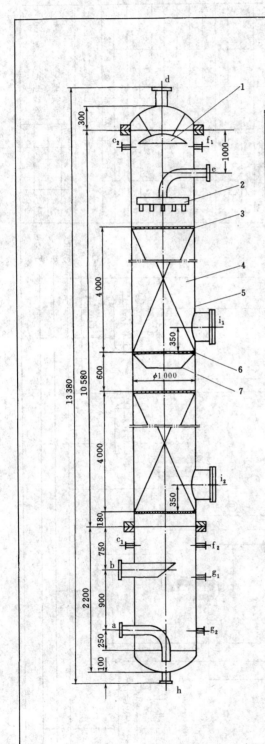

管 口 表

符号	公称尺寸	连接尺寸标准	密封面形式	用途或名称
a	100	HG20592-2009 SO100-1.0	凹凸面	富液出口
b	200	HG20592-2009 SO 200-1.0	凹凸面	气体进口
$c_{1,2}$	20	HG20592-2009 SO 20-1.0	凹凸面	测温口
d	200	HG20592-2009 SO 200-1.0	凹凸面	气体出口
e	100	HG20592-2009 SO 100-1.0	凹凸面	贫液进口
$f_{1,2}$	20	HG20592-2009 SO 20-1.0	凹凸面	测压口
$g_{1,2}$	25	HG20592-2009 SO 25-1.0	凹凸面	液面计口
h	50	HG20592-2009 SO 50-1.0	凹凸面	排液口
$i_{1,2}$	450	——		人孔

技 术 特 性 表

设计压力/MPa	1.0	工作压力/MPa	0.6
设计温度/℃	80	工作温度/℃	40
焊缝系数/Φ	0.85	腐蚀裕度/mm	2
地震烈度/度	7	风 载 荷/kN·m⁻²	0.35
物料名称		变换气、碳酸丙烯酯	
全 容 积/m³	8.5	容器类别	类外

7		再分布器	1		
6		填料支承板	2		
5		塔体	1		
4		塔填料	1		
3		床层限制板	2		
2		液体分配器	1		
1		除沫器	1		
序号	图号	名 称	数量	材料	备注

学 校	系	专业化工单元过程课程设计		
职责	签 名	日期	二氧化碳吸收塔	
设计			设计条件图	
制图				
审核		比例		

4 塔板结构参数系列化标准(单溢流型)

塔径 D/mm	塔截面积 A_T/m²	塔板间距 H_T/mm	弓形降液管 堰长 l_w/mm	弓形降液管 管宽 W_d/mm	降液管面积 A_f/m²	A_f/A_T	l_w/D
600[①]	0.026 10	300 350 400	406 428 400	77 90 103	0.018 8 0.023 8 0.028 9	7.2 9.1 11.02	0.677 0.714 0.734
700[①]	0.359 0	300 350 450	466 500 525	87 105 120	0.024 8 0.032 5 0.039 5	6.9 9.06 11.0	0.666 0.714 0.750
800	0.502 7	350 450 500 600	529 581 640	100 125 160	0.036 3 0.050 2 0.071 7	7.22 10.0 14.2	0.661 0.726 0.800
1 000	0.785 4	350 450 500 600	650 714 800	120 150 200	0.053 4 0.077 0 0.112 0	6.8 9.8 14.2	0.650 0.714 0.800
1 200	1.131 0	350 450 500 600 800	794 876 960	150 190 240	0.081 6 0.115 0 0.161 0	7.22 10.2 14.2	0.661 0.730 0.800
1 400	1.539 0	350 450 500 600 800	903 1 029 1 104	165 225 270	0.102 0 0.161 0 0.206 5	6.63 10.45 13.4	0.645 0.735 0.790
1 600	2.011 0	450 500 600 800	1 056 1 171 1 286	199 255 325	0.145 0 0.207 0 0.291 8	7.21 10.3 14.5	0.660 0.732 0.805
1 800	2.545 0	450 500 600 800	1 165 1 312 1 434	214 284 354	0.171 0 0.257 0 0.354 0	6.74 10.1 13.9	0.647 0.730 0.797
2 000	3.142 0	450 500 600 800	1 308 1 456 1 599	244 314 399	0.219 0 0.315 5 0.445 7	7.0 10.0 14.2	0.654 0.727 0.799
2 200	3.801 0	450 500 600 800	1 598 1 686 1 750	344 394 434	0.380 0 0.460 0 0.532 0	10.0 12.1 14.0	0.726 0.766 0.795
2 400	4.524 0	450 500 600 800	1 742 1 830 1 916	374 424 479	0.452 4 0.543 0 0.643 0	10.0 12.0 14.2	0.726 0.763 0.798

注:①对 ϕ600 及 ϕ700 两种塔径塔板是整块式,降液管为嵌入式,弓弧部分比塔的内径小一圈,表中的 l_w 及 W_d 为实际值。

5 常用散装填料的特性参数

1) 金属拉西环特性数据

公称直径 DN /mm	外径×高×厚/ (d/mm×h/mm×δ/mm)	比表面积 a/ m² · m⁻³	空隙率 ε/ %	个数 n/ m⁻³	堆积密度 ρ_p/ kg · m⁻³	干填料因子 Φ/ m⁻¹
25	25×25×0.8	220	95	55 000	640	257
38	38×38×0.8	150	93	19 000	570	186
50	50×50×1.0	110	92	7 000	430	141

2) 金属鲍尔环特性数据

公称直径 DN /mm	外径×高×厚/ (d/mm×h/mm×δ/mm)	比表面积 a/ m² · m⁻³	空隙率 ε/ %	个数 n/ m⁻³	堆积密度 ρ_p/ kg · m⁻³	干填料因子 Φ/ m⁻¹
25	25×25×0.5	219	95	51 940	393	255
38	38×38×0.6	146	95.9	15 180	318	165
50	50×50×0.8	109	96	6 500	314	124
76	76×76×1.2	71	96.1	1 830	308	80

3) 聚丙烯鲍尔环特性数据

公称直径 DN /mm	外径×高×厚/ (d/mm×h/mm×δ/mm)	比表面积 a/ m² · m⁻³	空隙率 ε/ %	个数 n/ m⁻³	堆积密度 ρ_p/ kg · m⁻³	干填料因子 Φ/ m⁻¹
25	25×25×1.2	213	90.7	48 300	85	285
38	38×38×1.44	151	91.0	15 800	82	200
50	50×50×1.5	100	91.7	6 300	76	130
76	76×76×2.6	72	92.0	1 830	73	92

4) 金属阶梯环特性数据

公称直径 DN /mm	外径×高×厚/ (d/mm×h/mm×δ/mm)	比表面积 a/ m² · m⁻³	空隙率 ε/ %	个数 n/ m⁻³	堆积密度 ρ_p/ kg · m⁻³	干填料因子 Φ/ m⁻¹
25	25×12.5×0.5	221	95.1	98 120	382	257
38	38×19×0.6	153	95.9	30 040	325	173
50	50×25×0.8	109	96.1	12 340	308	123
76	76×38×1.2	72	96.1	3 540	306	81

5) 塑料阶梯环特性数据

公称直径 DN /mm	外径×高×厚/ (d/mm×h/mm×δ/mm)	比表面积 a/ m² · m⁻³	空隙率 ε/ %	个数 n/ m⁻³	堆积密度 ρ_p/ kg · m⁻³	干填料因子 Φ/ m⁻¹
25	25×12.5×1.4	228	90	81 500	97.8	312
38	38×19×1.0	132.5	91	27 200	57.5	175
50	50×25×1.5	114.2	92.7	10 740	54.8	143
76	76×38×3.0	90	92.9	3 420	68.4	112

6）金属环矩鞍特性数据

公称直径 DN /mm	外径×高×厚/ （d/mm×h/mm×δ/mm）	比表面积 a/ m²·m⁻³	空隙率 ε/ %	个数 n/ m⁻³	堆积密度 ρ_p/ kg·m⁻³	干填料因子 Φ/ m⁻¹
25（铝）	25×20×0.6	185	96	101 160	119	209
38	38×30×0.8	112	96	24 680	365	126
50	50×40×1.0	74.9	96	10 400	291	84
76	76×60×1.2	57.6	97	3 320	244.7	63

6 常用规整填料的性能参数

1）金属孔板波纹填料

型号	理论板数 N_T/ 1·m⁻¹	比表面积 a/ m²·m⁻³	空隙率 ε/ %	液体负荷 U/ m³·(m²·h)⁻¹	最大 F 因子 F_{max}/ m·[s(kg/m³)^{0.5}]⁻¹	压降 Δp/ MPa·m⁻¹
125Y	1~1.2	125	98.5	0.2~100	3	2.0×10⁻⁴
250Y	2~3	250	97	0.2~100	2.6	3.0×10⁻⁴
350Y	3.5~4	350	95	0.2~100	2.0	3.5×10⁻⁴
500Y	4~4.5	500	93	0.2~100	1.8	4.0×10⁻⁴
700Y	6~8	700	85	0.2~100	1.6	4.6×10⁻⁴~6.6×10⁻⁴
125X	0.8~0.9	125	98.5	0.2~100	3.5	1.3×10⁻⁴
250X	1.6~2	250	97	0.2~100	2.8	1.4×10⁻⁴
350X	2.3~2.8	350	95	0.2~100	2.2	1.8×10⁻⁴

2）金属丝网波纹填料

型号	理论板数 N_T/ 1·m⁻¹	比表面积 a/ m²·m⁻³	空隙率 ε/ %	液体负荷 U/ m³·(m²·h)⁻¹	最大 F 因子 F_{max}/ m·[s(kg/m³)^{0.5}]⁻¹	压降 Δp/ MPa·m⁻¹
BX	4~5	500	90	0.2~20	2.4	1.97×10⁻⁴
BY	4~5	500	90	0.2~20	2.4	1.99×10⁻⁴
CY	8~10	700	87	0.2~20	2.0	4.6~6.6×10⁻⁴

3）塑料孔板波纹填料

型号	理论板数 N_T/ 1·m⁻¹	比表面积 a/ m²·m⁻³	空隙率 ε/ %	液体负荷 U/ m³·(m²·h)⁻¹	最大 F 因子 F_{max}/ m·[s(kg/m³)^{0.5}]⁻¹	压降 Δp/ MPa·m⁻¹
125Y	1~2	125	98.5	0.2~100	3	2×10⁻⁴
250Y	2~2.5	250	97	0.2~100	2.6	3×10⁻⁴
350Y	3.5~4	350	95	0.2~100	2.0	3×10⁻⁴
500Y	4~4.5	500	93	0.2~100	1.8	3×10⁻⁴
125X	0.8~0.9	125	98.5	0.2~100	3.5	1.4×10⁻⁴
250X	1.5~2	250	97	0.2~100	2.8	1.8×10⁻⁴
350X	2.3~2.8	350	95	0.2~100	2.2	1.3×10⁻⁴
500X	2.8~3.2	500	93	0.2~100	2.0	1.8×10⁻⁴